高等院校网络教育系列教材

有机化学

许　胜　主编

华东理工大学出版社
EAST CHINA UNIVERSITY OF SCIENCE AND TECHNOLOGY PRESS

·上海·

图书在版编目(CIP)数据

有机化学 / 许胜主编. —上海:华东理工大学出版社,2012.9
ISBN 978-7-5628-3348-2

Ⅰ.①有… Ⅱ.①许… Ⅲ.①有机化学-高等学校-教材 Ⅳ.①O62

中国版本图书馆 CIP 数据核字(2012)第 182650 号

高等院校网络教育系列教材

有机化学

主　　编 /	许　胜
责任编辑 /	郭　艳
责任校对 /	金慧娟
出版发行 /	华东理工大学出版社有限公司
地　　址:	上海市梅陇路 130 号,200237
电　　话:	(021)64250306(营销部)
	(021)64252174(编辑室)
传　　真:	(021)64252707
网　　址:	press. ecust. edu. cn
印　　刷 /	江苏句容市排印厂
开　　本 /	787 mm×1092 mm　1/16
印　　张 /	17
字　　数 /	383 千字
版　　次 /	2012 年 9 月第 1 版
印　　次 /	2012 年 9 月第 1 次
书　　号 /	ISBN 978-7-5628-3348-2
定　　价 /	39.80 元

联系我们:电子邮箱　press@ecust.edu.cn
　　　　　官方微博　e.weibo.com/ecustpress

序

  网络教育是依托现代信息技术进行教育资源传播、组织教学的一种崭新形式，它突破了传统教育传递媒介上的局限性，实现了时空有限分离条件下的教与学，拓展了教育活动发生的时空范围。从 1998 年 9 月教育部正式批准清华大学等 4 所高校为国家现代远程教育第一批试点学校以来，我国网络教育历经了若干年发展期，目前全国已有 68 所普通高等学校和中央广播电视大学开展现代远程教育。网络教育的实施大大加快了我国高等教育的大众化进程，使之成为高等教育的一个重要组成部分；随着它的不断发展，也必将对我国终身教育体系的形成和学习型社会的构建起到极其重要的作用。

  华东理工大学是国家"211 工程"重点建设高校，是教育部批准成立的现代远程教育试点院校之一。华东理工大学网络教育学院凭借其优质的教育教学资源、良好的师资条件和社会声望，自创建以来得到了迅速的发展。但网络教育作为一种不同于传统教育的新型教育组织形式，如何有效地实现教育资源的传递，进一步提高教育教学效果，认真探索其内在的规律，是摆在我们面前的一个新的、亟待解决的课题。为此，我们与华东理工大学出版社合作，组织了一批多年来从事网络教育课程教学的教师，结合网络教育学习方式，陆续编撰出版一批包括图书、课程光盘等在内的远程教育系列教材，以期逐步建立以学科为先导的、适合网络教育学生使用的教材结构体系。

  掌握学科领域的基本知识和技能，把握学科的基本知识结构，培养学生在实践中独立地发现问题和解决问题的能力是我们组织教材编写的一个主要目的。系列教材包括了计算机应用基础、大学英语等全国统考科目，也涉及了管理、法学、国际贸易、机械、化工等多学科领域。

  根据网络教育学习方式的特点编写教材，既是网络教育得以持续健康发展的基础，也是一次全新的尝试。本套教材的编写凝聚了华东理工大学众多在学科研究和网络教育领域中有丰富实践经验的教师、教学策划人员的心血，希望它的出版能对广大网络教育学习者进一步提高学习效率予以帮助和启迪。

华东理工大学副校长

涂善东　教授

前　言

　　编者从事有机化学教学工作已有 20 年,其中网络学院的有机化学教学工作已有 8 年。在长期的教学实践中编者发现,国内现有的有机化学教材不太适合网络学院的学员使用,有限的几本针对网络学院学员使用的教材,其编写模式基本上照搬全日制学校的教材,只是某些章节降低了理论难度,但其指导思想仍然是要求学员进行系统性的理论学习,重点掌握有机化合物的结构、性质、反应机理等内容,教学内容的编排模式也是为全日制学生在教师授课指导情况下服务的,只能适用于课堂教学的集体学习模式,而没有考虑到网络学院学员的实际情况——他们属于在职人员,忙于工作和家庭,彼此处于分散状态,很难组织起来统一授课,因此学习主要依靠自学,缺乏必要的师生面对面的交流机会和同学间的相互讨论,这种学习上的心理孤独感进一步加大了学习难度,所以过于理论化、系统化的教学内容不适合他们自学。另一方面,由于网院学员的学习时间零散,多数人只是抽空看书,而现有教材系统化的教学内容编排要求在学习时间安排上以“课时”为单位,这同样不符合网络学员的实际状况。

　　基于上述情况,结合编者在长期的教学实践中搜集到的学员的反馈信息,编者认为,对于已经工作在化学工业(或与化学相关的行业)一线的学员来说,他们迫切需要了解的,不是过于高深的有机结构理论,也不是过于抽象的反应机理推导,而是对他们的工作有一定理论指导的化学知识以及必要的有机化合物的性质。因此,编者认为有必要针对网络学院学员的实际情况编写一本有机化学教材。

　　为方便网络学员利用业余时间学习,本教材把必要的理论知识划分为若干模块,每个模块内容相对独立,内容精炼,便于短时间内学习完毕;书页留白,便于学员做作业、记笔记、写心得;每章前面都标明了本章要求掌握的学习目标;每章前附有简短的序言,对本章涉及内容的背景进行了介绍;每一个知识点都配有例题、自测题,相关的题目都附有启示及答案,以便检查学习效果;每章结尾附有知识点总结以及思考题目,题目同样有启示及答案;全书结尾处附有重要的概念索引,方便学员快速查阅。除此以外,部分章节还附有阅读内容,介绍有机化学最新的发展成果、有机化学研究成果在工业实践中的应用情况以及必要的安全生产知识。

　　本书共有 10 章,绪论介绍了碳原子的不同杂化方式以及碳原子的三种成键方式,删除了分子轨道理论内容;第 2 章介绍有机化合物的分类与命名,依据官能团分类法,介绍了每一大类化合物的命名方法;第 3 章是立体化学,重点介绍了手性概念以及含两个手性碳化合物的命名,增加了手性与生命等阅读内容;第 4 章介绍了烃类化合物的来源与性质,对烷烃、烯烃、二烯烃、环烷烃、炔烃的化学性质进行了介绍,以阅读内容的方式介绍了工业炼油、裂解制备烯烃的进展;第 5 章介绍了卤代烃的性质,对影响亲核取代反应的因素等内容进行了精简,而对格氏试剂的生成与应用作为阅读内容进行了介绍;第 6 章为芳香烃,删除了共振论、亲电取代机理的影响因素等理论知识,增加了烷基苯工业发展等内容,简介了富勒烯以及碳纳米管等阅读内容;第 7 章为含氧化合物,分别对醇、酚、醚、醛、酮、羧酸以及衍生物的性质、制备作了介绍,对羰基的亲核加成反应理论进行了简化处理,增加了有关阅读内容;第 8 章为含氮化合物,分别介绍了硝基化合物、胺类化合物、重氮、偶氮化合物的工业生产方法以及应用,删去了霍夫曼(Hoffmann)降解历程以及卡宾内容,增加染料相关知识;第 9 章是关于杂环化合物的简单介绍,对呋喃、噻吩、吡咯、吡啶的亲电取代等内容进行了合并处理,增加了常识简介等阅读材料;第 10 章对糖类、氨基酸、蛋白质的性质做了简单介绍,并附乳制品中蛋白质含量的检测方法等阅读知识。书中附有"＊"的内容是供学有余力的同学准备的,不作为考核内容。

本书适合于化学、化工、食品、制药、材料、生工等相关专业的网院学员使用,也适用于高职高专的学员及其他自学者。

本教材的出版得到了华东理工大学网络教育学院的大力支持,在此表示感谢。

由于编者水平有限,加之时间仓促,错误在所难免,因此,恳请各位老师、学员在使用和学习过程中及时指出,不胜感谢。

目 录

1

绪论

学习目标

要求掌握的概念：有机化合物，四面体结构
要求理解的基础理论：碳原子的杂化方式

1.1 有机化合物和有机化学

> 机，指的是生命，想想"生机勃发"、"生机盎然"这些成语，就明白"有机化合物"最初的意思是指用有生命的动植物制造的化合物

我们日常生活中，吃的粮食、肉类、蛋禽、蔬菜、水果，穿的棉、麻、丝、绸、毛等各种材质的衣服，用的各种塑料制品等，都属于**有机化合物**范畴，它们的共同特点是：**含碳的化合物，或者碳烃化合物及其衍生物，还可以含 O、N、P、S 等元素。**

研究有机化合物的结构、性质、合成、反应机理及化学变化规律和应用的科学就是有机化学。

自测题 1-1 下列物质中哪些不是有机化合物？

$NaHCO_3$，葡萄糖，色拉油，食盐，柠檬汁

提示 有些化合物虽然也含有碳、氢、氧元素，如 $NaHCO_3$，但是以离子化合物形式存在，一般认为不是有机化合物。有些化合物不含碳，却被认为是有机化合物，如硅烷。所以，有机化合物的定义基本上按习惯确定。

答案 $NaHCO_3$，食盐。

1.2 有机化合物的特点

> 美国化学文摘（简称 CA），给每一种结构明确的化合物进行了分类和编号，简称 cas 号，通过检索 cas 号就可以知晓当今世界上化合物的准确数量

我们日常接触的化合物，80％以上是有机化合物，与无机化合物相比较，**有机化合物种类繁多**，记录在案的有 3 000 万种，绝大多数**有机化合物结构复杂**，如同一幢布满了各种电线、导管、机器的车间大楼，看似复杂却能有效工作。

与无机物相比，有机物多以共价键结合，它们的结构单元往往是分子，其分子间的作用力较弱，因此绝大多数有机物**沸点低**，极易燃烧而引发巨大灾难。

近年来，造成重大生命财产损失的火灾、爆炸事故时有发生，据联合国统计，每年死于火灾的人数已超过了传染病、交通事故的死亡人数的总和。

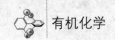

有机化合物的另一个特点是**难溶于水,而易溶于有机溶剂**——相似相溶规律。

由于油污不溶于水,一旦原油泄漏,将漂浮在水面上形成大面积的油膜,隔断了空气与水体的交换,导致水体缺氧,致使大量水生动植物死亡,引发环境灾难。

无机反应一般都是离子反应,往往瞬间可完成,例如卤离子和银离子相遇时即刻形成不溶解的卤化银沉淀。而有机反应一般是非离子反应,速度较慢,因此工业生产中常常采取加热等手段加速反应进行。

想想煤炭和石油的形成,经历的地质年代何其漫长。但凡事有例外,爆炸反应速度太快,人们反而设法避免。

有机反应常伴有副反应发生。有机物分子比较复杂,能起反应的部位比较多,因此反应时常产生复杂的混合物使主要的反应产物的收率大大降低。一个有机反应若能达到 $60\%\sim70\%$ 的产率,就比较令人满意了。

化工厂里有一半以上的设备用于化工产品的分离提纯等后处理过程,为了不污染环境,还要耗费巨资处理副产物,因此,研究新型催化剂,改革生产工艺,实现零排放,是**绿色化学**的重要任务。

> Green Chemistry,
> 英国皇家化学会
> 出版的杂志

1.3 有机化学的研究内容

1. 天然产物的提取、分离,结构鉴定,开发与应用研究:分离和提取自然界存在的各种有机物,测定并确定其结构和性质。例如,食品成分、草药里面的药物等。

2. 反应机理的研究:研究有机物的结构与性质间的关系,有机物的反应、变化经历的途径、影响反应的因素,揭示有机反应的规律,以便控制反应的有利发展方向。

3. 有机合成:以简单的有机物(如石油、煤焦油)为原料,通过反应合成自然界存在或不存在的有机物——人们所需的物质,如维生素、药物、香料、染料、农药、塑料、合成纤维、合成橡胶等。

4. 合成反应的选择:包括化学、区域、立体选择性,以及高通量合成技术(High throughput)、组合化学(Combinatorial chemistry)也受到了空前的重视。

1.4 碳的 sp³ 杂化以及成键方式

> 碳几乎可以与元
> 素周期表中的任
> 何元素成键

组成有机化合物的元素只有简单的碳、氢、氧、氮、磷、硫、卤素等有限的几种,但为什么有机化合物的数量如此庞大呢? 其原因就在于碳的超强的成键能力。

化学反应说到底,是原子核外层电子的分分合合。碳,六号元素,核外电子排布 $1s^2\,2s^2\,2p^2$,只有两个未成对电子,理论上只能形成两个化学键,但是人们很早就认识到有机物中**碳是四价的**。美国人 Linus C. Pauling 教授创造性地提出了"杂化"概念,解决了这个问题。

Hybridization,原意是杂交,原本是生物学名词,指不同物种间的杂交。例如,老虎和狮子交配的后代被称为狮虎兽,它长得既像老虎,又像狮子,如图 1-1 所示,但是狮虎兽不是老虎,也不是狮子,而是一个新的物种。

Linus C. Pauling 教授由生物学上的杂交,想到碳的 2s 轨道与 2p 轨道也会

图 1 - 1 老虎与狮子杂交得到狮虎兽

如此(我们称为杂化),结果形成了新的轨道,因为是由 2s 和 2p 杂化的,所以新的轨道称为 sp 轨道。请注意,**杂化前后轨道的总数目不变,但是体系的能量有所降低**。

杂化的具体过程为:一个 2s 轨道与三个 2p 轨道杂化后,生成四个新的轨道,被称为 sp^3 轨道,每个轨道上有一个电子,电子带负电荷,彼此排斥,因此四个 sp^3 轨道采用在空间最远离的排布方式,见图 1 - 2。

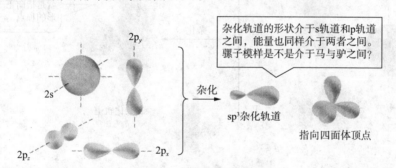

图 1 - 2 sp^3 杂化示意图

图 1 - 2 中,四个 sp^3 轨道指向正四面体的顶点。在立体几何上,这样的结构,彼此之间的夹角是 109°28′。每个 sp^3 轨道带有一个电子,与一个 H 形成共价键,这就是甲烷分子(图 1 - 3)。

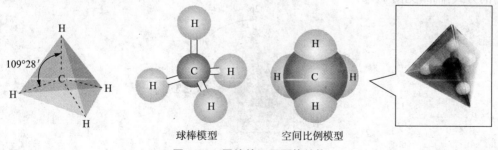

球棒模型   空间比例模型

图 1 - 3 甲烷的正四面体结构

很多同学想象不出正四面体是什么样子,其实把四个等边三角形拼起来就是

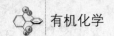

了，正四面体是最简单的多面体。

甲烷分子中，碳原子在四面体中间，四个氢原子在四个顶角上，任何两个 C—H 键之间是 109°28′，这是一个高度对称的分子。

如果两个碳原子各自拿出一个 sp³ 轨道成键，剩下的 sp³ 轨道与氢原子成键，就形成了乙烷。

图 1 - 4　头对头 σ 键的形成

像图 1 - 4 中那样，以"头对头"方式成键的，称为 σ 键。σ 键是轴对称的，可以绕着轴旋转。

1.5　碳的 sp² 杂化以及成键方式

碳原子的一个 2s 轨道与两个 2p 轨道杂化后，生成三个新的轨道，被称为 sp² 轨道，每个轨道上有一个电子，电子带负电荷，彼此排斥，因此三个杂化轨道采用在空间最远离的排布方式，见图 1 - 5。

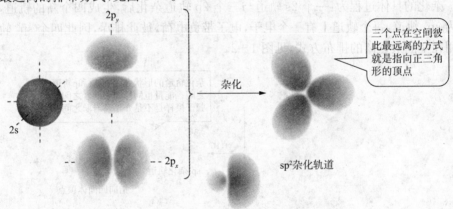

图 1 - 5　sp² 杂化示意图

三个 sp² 杂化轨道在平面上，彼此互成 120°夹角，别忘了还有一个未参与杂化的 2p 轨道，轨道有一个电子，同样要与 sp² 杂化轨道空间距离最远，因此只能采取垂直的方式排布，见图 1 - 6。

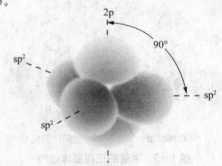

图 1 - 6　sp² 杂化轨道与 2p 轨道关系示意图

两个碳原子彼此各自拿出一个 sp² 杂化轨道以头对头方式形成一个 σ 键,剩下的 sp² 杂化轨道与氢原子成键,两个未参与杂化的 2p 轨道采取"肩并肩"方式成 π 键,这样就形成了乙烯分子,见图 1-7。

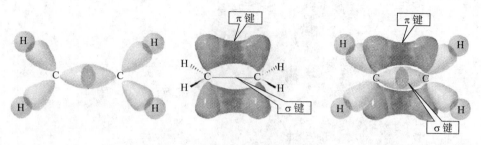

图 1-7 乙烯分子结构示意图

图 1-7 中,两个碳原子的未参与杂化的 2p 轨道在空间采用"肩并肩"方式配对成键,看一看,这样的形状是不是很像希腊字母 π? 因此,我们称之为 π 键。

乙烯分子的球棒模型以及真实比例的空间模型如 1-8 所示:

图 1-8 乙烯分子的球棒模型与空间模型

自测题 1-2 π 键能否绕键轴旋转?

提示 π 键存在的前提条件是两个碳原子的 2p 轨道以"肩并肩"方式成键,旋转会破坏这样的结构。

答案 不能旋转。

1.6 碳的 sp 杂化以及成键方式

碳原子一个 2s 轨道与一个 2p 轨道杂化后,生成两个新的轨道,被称为 sp 轨道,每个轨道上有一个电子,电子带负电荷,彼此排斥,因此两个杂化轨道采用线性排布方式,彼此成 180°夹角,见图 1-9。

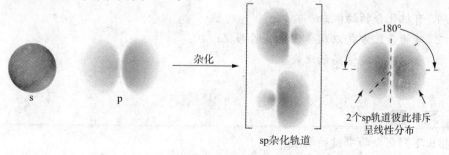

图 1-9 sp 杂化轨道形成示意图

　　碳原子还有两个未参与杂化的 2p 轨道,彼此排斥的结果就是形成如图 1-10 所示的形状。

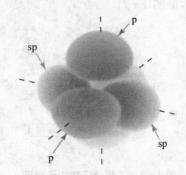

图 1-10　sp 杂化轨道与 2p 轨道关系示意

　　可见,两个 2p 轨道互相垂直,且都垂直于 sp 杂化轨道。两个碳原子彼此各自拿出一个 sp 杂化轨道以头对头方式形成一个 σ 键,剩下的 sp 杂化轨道与氢原子成键,这样就形成了乙炔分子,见图 1-11。

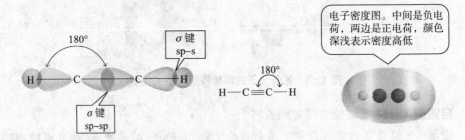

电子密度图。中间是负电荷,两边是正电荷,颜色深浅表示密度高低

图 1-11　乙炔分子结构以及电子密度示意图

　　说明　有机化学中,为了书写方便,用"—"表示一个共价键。凡是以头对头方式成键的都是 σ 键,因此 C—H 也是 σ 键。

　　提示　细心的同学会发现,不同杂化轨道的形状也不一样,含有 s 成分越多,杂化轨道的形状也越接近 s 轨道,即 sp^3 是纺锤形,而 sp 则变得"胖乎乎"的。

本章要求必须掌握的内容如下:

　　1. 有机化合物的概念;

　　2. 碳的杂化方式以及杂化轨道的形状;

　　3. 杂化轨道能量高低比较。

习　题

　　1. 指出下列化合物中键的类型。

　　　(1)$CH_3CH = CHCH_2CH_3$;(2)　$HC \equiv CCH_3$

　　2. 判断对错。

(1) 共价有机化合物因为分子彼此间的吸引力很弱,因此它们的沸点和熔点对无机化合物来说相对较低。(　　)

(2) 碳可以和元素周期表中绝大多数元素相键合。(　　)

(3) 以共价键结合的有机分子之间发生反应的速度较慢,常需要较高的温度或者催化剂才能发生反应。(　　)

(4) 有机反应复杂、副产物多,转化率和选择性很少能够达到100%。(　　)

(5) 有机化合物是指含碳的化合物,或者碳氢化合物及其衍生物,一般含有C、H、O、N、P、S等元素。(　　)

(6) 按能量降低的顺序排列 s 轨道、p 轨道和三种杂化轨道的顺序是:$p > sp^3 > sp^2 > sp > s$。(　　)

有机化合物的命名

要求掌握:常见基团的名称,重要官能团的名称,多官能团化合物的命名原则

2.1　有机化合物的分类

　　有机化合物数量庞大,一个一个研究,既不可能也无必要,因此选择适当的标准进行分类就非常重要。依据分子中原子的连接方式不同,有机物可以分为链状和环状,环状化合物中含有苯环的称为芳香化合物,如果环上除了碳原子以外还有其他杂原子,则称为杂环化合物。

2.1.1　概念介绍

　　基:从一个分子上除去一个 H 原子后剩下的分子碎片称为基。例如,从甲烷分子中除去一个 H 原子,剩下的部分($\dot{C}H_3$)我们称之为甲基,为了书写方便,常常写成 CH_3——,有机化学中要求同学们掌握的基团的名称见表 2-1。

表 2-1　常见的基团

烷基	$CH_3 \cdot$		$CH_3CH_2 \cdot$		$CH_3CH_2CH_2 \cdot$		$CH_3\overset{|}{C}HCH_3$
	甲基		乙基		丙基		异丙基
烯基	$CH_2{=}CH \cdot$		$CH_3CH{=}CH \cdot$			$CH_2{=}CHCH_2 \cdot$	
	乙烯基		丙烯基			烯丙基	
含氧基团	$\cdot OH$	$\cdot SH$		$\cdot OCH_3$		$\cdot CHO$	$\cdot COOH$
	羟基	巯基		甲氧基		醛基	羧基

> 甲基有1个未成对电子,电子总是自发配对的,因此非常活泼,又称为自由基或者游离基

> 官,主管
> 能,功能

　　官能团:化合物中决定化合物物理、化学性质的原子、原子团或特殊结构称为官能团。显然,**含有相同官能团的有机化合物具有相似的化学性质。**因此,按官能团分类,为数目庞大的有机化合物提供了更方便、更系统的研究方法。本书以后各章均按官能团分类的方式分别对各类化合物进行讨论。

　　提示　官能团就如同人的家族属性——姓氏,中国人口虽然比有机化合物的数量还庞大,但是按照姓氏划分,研究起来就方便多了。

常见的官能团及其结构见表 2-2。

表 2-2　常见的官能团及对应化合物的类别

类别	通式	官能团结构	官能团名称	实例结构	实例名称
烷烃	C_nH_{2n+2}	—C—C—	单键	CH_3CH_3	乙烷
烯烃	C_nH_{2n}	碳—碳	双键	$H_2C=CH_2$	乙烯
炔烃	C_nH_{2n-2}	—C≡C—	叁键	H—C≡C—H	乙炔
芳烃	Ar-H	苯环	苯环	—CH₃苯	甲苯
卤代物	R-X	—X	卤素	CH_3Cl	一氯甲烷
醇	R-OH（与烃基相连）	—OH	羟基	CH_3CH_2—OH	乙醇
酚	Ar-OH（与芳环相连）	—OH	羟基	苯—OH	苯酚
醚	R-O-R	C—O—C	醚键	CH_3—O—CH_3	甲醚
醛	RCHO	—CHO	羰基	CH_3CHO	乙醛
酮	RCOR′	—CO—	羰基	H_3C—CO—CH_3	丙酮
羧酸	RCOOH	—COOH	羧基	CH_3COOH	乙酸
磺酸	Ar(R)SO₃H	—SO₃H	磺酸基	苯—SO₃H	苯磺酸
酯	RCOOR′	—COOR′	酯基	$HCOOCH_2CH_3$	甲酸乙酯
酰胺	RCONH₂	—CONH₂	酰氨基	CH_3CONH_2	乙酰胺
胺	RNH₂	—NH₂	氨基	CH_3NH_2	甲胺
腈	RCN	—CN	氰基	CH_3CN	乙腈
重氮	ArN₂Cl	—N⁺≡N	重氮基	苯—N₂Cl	氯化重氮苯

自测题 2-1　命名下列取代基或官能团,或根据名称写出结构。

(1)异丙基；(2)—COOH；(3) $(CH_3)_3C$— ；(4)—COOR；(5)—CN；(6)烯丙基；

(7)丙烯基。

答案　(1)(CH₃)₂CH—；(2)羧基；(3)叔丁基；(4)酯基；(5)氰基；

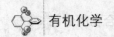
(6)$H_2C = CH—CH_2—$;(7)$CH_3—CH = CH—$

2.1.2 碳原子在碳链中的排行

同样是碳原子,由于在碳链中所处的位置不同,导致其性质也不一样,有机化学上这样划分:只与一个碳相连的碳原子或甲烷中的碳原子称为伯碳,与两个碳相连的碳原子称为仲碳,与三个碳相连的碳原子称为叔碳,与四个碳相连的碳原子称为季碳,分别用 1°、2°、3°、4° 表示。碳上的氢,也如此划分。

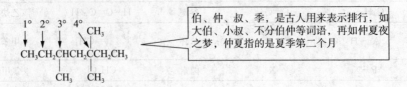

2.2 有机化合物的命名

IUPAC(全称 International Union of Pure and Applied Chemistry)成立于 1919 年,是由世界各国化学会或科学院为会员单位组成的一个非营利性的学术机构。它的一个任务就是给化合物起名字。

由于中国汉字是象形文字,又称为方块字,而世界上其他各国使用的主要是拼音文字,因此 IUPAC 制定的命名法不能直接使用,所以中国化学会根据汉字特点制定了一套命名法,1980 年颁布实施,称为 80 原则。

2.2.1 习惯命名法

1911 年以前,中国人习惯用天干地支来纪年。天干:甲、乙、丙、丁、戊、己、庚、辛、壬、癸;地支:子、丑、寅、卯、辰、巳、午、未、申、酉、戌、亥。从甲子配到癸亥,60 年一个循环,俗称一个花甲。历史上很多重大事件都以这种方式记载,如辛亥革命、戊戌变法、甲午战争。

以天干表示一到十,如 1 个碳的烷叫甲烷,4 个碳的烷叫丁烷等。如果超过十个碳,则使用汉语小写数字表示,如一、二、三、四、五、六、七、八、九、十、百、千、万。

> 大写数字:壹、贰、叁、肆等,用于会计做账

因此,含有 11 个碳的烷烃称为十一烷。含有 12 个碳烷基取代的苯称为十二烷基苯。

自测题 2-2 命名下列化合物。

(1) $CH_3CH_2CH_2CH_2CH_3$;(2) CH_3CH_2CHO;(3) $CH_3CH_2CH_2CH_2OH$;(4)$CH_3CH_2CH_2CH_2NH_2$;(5)$CH_3CH_2CH_2COOH$。

答案 (1)戊烷;(2)丙醛;(3)丁醇;(4)丁胺;(5)丁酸。

有机化合物数量庞大的另一个原因是同分异构体太多了,同样五个碳的烷烃,还有如下结构:

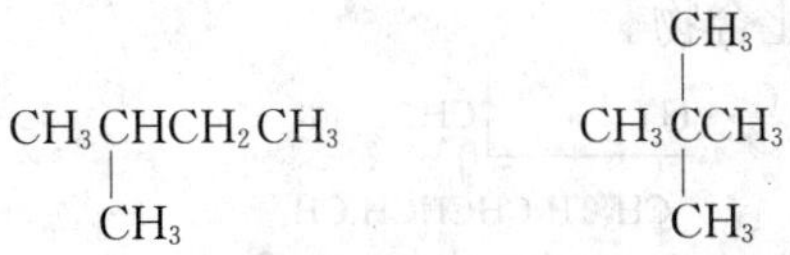

CH₃CHCH₂CH₃   CH₃CCH₃

（a）   （b）

> 为了区别于直链结构，人们常常用"异"、"新"等字表示这些同分异构体，如（a）称为异戊烷，（b）称为新戊烷

它们和 $CH_3CH_2CH_2CH_2CH_3$ 是同分异构体，如何命名呢？不能都叫做戊烷吧？可见习惯命名法应用范围有限。

2.2.2 俗名以及商业名称

对于工业上广泛使用、知名度很高的化合物我们更多使用俗名以及商业名称；有些化合物结构复杂，名字太长，使用商业名称反而方便。举例如下：

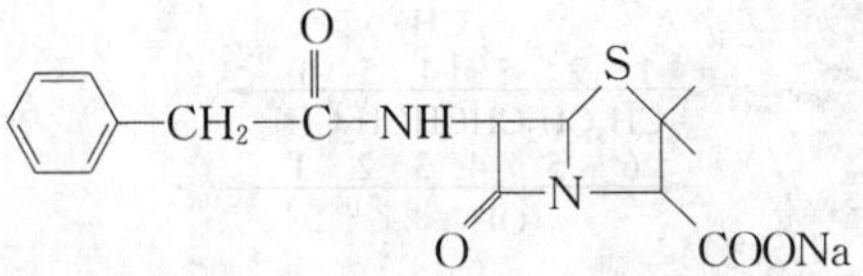

（2S,5R,6R）-3,3-二甲基-6-[（R）-2-氨基-2-苯乙酰氨基]-7-氧代-4-硫杂-1-氮杂双环[3.2.0]庚烷-2-甲酸钠

如果医生这么写处方，会非常繁琐，因此常用它的商业名字——青霉素-G。

2.2.3 有机化合物系统命名法的一般原则

由于官能团决定了化合物的类型，所以首先要学会判断化合物中的官能团，并确定化合物的母体名称。如果分子中含有多个官能团，应如何判断母体呢？请看官能团的排列次序：

—COOH，—SO₃H，—COOR，—COCl，—CONH₂，—CN，—CHO，—CO—，—OH（醇），—OH（酚），—SH，—NH₂，—C≡C—，—C=C—，—Ar，—R，—X，—NO₂

排在前面的是母体。请注意：一般情况下—R，—X，—NO₂ 不作母体。例如，结构简单的卤代烃，直接用烷基名称加上卤素命名。

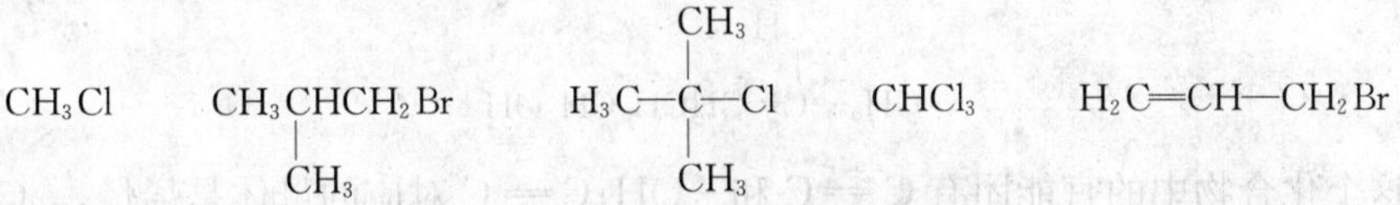

CH₃Cl   CH₃CHCH₂Br   H₃C—C—Cl   CHCl₃   H₂C=CH—CH₂Br

甲基氯   异丁基溴   叔丁基氯   氯仿   烯丙基溴

使用系统命名法时应注意以下几点。

（1）对于只含有一个官能团的化合物，**选择含官能团的最长的碳链作为主链，确定化合物母体名称。**

> 所谓母体名称，就是化合物的类型，属于哪一类化合物

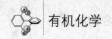

【例 2 - 1】 命名以下化合物。

$$(1) \qquad \overset{CH_3}{\underset{OH}{\mid}}$$
$$CH_3CH_2CHCHCH_2CH_3 \qquad (2) \;\checkmark$$

该化合物中只含有一个官能团——**羟基**,且和烷基相连,所以该化合物母体是**醇**。含有羟基的碳链有两条,分别是①和②。链①有 5 个碳原子,链②有 6 个碳原子。我们选择较长的一条作为主链,六个碳的醇是什么醇? 应该是己醇,则它的母体名称是己醇。

(2) 母体确定后,将主链上的碳原子从最接近官能团的一端开始依次给予编号(即官能团所处位次应尽可能小)。

$$\overset{CH_3}{\underset{OH}{\mid}}$$
$$\overset{1\;2\;3\;\mid 4\;5\;6}{CH_3CH_2CHCHCH_2CH_3} \;\checkmark$$
$$\overset{6\;5\;\mid 4\;3\;2\;1}{}$$

从左往右编号,羟基在第 3 位;从右往左编号,羟基在第 4 位。所以应选择低位次的编号,则化合物母体名称为 3 - 己醇。

(3) 写出取代基名称与编号位次。

该化合物中,羟基作为官能团,还有一个甲基作为取代基,处于第 4 位,现在把名称写完整。

$$\overset{CH_3}{\underset{OH}{\mid}}$$
$$\overset{1\;2\;3\;\mid 4\;5\;6}{CH_3CH_2CHCHCH_2CH_3}$$

4-甲基-3-己醇 ｜ 位次用阿拉伯数字表示,与汉字 之间用"-"隔开

(4) 当化合物中含有多个官能团时,**按照官能团次序,找出最优的官能团(主官能团)并确定母体的名称**,同时要使主官能团位次最小。

【例 2 - 2】 命名以下化合物。

$$\overset{CH_3}{\underset{\mid}{}}$$
$$CH_3-C=CHCH_2CH_2OH$$

这个化合物中的官能团有 C=C 和—OH;C=C 对应的母体是烯烃,—OH 对应的母体是醇,选择哪一个? 按照官能团优先次序,**应该选择醇作为母体**。

(5) 把化合物中其他官能团按照次序排列,越是优先的越要往后放。在该化合物中,除了—OH,还有 C=C 双键以及甲基,排序如下:

甲基>烯>醇 ｜ 同理,越重要的人物越是最后到场

(6) 选取包含主官能团以及尽可能多的取代基的链为主链,主链**碳原子数目写在最次的官能团前面**。

$$CH_3-\underset{\underset{5}{|}}{\overset{\overset{CH_3}{|}}{C}}=\underset{4}{CH}\underset{3}{CH_2}\underset{2}{CH_2}\underset{1}{OH}$$

该化合物主链上共有 5 个碳原子,所以名称为(**X** 为其位次):

X-甲基-**X**-戊烯-**X**-醇

把主官能团、次官能团、取代基的位次补上,到此大功告成!

4-甲基-3-戊烯-1-醇

小结:化合物的命名,应该是从后往前写的。顺序依次是:母体→排列其余官能团、取代基→写出位次。以例 2-2 化合物为例表示如下:

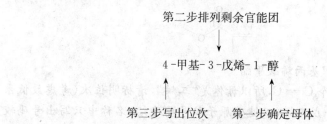

第二步排列剩余官能团

4-甲基-3-戊烯-1-醇

第三步写出位次　　第一步确定母体

【例 2-3】 用 IUPAC 法命名下面的化合物。

$$(1)\ CH_3-\underset{\underset{CH_2}{|}\ \underset{CH_3}{|}}{\overset{\overset{CH_3}{|}}{C}}HCH_2CHCH_2CH_3$$

(2) 苯环，取代基 SO_3H、F、Cl

解题分析

(1) 该分子是烷烃(所有的碳碳键都是单键,剩下的键被氢饱和),最长的碳链含有 6 个碳,所以母体是**己烷**,取代基有 3 个,都是甲基,编号方式有两种:

①
$$CH_3CH_2CHCH_2CH_3$$
② CH_3 CH_3

从左往右,3 个甲基的位次依次是 2,2,4;从右往左,3 个甲基位次依次是 3,5,5。这是两个数列,请注意:IUPAC 规定,这种情况下取最低系列!所以应该取 2,2,4 系列。现在写出其名称:2-甲基-2-甲基-4-甲基-己烷。这样是不是很啰嗦?所以,相同的基团合并,化合物的名称为 **2,2,4-三甲基己烷**。注意:阿拉伯数字用","隔开基团数目用汉语小写数字表示。

(2) 请观察,苯环上有三个取代基,分别是磺酸基—SO_3H 以及卤素 F、Cl,其母体是**磺酸**。由于链接在苯环上,应称为**苯磺酸**。剩下的 F 与 Cl,在名称中应如何排序呢? 80 原则规定,**按照其在元素周期表中的原子序数排序**。所以该化合物的名称为 **2-氟-3-氯-苯磺酸**。

【例 2-4】 命名下列化合物。

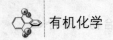

> 为了书写简便，常常用"—"表示一个C—C键，线的端点表示碳，只有氢原子可以全部省略

(1) 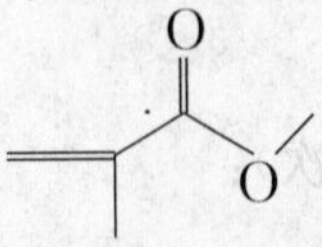 (2)

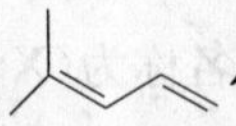

解题分析

(1) 由于分子中含有—COOR，这是一个酯类化合物，酯的名称依据其合成的原料命名，称为某酸某酯，所以其母体名称为某酸甲酯。此外分子中还有C═C以及甲基，又该如何排列？请参考例2-2。编号如下：

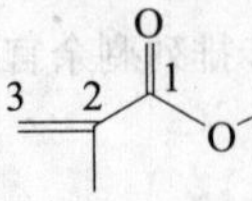

所以其名称为2-甲基丙烯酸甲酯。

(2) 分子中含有两个C═C，所以母体是"二烯"，请标明位次（考虑最低系列）。其名称为4-甲基-1,3-戊二烯（双键碳原子编号要连续，名称中只写出号码较小的一个即可）。

2.2.4 环烃的系统命名

> 自然界含有环结构的化合物数量远远多于链结构

环烃包含环烷烃、环烯烃、桥环和螺环化合物以及芳香烃。

1. 环烷烃命名

环烷烃根据成**环碳原子数的不同称为环某烷**；环上带有的支链作为取代基，当有多个取代基时，则给母体环按一定的方向编号，并使取代基位次最小，同时给较小取代基以较小的位次。

【例2-5】 给下面化合物命名。

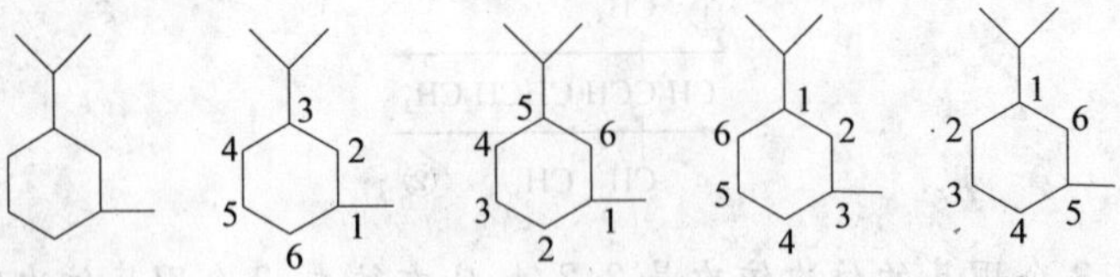

化合物 (a) (b) (c) (d)

图2-1 环的编号方式

解题分析

该环由6个碳构成，所以母体名称是：环己烷。分子中还有两个取代基：甲基和异丙基。如何排列它们在名称中的先后次序呢？立体化学次序规则规定：首先比较**与母体相连的原子在周期表中的序数，序数大的优先**；相同的原子，如甲基、异丙基，与母体相连的原子都是碳，如何比较优先次序？80原则规定：**第一个原子相同的，比较与之相连的其他原子，依次类推直到比出优先次序。**

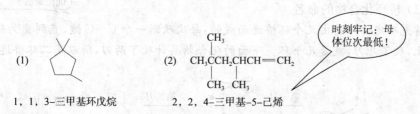

其他基团比较依次类推：—C=CH₂(C,C,H)优于—C—CH₃(C,H,H)；—CHO(O,O,H)优于—CH₂OH(O,H,H)

与甲基碳相连的三个原子是什么？是 H,H,H。与异丙基碳相连的是 C,C,H；所以**异丙基优于甲基**。化合物名称中的排序解决了，即 **X-甲基-X-异丙基环己烷**。接着进行编号。

环上的编号方式共有四种，哪一种符合最低系列规则呢？

(a) 1,3；　(b) 1,5；　(c) 3,1；　(d) 5,1

可见，只有(a)符合，所以化合物名称是：**1-甲基-3-异丙基环己烷**。

自测题 2-3　请判断下列化合物的命名是否正确。

时刻牢记：母体位次最低！

1，1，3-三甲基戊烷　　　2，2，4-三甲基-5-己烯

答案　(1)正确；(2)错误（双键位次应该最低），正确名称应该是 3,5,5-三甲基-1-己烯。

自测题 2-4　命名下列化合物。

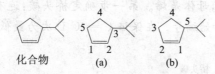

联苯　　　　　　螺环　　　　　　桥头碳　桥　桥头碳　桥环
两个环用一个C—C连接　两个环共用一个C　两个C之间用多个碳链连接

答案　(1)苯甲酰氯；(2)乙基环戊烷；(3)间硝基甲苯；(4)苯乙腈

2. 环烯烃命名

【例 2-6】　命名以下化合物。

化合物　　　(a)　　　(b)

图 2-2　环的编号方式

解题分析

化合物中含有双键和异丙基，双键是官能团，所以母体是烯；而双键在 5 个碳组成的环中，因此母体应该是**环戊烯**，要保证双键的位次最小，编号有如图 2-2 所示的(a)(b)两种方法。按照最低系列要求，选择(a)。所以化合物名称是：**3-异丙基环戊烯**。

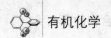
3. 多环化合物命名

分子中含有多个环的化合物。依据环的连接方式不同,分为联、螺、桥。

联苯　　　　　　　　　螺环　　　　　　　　　桥头碳
两个环用一个C—C连接　两个环共用一个C　　桥环
　　　　　　　　　　　　　　　　　　　　　桥头碳　　两个C之间用多个碳链连接

芳香烃体系中还有大量稠环化合物,如:

　两个或多个芳香环共用两个相邻碳

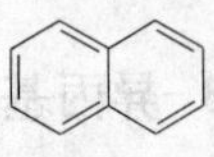

> 注意:只准砍键,不能把碳砍了

(1) 桥环化合物的命名

首先确定桥环是由几个环桥连而成的:每次砍断一个C—C键,直到变为链状结构为止,砍了几刀,就是几个环。下面的化合物共计砍了两刀,所以是二环桥连。

第一刀　　　第二刀　　　链状结构

图2-3　环个数的判断方法

① 确定桥头碳,一般是不直接相连的叔碳或者季碳;

② 编号:从一个桥头碳开始,沿着最长的桥编号,到达另一个桥头碳,再沿着次长的桥编号,直到所有的桥编完,同时应尽可能使取代基或不饱和键的位次较小。

③ 确定母体、取代基排列次序,写出桥环化合物名称。

【例2-7】 命名以下化合物。

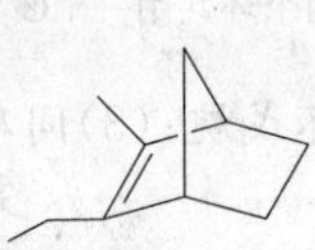

解题分析

分子中含有 $C=C$,母体是烯。第一步确定桥头碳:连有最多碳链的叔碳是桥头碳,然后从最长的桥开始编号。在保证 $C=C$ 位次为最低的情况下,有两种编号方法,见图2-4。

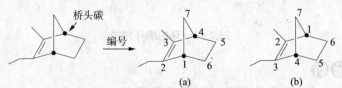

桥头碳　　　　编号　　　(a)　　　　　(b)

图2-4　桥环的编号方式

考虑到名称中取代基排序是 X-甲基-X-乙基,遵循最低系列原则应该取(b)种方案。下一步依据桥环化合物的固定格式写出名称:**2-甲基-3-乙基双环[2.2.1]-2-庚烯**。

桥环名称各部分的含义说明如下：

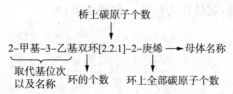

方括号中的三个数字分别代表不包括桥头碳的桥上的碳原子数（从最长到次长到最短），彼此用"．"隔开。

自测题 2-5 命名以下化合物。

编号要从最长的桥开始

解题分析

化合物由两个环组成，母体为烯，还有两个甲基，按照固定格式写出名称：**2，8-二甲基双环[3.2.1]-6-辛烯**。你写对了吗？

（2）螺环化合物的命名

① 编号：从小环一端与螺原子相邻的碳原子沿环编号，经螺原子再编另一大环，编号时注意取代基位次应尽可能小。

② 螺环化合物的书写格式为：X-取代基螺[a.b]母体名称。

X 为取代基位次，方括号中的**两个数字分别代表不包括螺原子的小环碳原子数 a 和大环碳原子数 b**。

【例 2-8】 命名以下化合物。

注意：编号从小环开始

解题分析

分子中有 C═C，母体是烯，还有一个乙基。按照固定格式写出名称：**2-乙基螺[4.5]-6-癸烯**。

（3）联苯的命名

必须分别对两个苯环编号，给有较小定位号的取代基以不带撇的数字。

图 2-5 联苯的编号方式：2，4'-二丙基联苯

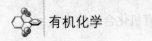

(4) 多苯基烷烃的命名

把苯环作为取代基,烷烃作为母体。举例如下:

1,2-二苯基乙烷

(5) 稠环芳烃命名

取代的稠环芳烃命名与单环芳烃命名相似。但是一定要注意各类化合物的编号顺序。

注意:不要把
"萘"写成
"茶"、"荼",
避免错字

萘　　　蒽　　　菲

有机化学中常用希腊字母表示基团的相互位置,紧邻官能团的为 α,其次为 β,γ,δ 等,最后是 ω。有时也把碳链开头的 C═C 叫做 α-烯烃。

上述稠环的另外一种编号如下:

萘　　　蒽

自测题 2-6 命名下面的化合物。

注意编号次序:

(1) (2) SO₃H (3)

解题分析

(1) 官能团是—OH,连接在芳香环上,所以母体是酚,羟基又连接在萘环的 α 位,所以名称为:α-萘酚;依次同理;(2) β-萘磺酸;(3)1,8-二甲基萘。

4. 杂环的命名

把碳环上的碳原子用 N,O,S 等杂原子代替,得到的化合物称为杂环化合物,杂环化合物种类繁多,数量庞大,本书仅要求掌握五元芳香杂环、六元芳香杂环的命名。

命名时主要采用英文的音译,并以"口"旁作为杂环的标志。杂环的编号是固定的,从杂原子开始编号。例如:

呋喃　　　噻吩　　　吡咯　　　吡啶

杂环化合物命名例子

> 杂原子为官能团，相邻的位置为α，再次为β、γ 等

2-呋喃甲醛
(或α-呋喃甲醛)　　3-噻吩甲酸
(或β-噻吩甲酸)　　2-甲基吡咯
(或α-甲基吡咯)　　2,3-吡啶二甲酸
(或α,β-吡啶二甲酸)

2.2.5　醚的系统命名

(1) 简单醚的命名通常采用习惯命名法。命名时将氧原子所分隔的两个烃基名称以较优基团放在后的方式写在"醚"字之前；若为单醚则在烃基前面加"二"(通常可省略)字。举例如下：

异丙氧基丙烷　　　　　　　　乙基乙烯基醚

习惯命名法的缺陷在于，不能处理复杂的化合物，如下图中的化合物，氧的一边是甲基，另外一边是什么基？

(2) 结构较为复杂的醚可采用系统命名法。选取较优基团作为母体，次优基团作为取代基称作"烷氧基"。上图中的化合物可做如下处理：

　　　　　　　　　←—— 较优基团作母体
　　　　　　　　　←—— 次优基因作取代基

则其名称为：2,4-二甲基-3-甲氧基-1-己烯。

(3) 当氧原子在环上时，称为环氧化合物。举例如下：

3-氯环氧丙烷　　　　　　　环氧丙烷

自测题 2-7　命名下列化合物。

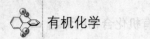

(1) $\bigcirc$—O—$\bigcirc$—COOH　　(2) $\bigcirc$—O—$\bigcirc$—CH$_3$

解题分析

注意官能团排列次序。(1)对甲氧基苯甲酸;(2)对甲基苯甲醚。

2.2.6　醛、酮衍生物的系统命名

醛、酮与醇类化合物经过缩合反应得到的化合物称为缩醛(酮),根据反应前的原料命名,举例如下:

(1) ⬡〈O─○─O〉　　(2) CH$_3$CH〈OCH$_2$CH$_3$ / OCH$_2$CH$_3$〉

(1) 是由环己酮与乙二醇缩合得到的,命名为:环己酮缩乙二醇;
(2) 是由乙醛与两分子乙醇缩合得到的,命名为:乙醛缩二乙醇。
醛酮与胺的衍生物反应,得到的化合物有不同的类别,举例如下:

　　　　CH$_3$CH=NOH　　　　CH$_3$CH=N—NH—$\bigcirc$

　　　　乙醛肟　　　　　　　　乙醛苯腙

自测题 2-8　请写出下列化合物的结构式。
(1)丙酮缩乙二醇;(2)丙烯醛苯腙

答案　(1) ⬠〈O─ / O─〉; (2) CH$_2$=CHCH=N—NH—$\bigcirc$

2.2.7　含氮化合物的系统命名

有机含氮化合物种类繁多,数量庞大,本书只讲述胺、重氮、偶氮、酰胺的命名,氨基酸等化合物的命名将在第10章中讲述。

1. 胺类化合物的命名

简单结构的胺主要采用习惯命名法,与醚的命名相似。较为复杂的胺采用系统命名法,以烃为母体,把氨基作为取代基。举例如下:

NH$_3$是氨,当N原子连有烷基后就成了胺,注意区别

　　　　\N—NH　　　　　　_/_/NH$_2$_/_

　　二甲基胺　　　　　　2-甲基-4-氨基庚烷

当·N原子上分别连有烃基和芳基时,有必要用"N"来注明烃基与氮的连接。如:

N原子上的取代基 ⟶ ⟨\N_/—$\bigcirc$⟩ ⟵ 母体 苯胺

N-甲基-N-乙基苯胺

图 2-6　N-烷基类化合物命名示意

又如：

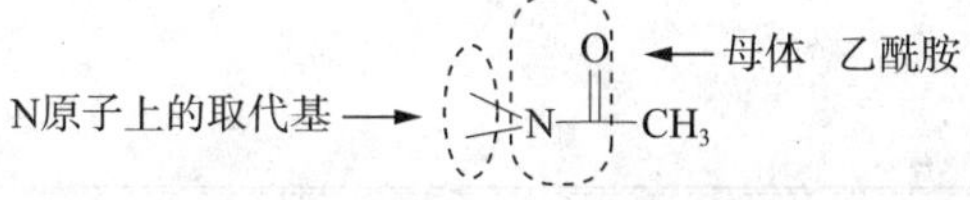

N原子上的取代基 ⟶   ⟵ 母体 乙酰胺

N,N-二甲基乙酰胺

图2-7 N-烷基类化合物命名示意

有机化学中,把含有四价正氮离子的盐(或氢氧化物)的化合物称为季铵盐,类似无机盐的命名(如:阴离子化阳离子,氯化钠),以"铵"结尾。

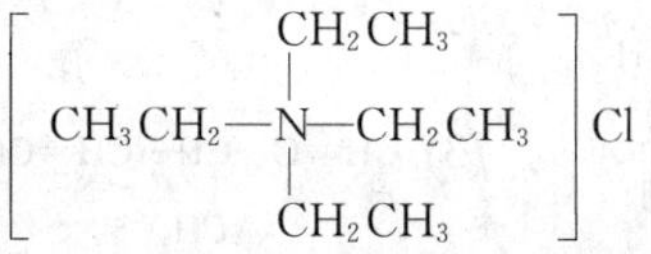

氯化四乙基铵 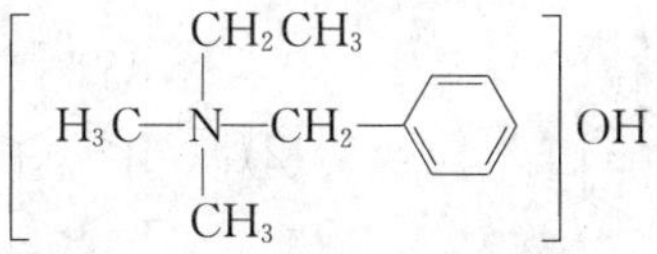   氢氧化二甲基乙基苄基铵

> 命名时先写出:
> 阴离子化铵,然后
> 把 N 原子上的烷
> 基按次序全部列出

2. 重氮和偶氮化合物命名

当—N≡N—基团一端与烃基相连,而另一端与非碳原子相连时,称为重氮化合物;而—N≡N—基团的**两端都与烃基相连**时称为偶氮化合物。

当偶氮化合物连接的两个烃基不相同时,应从较复杂基团开始依次向另一端命名。例如:

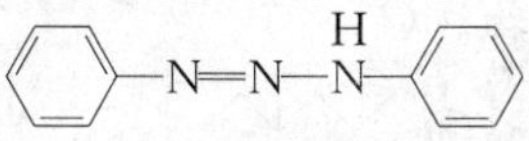

苯重氮氨基苯 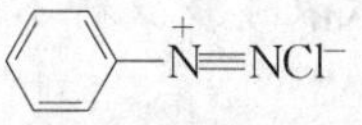   重氮苯盐酸盐(氯化重氮苯)

> 偶,就是两两成对的意
> 思,如成语无独有偶

自测题 2-7 命名下列化合物。

(1) 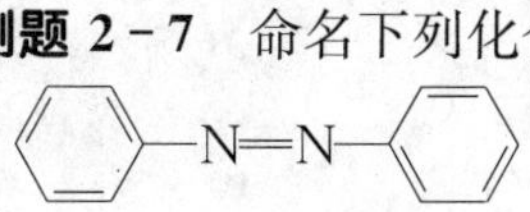   (2) $H_2C=CH-CH_2NH_2$

(3) 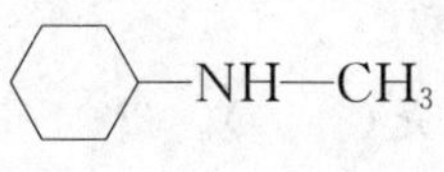   —NH—CH$_3$ (4)

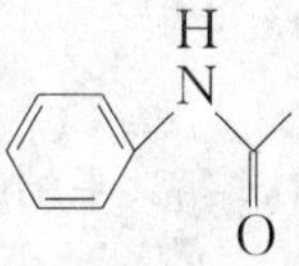

答案 (1)偶氮苯;(2)烯丙基胺;(3)N-甲基环己胺;(4)乙酰苯胺

本章要求必须掌握的内容如下:

有机化合物命名原则。

1. 最低系列原则:同等条件下选择取代基位次最低的编号系列;

2. 取代基在名称中排序的次序规则以及比较方法;

3. 多官能团化合物的命名,记住官能团的先后次序;

4. 各有机化合物的名称书写方式。

习 题

1. 根据名称写出下列化合物的结构式。

(1)氯代环丁烷；(2)2,4-戊二酮；(3)季戊四醇；(4)4-甲基-2-溴己烷；(5)肉桂醛；(6)溴化三甲基丁基铵；(7)苯甲酰氯；(8)苯乙酮；(9)N,N-二甲基甲酰胺；(10)2-氯吡啶；(11)苯甲酸。

2. 命名下列化合物。

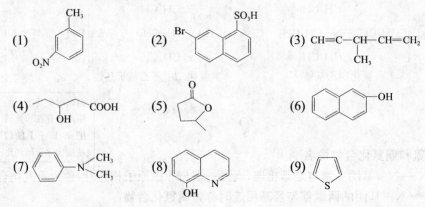

3. 选择或判断对错。

(1) 醛类化合物的官能团是羰基。(　　)

(2) 下列构造式代表了多少种不同的化合物。(　　)

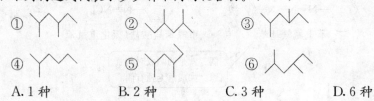

A. 1种　　　　　B. 2种　　　　　C. 3种　　　　　D. 6种

(3) (CH₃)₃C— 的名称是叔丁基。(　　)

(4) 下面化合物的系统命名为：3-环丙基-1-丙烯。(　　)

(5) 判断下列化合物中,缩酮、半缩醛以及半缩酮分别是(　　)。

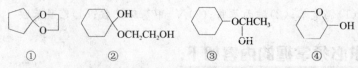

A. ①缩酮,③、④半缩醛,②半缩酮；

B. ④缩酮,①半缩醛,②半缩酮；

(6) 化合物 的系统命名为:1,1,3-三甲基环戊烷。(　　)

3

立体化学

学习目标

要求掌握：烷烃的构象，烯烃的 Z/E 异构，分子的手性，R/S 命名

要求理解：物质的旋光性，Newman 投影式，Fischer 投影式原理

引 言

有机化合物之所以数量庞大，种类繁多，主要是由于同分异构现象的普遍存在，从原子的连接次序不同、官能团位置不同一直到原子在空间的伸展方向差异，这些异构现象从一维进展到二维，继而延伸到三维空间，导致化合物的化学性质、物理性质、生化性质产生巨大的差异，为我们的世界提供了丰富多彩的物质文明，同时操之不慎将导致严重的后果。只有深入理解立体化学，才能对生物学以及生命相关现象有实质性的认识，生物体系能从分子空间结构的细微差异辨别不同的分子，这对包括人类在内的生物的生老病死、繁衍不息非常重要。

3.1 立体化学的概念

广义的同分异构分为构造异构与立体异构，而立体异构又分为构型异构和构象异构。它们之间的关系如下：

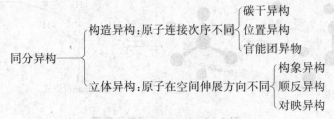

碳干异构：碳原子连接次序不同导致，举例如下：

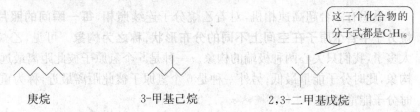

庚烷　　　　　　3-甲基己烷　　　　　　2,3-二甲基戊烷

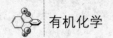
位置异构 官能团在分子中的位置不同导致,举例如下:

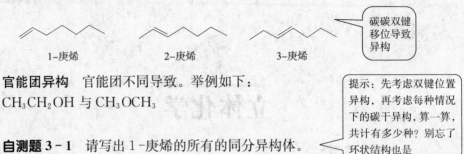

1-庚烯 2-庚烯 3-庚烯

碳碳双键移位导致异构

官能团异构 官能团不同导致。举例如下:

CH_3CH_2OH 与 CH_3OCH_3

提示:先考虑双键位置异构,再考虑每种情况下的碳干异构,算一算,共计有多少种? 别忘了环状结构也是

自测题 3 - 1 请写出 1-庚烯的所有的同分异构体。

3.2 构象异构

绪论中讲过,乙烷分子中两个 C 是以 σ 单键形式连接的,由于 σ 单键可以围绕两个原子核连线,也就是键轴旋转,导致乙烷分子的形状总是处于变化中。图 3-1 是某一瞬间的乙烷分子电子的示意图。

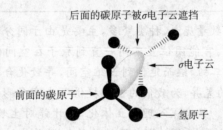

后面的碳原子被σ电子云遮挡
σ电子云
前面的碳原子
氢原子

实心的楔形线表示面向读者眼睛;虚心的楔形线表示背向读者眼睛

图 3 - 1 乙烷分子电子云示意图

为了在纸面上标识三维空间造型,Newman 教授发明一种投影方法,称为 Newman 投影式,见图 3 - 2。

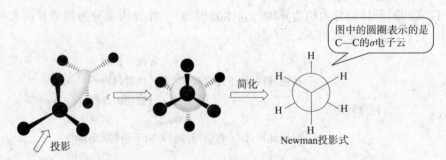

简化

图中的圆圈表示的是 C—C的σ电子云

投影

Newman投影式

图 3 - 2 Newman 投影示意图

设想有一台超高速相机,对着乙烷分子连续照相,**每一瞬间的照片都给出了乙烷分子中各个原子在空间上不同的分布形状,称之为构象**。可见,乙烷的构象实在太多了,我们只关心两种极端的构象。一种是 6 个氢原子彼此距离最远,称为交叉式构象,此时分子能量最低;另外一种是 6 个氢原子彼此距离最近,称为重叠式构象,此时分子能量最高。

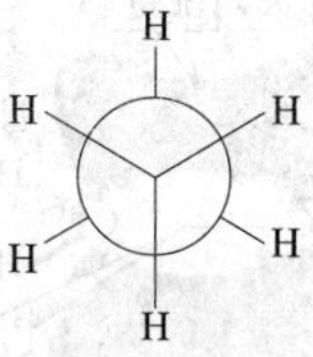

交叉式构象 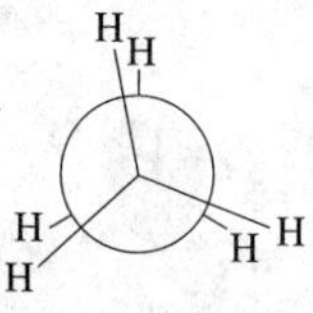　　　　　重叠式构象

随着构象不断变化,分子的能量也在不断发生周期性的起伏变化。我们应该知道自然界的基本定律:任何体系总是自发地趋向于低能状态。因此交叉式构象是稳定结构,也是所谓的优势构象。由于两种构象之间的能量差太小,构象之间高速转换,因此室温下无法区分。随着温度降低,交叉式构象慢慢增多。

阅读材料:分子中含有的C—C越多,构象越复杂。高分子化合物在非结晶态条件下,由于构象导致分子卷曲,受外力作用构象展开,外力消失后恢复原态——这就是构象变化导致的弹性现象。

如果某种条件下,分子构象旋转受阻,不能自由变化,将导致异构产生,这就是**构象异构**,如图3-3所示。

理论计算表明,当两个苯环上对应的基团半径之和超过0.29 nm时,联苯就不能自由旋转了(图3-3中是两个化合物)

(r_a+r_c)或者$(r_b+r_d)>0.29$ nm

图3-3　邻苯型构象受阻示意图

自测题3-2　以丁烷的C2—C3为旋转轴,丁烷有几种典型的构象?

提示　丁烷的C2与C3上各有一个甲基,相当于乙烷中两个碳上各自有一个氢被甲基取代,有四种典型的构象。能量最高的是两个甲基完全重叠,最低的是两个甲基处于反位。图3-4表示前面的碳顺时针旋转60°得到的典型构象。

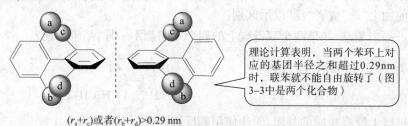

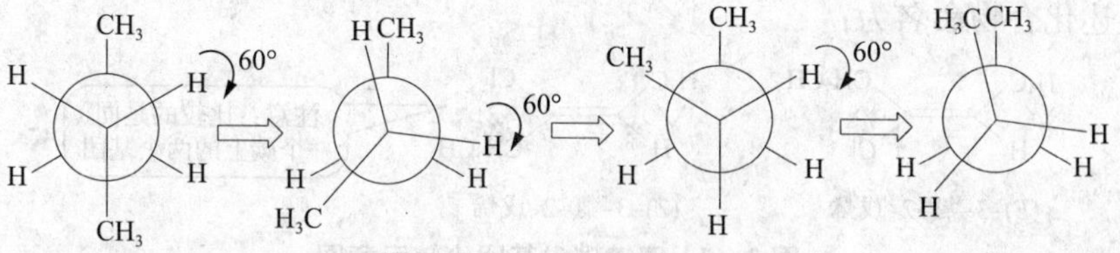

全交叉式　　　　　邻位重叠式　　　　　邻位交叉式　　　　　全重叠式

图3-4　丁烷构象旋转示意图

3.3　顺反异构

第1章说过,乙烯的构成前提条件是两个2p轨道肩并肩,所以乙烯中C—C是不能旋转的(设想两个人手拉手向前走,突然一人摔倒了的情形)。

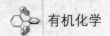

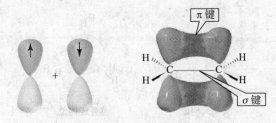

图 3-5 π键形成示意图

注意：两个双键碳原子上至少有一个基团是相同的，才能讨论"顺"和"反"的问题

把双键碳上的 H 换成其他不相同的基团,结果会怎么样呢?

顺-2-氯-2-丁烯   反-2-氯-2-丁烯

图 3-6 双键"顺"、"反"示意图

当相同基团位于双键同一侧时,称之为顺式结构,反之,就是反式结构。通常在其名字前加上"顺"或者"反"以示区别。

请进一步考虑,如果两个双键碳上的四个基团都不一样,结果如何?

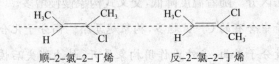

双键碳上没有相同的基团,无法使用顺反法则进行有效区分!

为了解决上述问题,IUPAC 推荐了 Z/E 命名法。按照 Cahn-Ingold-Prelog 规则次序排列,找出两个双键碳原子上的优先基团。【说明:Z,德文 zusammen,共同;E,德文 entgenen,相反】

具体操作:首先比较每个双键碳上两个基团的次序(具体规则见第 2 章命名法),并用">"或者"<"标记(这里的">"读作"优于","<"读作"不优于"),如果**较优的基团位于双键同一侧,就是 Z 构型**;否则就是 E 构型。很显然,甲基>H,Cl>乙基,因此上述化合物命名为:

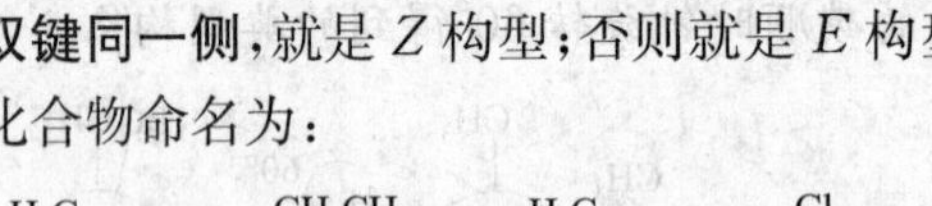

注意：比较的是同一个碳上的两个基团

(E)-3-氯-2-戊烯   (Z)-3-氯-2-戊烯

图 3-7 双键碳上基团比较示意图

在其名字前加上"Z"或者"E"表示构型。

相似的情形还出现在环状化合物中,最简单的环丙烷,与乙烯分子一样,是个平面性分子(三点共面是几何学的基本知识),当不同的碳上有取代基时就产生下面的情形:

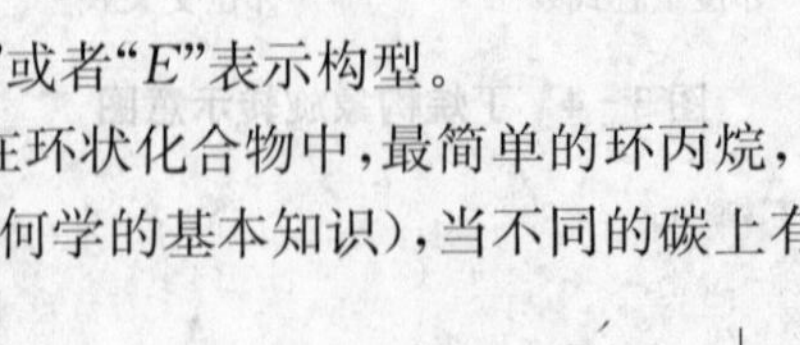

顺-1,2-二甲基环丙烷   反-1,2-二甲基环丙烷

两个取代基位于平面同一侧,称为顺式结构;反之,就是反式结构。

自测题 3 - 3 命名下列化合物。

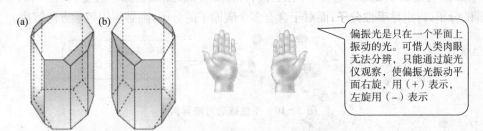

> 其母体是1, 3-戊二烯,只有3位上的双键具有异构

解题分析

(1) 顺-2-戊烯或(Z)-2-戊烯。两个 H 位于 C ═ C 同侧。

(2) (3E)-3-甲基-1,3-戊二烯。分子中有两个双键,但是只有一个具有顺反异构,所以要标明其位置。

(3) 顺-1,3-环戊烷。

(4) (E)-偶氮苯。注意,次序规则中,最不优的基团是什么? 不是 H,而是孤对电子。所以该分子是个 E 构型。

3.4 对映异构

对映异构的发现:1848 年,巴斯德(L. Pasteur)在显微镜下发现酒石酸盐形成两种类型的晶体,它们的关系恰如我们的左右两只手,互成镜像(图 3 - 8),它们的性质完全一样,除了其水溶液使偏振光向不同方向偏转。

(a)　(b)

左旋和右旋酒石酸钠铵晶体　　我们的两只手,互成镜像关系

> 偏振光是只在一个平面上振动的光。可惜人类肉眼无法分辨,只能通过旋光仪观察,使偏振光振动平面右旋,用(+)表示,左旋用(-)表示

图 3 - 8　互成镜像对映异构示意图

阅读材料:左右手这样互成镜像而不能重合的现象,称为手性。什么叫做不能重合呢? 大家想象一下,两只手可以互换吗? 左右脚的鞋子是否能换着穿呢? 答案是不能! 这就是所谓不能重合。其实,你和镜子里的像也是不能重合的。这种现象在自然界非常普遍,小到蝴蝶、鸟儿的翅膀,花瓣,大到星系,我们其实生活在手性的世界中。

图 3-9 自然界中的对映异构

分子这种互成镜像关系而不能重合的现象称为**对映异构**。对偏光振动平面没有旋转作用的物质,称为**非旋光性物质**;能够使偏光振动平面发生旋转的物质,称为**有旋光性或者光学活性物质**,对于对映异构体来说,除了旋光方向相反以外,所有的物理性质都一样。

3.5 对称因素与手性

什么样的分子有手性? 给分子照镜子不是一件容易的事情。1874 年,年仅 22 岁的荷兰科学家范特霍夫(Van't Hoff)发表了名为"原子的空间排布"一文,正式将有机化合物的结构推到了三维层次——立体化学,帮助我们解释了有机化合物的立体结构不同可以导致它们的性质不同。范特霍夫是第一个诺贝尔化学奖获得者。

经过研究发现,若一个碳原子上四个基团各不相同,这个碳原子就有了手性,用 C* 表示,称之为**手性碳**。它在空间上有两种排布方式,互成镜像。对于只有一个手性碳的分子,肯定是**手性分子**;而对于含有多个碳原子的分子,则必须用数学方法解决。

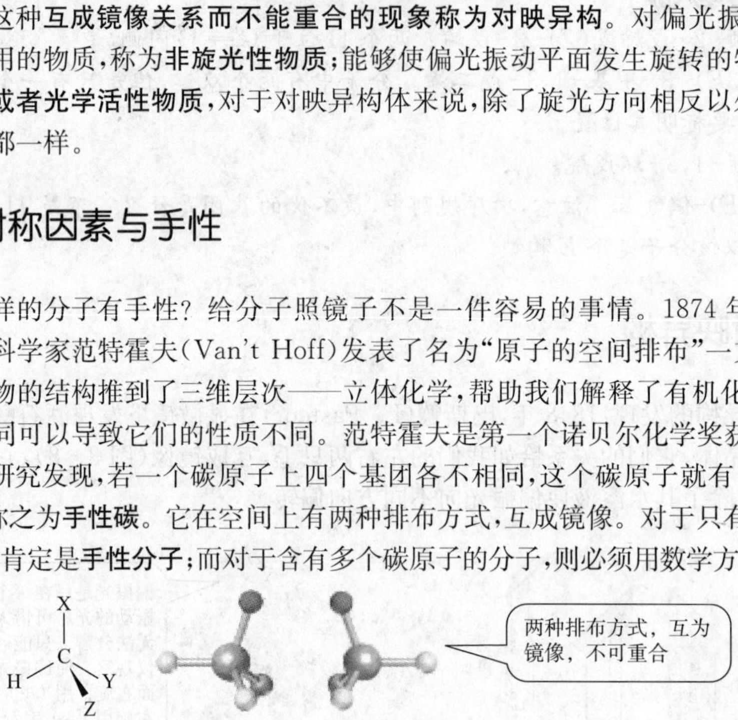

两种排布方式,互为镜像,不可重合

图 3-10 手性碳的对映异构

阅读材料:对称是美学的基本要素,设想只有一只耳朵的人是多么难堪! 对称因素分为三种:对称轴,对称面和对称中心。设想有条直线穿过某分子,该分子绕直线旋转 360°,与分子原来构型相同出现几次就是几重**对称轴**,用 C_n 表示。例如水分子是 C_2 对称,氨分子是 C_3 对称。

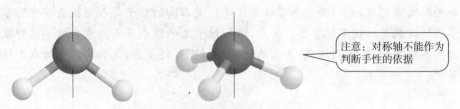

注意:对称轴不能作为判断手性的依据

图 3-11 H_2O 与 NH_3 的对称轴

设想有个平面穿过某分子,把该分子分成对称的两半,互成镜像,这样的平面称为**对称面**。

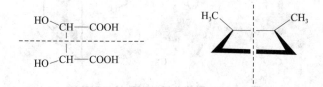

图 3 - 12　丁二酸和顺-1,2-二甲基环丁烷的对称面

设想某分子中有一中心点,通过该点所画的直线都以等距离到达相同的基团,则该中心点是**对称中心**。

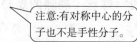

注意:有对称中心的分子也不是手性分子。

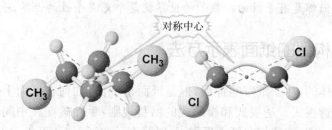

图 3 - 13　反-1,3-二甲基环丁烷与反1,2-二氯乙烯的对称中心

结论:没有对称面、对称中心的分子是手性分子,所以,手性又叫不对称性,手性分子又称为不对称分子。

提示　手性原子与手性分子的关系类似于极性键与极性分子的关系。只有一个极性键的分子一定是极性分子,含有多个极性键的分子未必是极性分子,因为极性键的向量和可以等于零;类似的,只有一个手性碳的分子一定是手性分子,有多个手性碳的分子,如果分子内有对称面,则没有手性,这样的现象称为内消旋。如果等量的左旋与右旋异构体混合在一起,尽管分子有手性,但是混合物没有旋光性,这样的体系称为外消旋体。如果对映异构体的量不相等,混合体系的旋光度等于两者之差,称为 *ee*%,表示**对映体过量程度**。

注意:外消旋体是混合物,内消旋是纯净物

有机化学上还有另外一类手性化合物,分子中不含任何手性原子,如丙二烯类化合物、螺环类化合物、联苯类化合物,它们都符合手性分子的定义,即与自身的像对映但不能完全重叠。如构象旋转受阻的联苯分子有手性,但是没有手性碳。

自测题 3 - 4　指出甲烷、苯环、乙烯的对称因素。

提示　平面性分子本身所在平面就是对称面,所以苯有 7 个对称面,1 个对称轴,1 个对称中心,所以苯是个高度对称的分子。请自己推断乙烯分子的对称性。甲烷分子的对称因素如下:

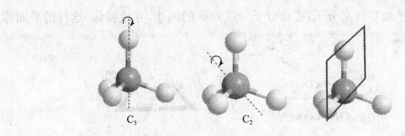

C_3　　　　　C_2

图 3-14　甲烷分子的对称轴与对称面

剩下的对称轴、对称面自己补充。

自测题 3-5　请指出下列物品是否有手性：

鞋子　袜子　手套　眼镜片　螺母　螺丝　蝴蝶的翅膀　水中的漩涡　植物的叶片　龙卷风的眼　银河系的形状

从上述结果中,你发现了什么?

答案　它们都是有手性的。我们的世界就是个充满手性的世界,手性无处不在。

3.6　分子构型的纸面表示方法

分子是立体的,在三维空间伸展,但是纸面是平面,如何在纸面上正确表示呢?首先要能看懂透视式。透视式和楔形式的书写规则:手性碳摆在中间,实心楔形线表示指向纸面前方,虚线指向纸面后方,一般线表示在纸面上(图 3-15)。

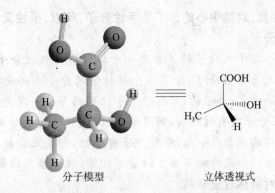

分子模型　　　　　　　　立体透视式

图 3-15　乳酸的分子模型与立体透视式

为了更方便地表示手性分子的构型,Fischer 发明了一套投影方法,称为 Fischer 投影式。**横前竖后原则**:首先画一个十字架,交叉点是手性碳,把两个伸向前方的基团摆在水平方向,两个向后伸展的基团摆在竖直方向。注意:一般把主官能团摆在上方。2-羟基丙酸的投影见图 3-16。

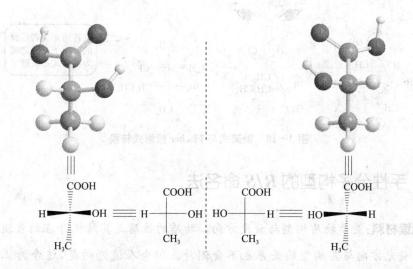

图 3 - 16 乳酸的 Fischer 投影式

注意:分子的 pose 是很多的,所以同一个分子可以有很多 Fischer 投影式,就像不同姿势的你——其实都是你。Fischer 投影式与 Newman 投影式的关系见图 3 - 17。画 Fischer 投影式时,先摆成全重叠式再投影。

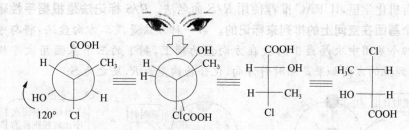

图 3 - 17 Newman 投影式与 Fischer 投影式转换

自测题 3 - 6 画出下列化合物的 Fischer 投影式。

(1) 锯架式

(2) Newman 式

(3) 透视式(伞型式)

解题分析

把 Newman 式倾斜着拉开就得到锯架式,对锯架式侧面投影就得到了透视式。这三个式子表示的是同一个化合物。

答案 把 Newman 投影式中后面的碳原子旋转 60° 变成重叠式构象,然后从上方往下看,就得到 Fischer 投影式。

(关于两种投影式的互换可以参阅文献:黄艳仙. Fischer 投影式与 Newman 投影式互换方法及其应用. 化学教育,2009(7):72.)

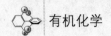

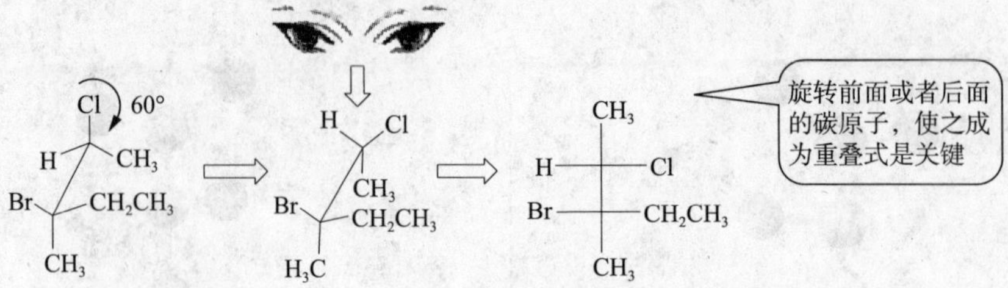

图 3 - 18　锯架式与 Fischer 投影式转换

3.7　手性分子构型的 *R/S* 命名法

阅读材料： 关于物质构型与旋光方向。物质的性质是其结构外在的表现，手性物质的旋光方向与其构型的关系也不会例外。但令人遗憾的是，迄今为止，人类还没有找到旋光与分子结构的关系。国内外都有不少学者在研究两者的关系，也提出了不同的观点。中国的学者尹玉英提出了分子的螺旋性的观点。参阅文献：尹玉英，刘春蕴. 有机化合物分子旋光性的螺旋理论. 北京：化学工业出版社，2000.

如何区分对映异构体呢？能测旋光的可以用（＋）或者（－）表示，比如（＋）-乳酸。在有机化学里，IUPAC 推荐使用 *R/S* 命名法。**R/S 标记法是根据手性碳原子所连四个基团在空间上的排列来标记的**。第一种方法是汽车方向盘法：将与手性碳相连的四个基团中次序最小的放在方向盘的轴上，剩下的三个基团用次序规则比较，从高到低的方向如果是顺时针方向，化合物构型为 *R*，反之为 *S*。

图 3 - 19　方向盘法判断手性分子构型

第二种方法是使用 Fischer 式直接命名。另外还有左右手法，大拇指指向次序最小的基团，剩下三个基团按照次序规则从高到低排列，方向与右手握拳一致的为 *R* 构型。

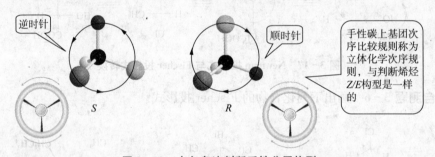

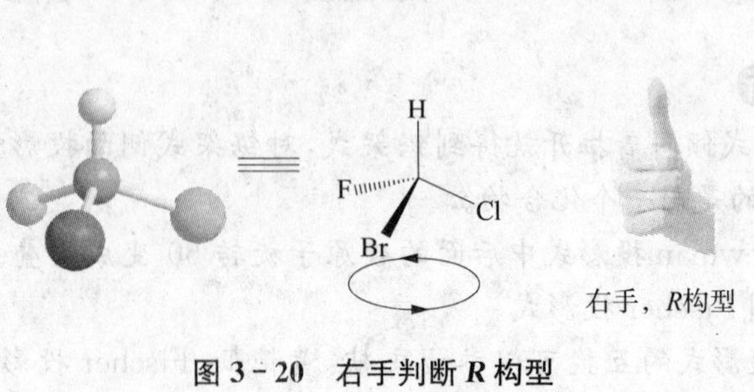

图 3 - 20　右手判断 *R* 构型

方向与左手握拳一致则为 S 构型。

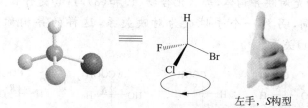

图 3-21 左手判断 S 构型

【例 3-1】 判断下面化合物的构型。

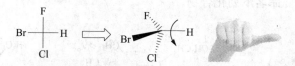

图 3-22 最小基团在横线上判断构型

解题分析

比较四个基团的次序:Br > Cl > F > H,最小的 H 在横线上,"横前竖后",大拇指指向你的眼睛,剩下的三个基团从大到小如何排列?是不是与右手一致?所以是 R 构型。

【例 3-2】 命名以下化合物。

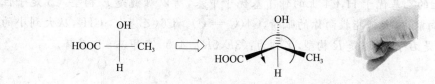

图 3-23 最小基团在竖线上判断构型

解题分析

化合物母体是丙酸,还有一个羟基,因此其名称为 2-羟基丙酸。然后考虑手性碳构型。大拇指指向远离你的前方,四个基团的次序:OH > COOH > CH₃ > H,与左手一致,因此是 S 构型。其名称为:(S)-2-羟基丙酸。

【例 3-3】 命名下列化合物并判断彼此的关系。

	(1)		(2)		(3)		(4)

```
      COOH            COOH             COOH              COOH
 HO ——|—— H      H ——|—— HO      HO ——|—— H       H ——|—— HO
 HO ——|—— H      H ——|—— HO      H ——|—— HO      HO ——|—— H
      COOH            COOH             COOH              COOH
      (1)              (2)              (3)               (4)
```

解题分析

其实化合物(1)、(2)、(3)、(4)的母体都一样,都是 2,3-二羟基丁二酸,所不同的是构型不同,每一个手性碳写上构型。仔细观察发现,化合物(1)和(2)分子中有对

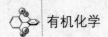

称面,不是手性分子,其实,把化合物(1)上下颠倒就是(2),它们是同一个化合物。
化合物(3)与(4)是对映异构体,那么化合物(1)和(3)与(4)是什么关系? 只有一个
手性碳构型相同,另外一个手性碳为对映关系,这样的异构称为非对映异构
(diastereoisomer)关系。

$$
\begin{array}{cccc}
\text{COOH} & \text{COOH} & \text{COOH} & \text{COOH} \\
\text{HO}\ \text{—}S\text{—}\ \text{H} & \text{H}\ \text{—}S\text{—}\ \text{OH} & \text{HO}\ \text{—}S\text{—}\ \text{H} & \text{H}\ \text{—}R\text{—}\ \text{OH} \\
\text{HO}\ \text{—}R\text{—}\ \text{H} & \text{H}\ \text{—}R\text{—}\ \text{OH} & \text{HO}\ \text{—}S\text{—}\ \text{OH} & \text{HO}\ \text{—}R\text{—}\ \text{H} \\
\text{COOH} & \text{COOH} & \text{COOH} & \text{COOH} \\
(1) & (2) & (3) & (4)
\end{array}
$$

自测题 3-7 命名下列化合物。

(1)
(2)
(3)

解题分析

(1) 先不考虑立体效应,化合物名称为 3-甲基-2-乙基环己烯,然后考虑手性
碳的构型:四个基团 $C2(C=C) > C4(乙基) > CH_3 > H$,$S$ 构型,所以名称为:(S)-
3-甲基-2-乙基环己烯。

(2) 先不考虑立体因素,名称为 4,5-二甲基-3-庚烯,双键的构型是 Z 还是 E
呢? $C3$ 上的乙基优于 H,$C4$ 上的仲丁基优于甲基,所以双键是 E 构型,$C5$ 是手性
碳:H 伸向前方,大拇指指向你的眼睛,$C4(C=C) > C6(乙基) > CH_3$,从大到小的
旋转方向是右手,所以是 R 构型,名称为:($3E,5R$)-4,5-二甲基-3-庚烯。

(3) 母体是 3-苯基-2-丁酮,$C3$ 是手性碳,基团次序:$Cl > \overset{\text{O}}{\overset{\|}{C}} > 苯基$,符合左
手规则,所以是 S 构型,其名称为:($3S$)-3-苯基-2-丁酮。

阅读材料: 关于 X 射线单晶衍射技术。晶体点阵结构的周期(点阵常数)和 X 射
线的波长为同一个数量级(10^{-10} m),使用 X 射线照射时次级 X 射线就会相互干涉,
可将这种干涉分成两大类:次生波加强的方向就是衍射方向,而衍射方向是由结构
周期性(即晶胞的形状和大小)所决定的。测定衍射方向可以确定晶胞的形状和大
小;晶胞内非周期性分布的原子和电子的次生 X 射线也会产生干涉,这种干涉作用
决定衍射强度,测定衍射强度可确定晶胞内原子的分布。把测得的数据通过数学处
理,就可确定各原子在分子中的空间分布。(图 3-24 是本章编者合成的一个催化剂
的 X 射线单晶衍射图谱)。

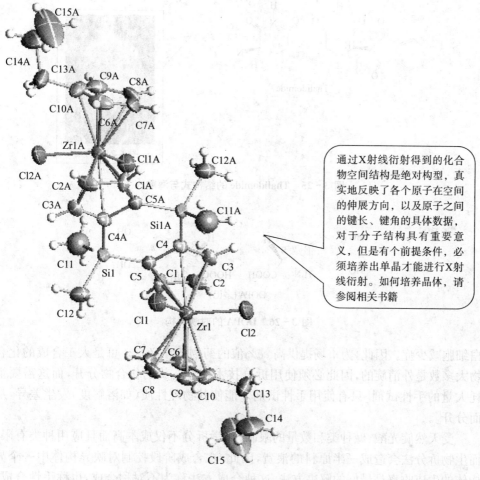

> 通过X射线衍射得到的化合物空间结构是绝对构型,真实地反映了各个原子在空间的伸展方向,以及原子之间的键长、键角的具体数据,对于分子结构具有重要意义,但是有个前提条件,必须培养出单晶才能进行X射线衍射。如何培养晶体,请参阅相关书籍

图 3-24　双核催化剂的 X 射线衍射图

3.8　手性现象对于生命的意义

阅读材料:关于手性与生命关系新发现——沙利度胺(Thalidomide,又名反应停)与儿童畸形。Thalidomide 是一种镇静剂,西欧各国曾用来控制妇女妊娠早期的呕吐反应。1957—1962 年,在西欧很多国家,特别是西德与英国患短肢畸形(形似海豹)的新生儿明显增加,病例高达万例,遗留数千残疾儿童,是一次灾难性事件。经临床、流行病学与动物实验等病因研究,证明这是由于孕妇在妊娠 4～8 周期间服用了 Thalidomide 而引起的。经分析,Thalidomide 的 R-异构体构型是一种镇静剂,可以有效控制妇女妊娠早期的呕吐反应,而它的 S-异构体导致胎儿畸形。因此导致欧洲、美国增添了几万名"海豹人"。从此,人类对生物体严格选择手性有了深刻认识。

各国政府对手性药物的筛选、生产与使用等环节加强了管理和监督。随着研究的深入,人们发现越来越多的药物对映异构的不同生理作用,如图 3-26 中的多巴,其 S-异构体具有治疗帕金森综合征的生物活性,而 R-异构体导致极其凶险的粒状

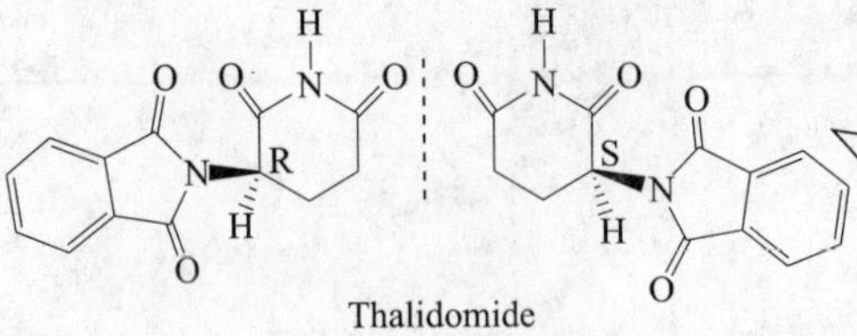

图 3 - 25　Thalidomide 的结构式与海豹人

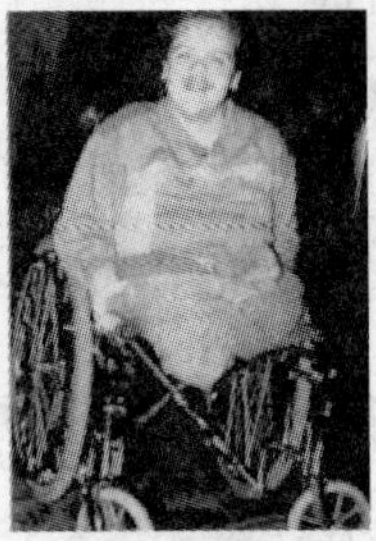

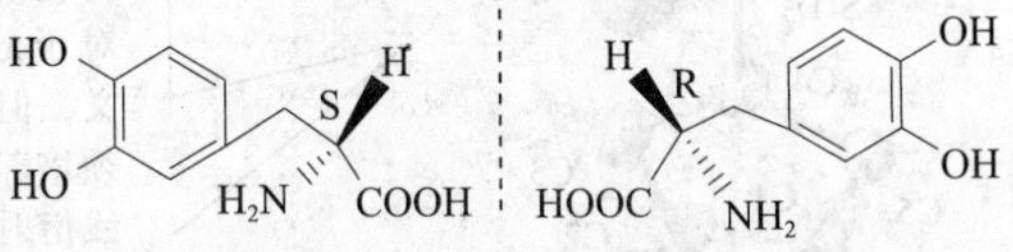

图 3 - 26　DOPA 的对映异构

　　白细胞减少症。因此,为市场提供高 ee% 值的药物势在必行。可是人工合成的化合物大多数是外消旋的,因此必须使用拆分技术把左右旋的化合物分开,而这需要消耗大量的手性试剂[只有使用手性试剂才能使其物理性质(如溶解度)发生差异,从而分开]。

　　受天然旋光酸、碱种类和数量的限制,化学拆分不仅成本高而且应用种类有限。而生物拆分法会造成一半原料的浪费,因此,在合成阶段控制对映异构体中一个异构体的生成收率是最好的解决方法,这种合成方法称为不对称合成,也称手性合成、立体选择性合成或对映选择性合成,是研究向反应物引入一个或多个具手性元素的化学反应的有机合成分支。手性合成的关键在于合成过程中创造手性环境,如使用不对称催化剂、手性试剂、手性溶剂等方法。目前不对称合成发展很快,是当代有机化学中的前沿之一,2001 年威廉·诺尔斯、野依良治和巴里·夏普莱斯三位科学家因为在此领域做出了杰出贡献而荣膺诺贝尔化学奖。他们的工作为合成具有新特性的分子和物质开创了一个全新的研究领域。目前,像抗生素、消炎药和心脏病药物等许多药物,有很多都是根据他们的研究成果制造出来的,有兴趣的同学可以查阅关于薄荷醇的生产资料。

本章小结

　　本章主要讲述了有机化合物的空间结构,列举了各类异构现象的产生以及烯烃的顺反(Z/E)异构、脂环烃顺反的命名以及手性化合物的构型 R/S 标记。本章概念多、内容比较抽象,对于没有空间想象能力的同学来说,学习起来有一定的困难。建议每学完一节后,先不要看答案,主动完成自测题目,然后与答案比较。

本章要求必须掌握的内容如下：

1. 立体化学次序规则与官能团排列顺序的区别。在判断双键、手性碳上的基团次序时使用 Cahn-Ingold-Prelog 规则，依据原子序数定优先；在判别化合物母体时用官能团次序，比如—OH 与—COOH，判断 Z/E 或 R/S 时，—OH＞—COOH；作为化合物母体，—COOH 优于—OH。

2. 使用 Z/E 法对烯烃进行命名。

3. 判断手性碳的构型并正确使用 R/S 命名。

4. 掌握 Newman 投影式、Fischer 投影式规则。

习　题

1. 写出下列化合物中具有对映异构体的结构式。

$C_5H_{11}Cl$　　　$C_6H_{14}O$　　　C_6H_{12}　　　C_8H_{18}

> 注意：手性碳的特征
> 是四个基团各不相同

2. 按照 Cahn-Ingold-Prelog 规则从小到大排列下列基团。

(1) $H_2C{=}C{-}H$　　　—CH_2CH_3　　　—CH(CH_3)_2　　　—C(CH_3)_3

(2) $H_2C{=}C{-}H$ 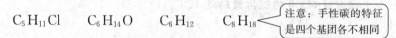　　　$HC{\equiv}C{-}$　　　—CH_2CH=CH_2

(3) —CH_2CH_3　　　—CH_2OCH_3　　　—COCH_3　　　—CH_2CH_3

(4) —CN　　—CH_2Br　　—Br　　—CH_2CH_2Br

3. 命名下列化合物并标明立体构型。

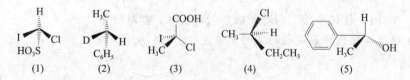

4. 用 Fischer 投影式画出下列化合物的构型式。

(1) (R)-2-丁醇　　(2) 2-氯-$(4S)$-4-溴-(E)-2-戊烯

5. 指出下列化合物中手性碳的构型并命名。

6. 选择、填空或判断对错。

(1) 下列化合物中含有手性碳原子的是（　　　）。

A. ———　　B. ———　　C. ——OH　　D. ———

(2) 下列化合物中有对映体的是（　　　）。

A. 3-甲基-3-戊醇　　B. 2,2-二甲基-3-溴己烷　　C. 3-苯基-3-氯-1-丙烯

(3) 下列化合物中,存在顺反异构体的是(　　)。

　　A. 2,2-二甲基丁烷　　　　　　B. 2,3-二甲基丁烷

　　C. 1,1-二甲基环丁烷　　　　　D. 1,2-二甲基环丁烷

(4) 下列化合物之间互成对应异构的关系是(　　)。

A.　　　　　　　　B.　　　　　　　　C.　　　　　　　　D.

(5) 具有分子式 C_3H_6 的化合物只有丙烯一种。(　　)

(6) 乙烷只存在重叠式和交叉式两种构象。(　　)

(7) 常温下,交叉式构象是乙烷分子的优势构象。(　　)

(8) 乙炔是一个平面分子,所有的键角大约是120°。(　　)

(9) $H_3C-\overset{\overset{CH}{|}}{\underset{\underset{CH_3}{|}}{C}}-H$ 与 $H_3C-\overset{\overset{H}{|}}{\underset{\underset{H}{|}}{C}}-CH_3$ 的是(　　)。

　　A. 对映异构体　　　B. 位置异构体　　　C. 碳链异构体　　　D. 同一化合物

(10) 1-溴丙烷最稳定的构象是(　　)。

(11) 丁醇和乙醚是(　　)异构体。

　　A. 碳架　　　　　B. 官能团　　　　　C. 几何　　　　　D. 对映

(12) 下列化合物中,具有对映异构体的是(　　)。

　　A. CH_3CH_2OH　　　　　　　　B. CCl_2F_2

　　C. $HOCH_2CHOHCH_2OH$　　　　D. $CH_3CHOHCH_2CH_3$

(13) 考察下面的 Fischer 投影式,这两种化合物互为(　　)。

　　A. 同一种化合物　　　B. 对映体　　　C. 非对映体

(14) 以下二取代环己烷最稳定的构象是(　　)。

A.　　　　　B.　　　　　C.　　　　　D.

7. 下列化合物中有多少种立体异构体? 用 Fischer 投影式画出所有的立体异构。

(1) $H_3C-\overset{\overset{H}{|}}{\underset{\underset{Cl}{|}}{CH}}-\overset{}{\underset{\underset{Cl}{|}}{C}}-CH_3$　　　　　　(2) $H_3C-\overset{\overset{H}{|}}{\underset{\underset{Cl}{|}}{CH}}-\overset{}{\underset{\underset{OH}{|}}{C}}-CH_3$

4

脂肪烃和脂环烃的性质

学习目标

要求掌握:环己烷构象,不饱和烯烃的亲电加成,共轭结构,环烷烃开环反应,α-H反应

要求理解:游离基取代历程,亲电加成历程;D-A反应

引 言

烃类化合物是由碳、氢两种元素构成的有机化合物,分子中不含有苯环等芳香成分的称为脂肪烃和脂环烃等,依据其饱和程度,又可以分为烷烃与不饱和烃。不饱和烃又可以分为烯烃、二烯烃、炔烃等类别。烃类化合物,特别是低级烷烃,是内燃机的燃料,为大大小小的汽车、飞机、军舰、潜艇、工程机械等提供动力;此外,烃类化合物还是重要的基础化工原料,为精细化学工业、高分子材料、纺织等行业提供原料,因此一个国家的烯烃产量(特别是乙烯)成为衡量国家工业发展水平的指标之一,与烃类生产相关的石油开采、石油炼制、石油化工、聚烯烃生产等行业已经成为国民经济的支柱产业之一,是国家综合国力的重要组成部分,决定着国家能源的安危,是当前我国重点发展的领域。

4.1 烷烃的性质

> 具体数据见附录二中的有机化合物的物化常数

4.1.1 烷烃的物理性质

烷烃分子极性非常小,分子间作用力比较弱,因此其熔点沸点比较低,在常温下C1—C4是气体,C5—C16是液态,超过17个C的烷烃是固体。

沸点(boiling point,简写 b. p.)是指在一定压力下物质达到气液两相平衡时的温度。请注意,不同压力下物质的沸点是不同的,高原上气压低,水在70℃就沸腾了,而高压锅因为密封、压力高,水的沸点可以达到110℃。在固定的压力下,物质的沸点取决于分子间作用力——范德瓦尔斯力。对于烷烃而言,相对分子质量越大,

作用力越强,沸点越高;相对分子质量相同的烷烃,分子间靠得越近,作用力越大,所以直链烷烃沸点高于支链烷烃。

自测题 4-1 比较下列化合物的沸点高低。

A. 正己烷　　　　B. 正戊烷　　　　C. 异戊烷　　　　D. 新戊烷

解题分析

正己烷的相对分子质量最大,所以正己烷的沸点最高;正戊烷是直链结构,沸点高于支链同分异构体;比较支链数目,新戊烷最多,所以沸点最低。戊烷的三种异构体沸点数据如下:

$$CH_3CH_2CH_2CH_2CH_3 \qquad (CH_3)_2CHCH_2CH_3 \qquad (CH_3)_4C$$
$$36.1℃ \qquad\qquad 27.9℃ \qquad\qquad 9.5℃$$

熔点(melting point,简写 m. p.)是指在一定压力下物质达到固液两相平衡时的温度,也是分子(或是离子、原子)从晶体的晶格中脱离变为流动性液体的温度,因此在一定的外压下,分子结构越是接近球形,分子在晶格中排列越是紧密,熔点也越高。金红石(TiO_2)的晶格结构如图 4-1 所示。

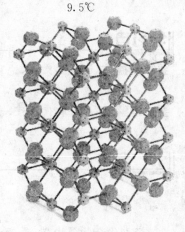

自测题 4-2 比较下列化合物的熔点高低。

A. 正戊烷　　　　B. 异戊烷　　　　C. 新戊烷

解题分析

三个化合物是同分异构体,对称性最好的是新戊烷,所以新戊烷熔点最高,正戊烷次之,异戊烷最低。数据如下:

图 4-1　金红石的晶格结构

$$(CH_3)_2CHCH_2CH_3 \qquad CH_3CH_2CH_2CH_2CH_3 \qquad (CH_3)_4C$$
$$-160.0℃ \qquad\qquad -129.8℃ \qquad\qquad -16.6℃$$

烷烃的密度随着相对分子质量的增加而上升,但是永远小于 1.0;纯净的烷烃几乎没有味道,为了在液化气泄漏时有所察觉,一般往其中加入臭味剂,如硫醇。

4.1.2　烷烃的化学性质

烷烃非常稳定,在一般条件下与空气、水、酸、碱都不反应,所以烷烃制品可以用作润滑剂(如润滑油)。但是在适当条件下,还是可以反应的,主要有氧化反应、取代反应。

氧化反应:有机化合物分子中脱除 H 或加入 O 的反应。

还原反应:有机化合物分子中加入 H 或脱除 O 的反应。

1. 烷烃的氧化反应

$$C_nH_{2n+2} \xrightarrow{\quad O_2 \quad} CO_2 + H_2O$$

有机反应一般不能定量完成,因此方程式不用等号

作为燃料,烷烃非常容易与氧气剧烈燃烧,放出大量的热,供人类使用。这样的氧化称为完全氧化反应,化学工业上这样的氧化反应没有价值,反而是灾难,而不完全氧化很有价值,反应式为:

$$RCH_2\!-\!CH_2R' + O_2 \xrightarrow[110℃]{KMnO_4} RCOOH + R'COOH$$

高级脂肪酸应用广泛,是重要的工业产品。

2. 烷烃的取代反应

> 取代这个词,最早是少年项羽说秦始皇:"彼可取而代之也"

取代反应:烃分子中的 H 被其他的原子或者基团取代的反应。

烷烃与卤素发生如下反应:

> $h\nu$ 表示光照,一般使用强光引发反应,如镁光、紫外光;$\triangle$ 表示加热

$$-\overset{|}{\underset{|}{C}}\!-\!H + X_2 \xrightarrow{h\nu \text{ 或}\triangle} -\overset{|}{\underset{|}{C}}\!-\!X + HX$$

X_2 活性顺序:$F_2 \gg Cl_2 > Br_2 > I_2$

H 活性顺序:$3°H > 2°H > 1°H$

反应活性,指的是同等条件下反应引发的难易程度以及反应剧烈程度。即使在黑暗的环境中,F_2 与烷烃的反应也是非常剧烈的——爆炸式反应,所以没有使用价值;而碘代反应速度慢,收率低下,碘代烷也不用这种方法生产。所以,卤代反应一般是指与氯、溴的反应。

烷烃的卤代反应(被卤素取代)产物复杂,一般难以停留在某一阶段。

$$CH_4 \xrightarrow{Cl_2/h\nu} CH_3Cl \xrightarrow{Cl_2/h\nu} CH_2Cl_2 \longrightarrow CCl_4 \begin{cases} CH_4 : Cl_2 & \\ 10 \quad 1 & (CH_3Cl \text{ 为主}) \\ 1 \quad 3.8 & (CCl_4 \text{ 为主}) \end{cases}$$

通过控制原料比例,可以得到某一组分为主的产物。烷烃在高温下与浓硝酸发生取代反应,进行硝化得到含硝基的混合物。

$$\diagup\!\!\diagup + HNO_3 \xrightarrow{420℃} \diagdown\!\!\diagup\!\!\diagdown_{NO_2} + \diagdown\!\!\diagup_{NO_2} + \cdots\cdots$$

烷烃的磺化反应在工业上很有价值,如:

$$R\diagdown_{CH_3} + \underline{SO_2} + \underline{Cl_2} \xrightarrow[50℃]{h\nu} R\diagdown_{SO_2Cl} + \overset{SO_2Cl}{\underset{R}{\diagup}}\!\diagdown_{CH_3}$$

$(C_{12}H_{26})$　　或(SO_2Cl_2)　　高碳烷基磺酰氯
　　　　　　硫酰氯　　　　　　　(吸湿剂)

NaOH | H_2O

$$\overset{SO_3Na}{\underset{R}{\diagup}}\!\diagdown_{CH_3}$$

高碳烷基磺酸钠
(洗涤剂)

> 德国汉高公司在中国设有大量的工厂,从事这类化合物的生产

4.1.3 烷烃卤代反应历程

> 历程不是用眼睛看到的，而是依据事实推断的，能够解释反应事实并有一定的预测性

反应历程：又叫**反应机理**，指的是反应物到产物所经历过程的详细描述和理论解释。

基元反应：即一步得到产物的反应。

化学反应很多，但是基元反应很少，绝大部分反应是经历了多步的基元反应而完成的。反应机理就是把每一步基元反应描述出来。

活化能：即一个化学反应发生要具备的最低能量。一个化学反应能否引发，引发的难易程度很大程度上由活化能决定。

过渡态：即化学反应发生过程中的最高能量状态。由于处于能量最高点，过渡态只能是"一闪而过的状态"，无法分离得到，也无法使用现代仪器检测。

反应中间体：即反应过程中生成的中间产物，它真实存在，但一般寿命短暂，使用现代仪器能够探测到。

甲烷与氯气反应实验：①CH_4 与 Cl_2 的混合物在黑暗中长期保存，不反应；②CH_4经光照后与 Cl_2 混合，也不反应；③Cl_2 经光照后，在黑暗中迅速与 CH_4 混合，反应立即发生。

> 事实告诉我们：烷烃的卤代反应是从Cl_2的光照开始的

经过研究，现已查明，甲烷卤代历程是个游离基参与的链式反应（图 4-2）：

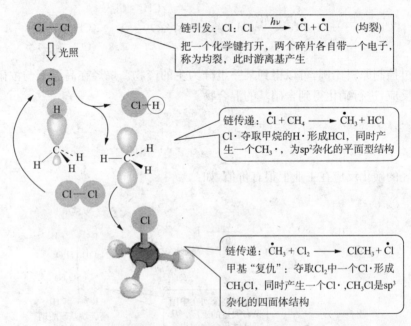

> 链引发：$\overset{..}{Cl}\!:\!Cl \xrightarrow{h\nu} \dot{Cl} + \dot{Cl}$ （均裂）
> 把一个化学键打开，两个碎片各自带一个电子，称为均裂，此时游离基产生

> 链传递：$\dot{Cl} + CH_4 \longrightarrow \dot{C}H_3 + HCl$
> Cl·夺取甲烷的H·形成HCl，同时产生一个CH_3·，为sp^2杂化的平面型结构

> 链传递：$\dot{C}H_3 + Cl_2 \longrightarrow ClCH_3 + \dot{Cl}$
> 甲基"复仇"：夺取Cl_2中一个Cl·形成CH_3Cl，同时产生一个Cl·，CH_3Cl是sp^3杂化的四面体结构

图 4-2 甲烷游离基取代历程

【**问题 4-1**】 经过链引发产生游离基后，通过游离基"冤冤相报"的链传递步骤，好像反应就可以持续进行下去了，事实并非如此，原因何在呢？原来，经过若干次循环后，总会发生两个游离基相遇的事情，即链终止，导致自由基消失。

$$链终止: \begin{cases} \dot{C}l + \dot{C}l \longrightarrow Cl_2 \\ \dot{C}H_3 + \dot{C}l \longrightarrow CH_3Cl \end{cases}$$

如此一来,反应体系中的游离基越来越少,反应无法持续进行。据计算,甲烷氯代反应中,每循环 5 000 次就会有一次链终止,这个循环次数称为光量子效率。因此,链引发持续时间不能太短。

【问题 4-2】 化学反应为什么能够发生?**自然界的基本定律一:同性电荷相斥,异性电荷相吸;基本定律二:任何体系总是自发趋向于降低能量。也就是说,低能态是稳定态。**

我们看看甲烷卤代反应前后的能量变化(图 4-3)就明白了。只要提供了 4 kcal·mol^{-1} 的能量引发反应,就可以得到 25 kcal·mol^{-1} 的反应焓;对于反应体系来说,系统的能量降低了,获得了稳定的状态。

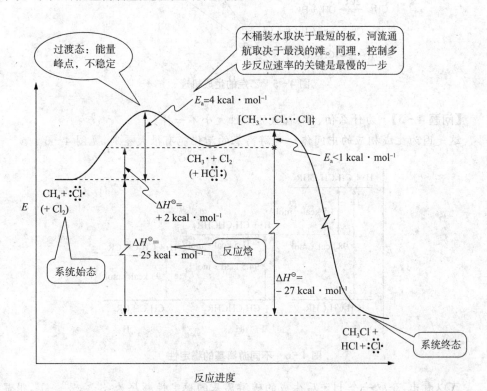

图 4-3 甲烷卤代反应能量图

由于第一步链引发是需要外界提供能量的,形成的过渡态居于能量顶峰,因此反应速率最慢,也是关键的一步,决定着整个链反应的速率,被称为 key step。

自测题 4-3 写出甲苯氯代反应的历程。(提示:与甲烷类似。)

$$\text{〔苯环〕—CH}_3 \xrightarrow{Cl_2,\,h\nu} \text{〔苯环〕—CH}_2Cl$$

答案

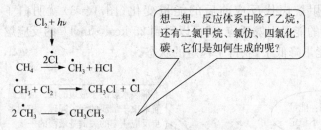

图4-4 甲苯卤代反应历程

自测题4-4 甲烷与氯气在光照条件下反应,产物中含有少量的乙烷,请给出反应机理。(提示:两个甲基相遇就是乙烷。)

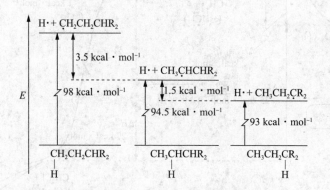

> 想一想,反应体系中除了乙烷,还有二氯甲烷、氯仿、四氯化碳,它们是如何生成的呢?

图4-5 乙烷的生成机理

【问题4-3】 为什么伯、仲、叔氢的活性大小不一样?

这是因为生成相应的中间体——游离基的活化能有很大差别,见图4-6。

H· + $\dot{C}H_2CH_2CHR_2$

3.5 kcal·mol⁻¹

98 kcal·mol⁻¹   H· + $CH_3\dot{C}HCHR_2$

1.5 kcal·mol⁻¹   H· + $CH_3CH_2\dot{C}R_2$

E 94.5 kcal·mol⁻¹

93 kcal·mol⁻¹

$CH_2CH_2CHR_2$ CH_3CHCHR_2 $CH_3CH_2CR_2$
| | |
H   H   H

图4-6 不同游离基的稳定性

可以看出,夺取一个H·后生成的碳游离基的稳定性顺序为:3° > 2° > 1°,很显然,稳定的游离基需要的活化能也小。

自测题4-5 将下列游离基按稳定性由大到小的顺序排列( )。

A. ∧∧∧˙   B. ∧∧˙   C. ⋎˙

答案 C > A > B

📚 **阅读材料:**游离基反应普遍存在于自然界中,我们日常见到的燃烧、爆炸反应都是游离基反应。所以在炼油厂、面粉厂、纺织厂等场所,要严禁烟火,以防引发爆炸,另外还要创造条件消灭游离基,如增加湿度等。

4.1.4　烷烃的来源以及制备方法

阅读材料:汽油的辛烷值。使用汽油的内燃机配有火花塞,在汽油与空气混合气被压缩到一定比例后点火引爆,如果在点火前混合压缩气自燃了,就会对发动机形成破坏,这种现象被称为爆震。研究发现,烷烃含有的支链越多越能抗爆震,因此规定异辛烷(2,2,4-三甲基戊烷)抗爆震能力为100,而正庚烷为0,汽油的标号表示相当于异辛烷的含量,也被称为辛烷值。例如,97#汽油,表示相当于97%的异辛烷与3%的正庚烷。

烷烃主要来自石油炼制,不同地区产的原油的成分不一样,我国的原油轻组分少,而轻组分(低级烷烃)恰恰是交通运输业的主要燃料,为了增加轻组分含量,把原油中的重组分进行**催化热裂解**,得到小分子的烃类以增加轻组分产量。另一方面,为了提高汽油质量,通过**催化重整**对直链、长链的烃分子进行异构化处理,提高支链度,进而提高汽油的辛烷值。图4-7为石油异构化工业装置。

图4-7　石油异构化工业装置

4.2　烯烃的性质

4.2.1　烯烃的物理性质

乙烯是结构最简单的烯烃,也是年产量最大的烯烃。乙烯广泛存在于自然界中,例如,成熟的果实会散发乙烯,因此乙烯可被用作水果催熟剂。

> 注意:利用乙烯催熟香蕉没有任何危害

烯烃的顺式结构与反式结构的熔点、沸点相差很多(具体数据见附录二),这是因为反式结构中,分子偶极矩为0,分子间作用力小。

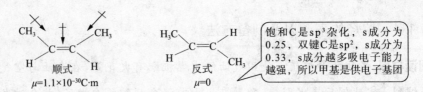

图 4-8　顺式、反式烯烃的极性

沸点：顺式(3.5℃)＞反式(0.9℃)

熔点：反式(−105.5℃)＞顺式(−139.3℃)　　原因何在？考虑分子的对称性吧

4.2.2　烯烃的化学性质

亲电试剂：缺电子的原子、基团或者分子，可以进攻富电子的分子、基团。

1. 亲电加成反应

由亲电试剂进攻富电子物质而引发的加成反应称为**亲电加成反应**。

乙烯中的 π 键是两个 2p 轨道肩并肩形成的(图 4-9)，距离原子核较远，因此受原子核控制较弱，键能较小，容易受到亲电试剂的"觊觎"。

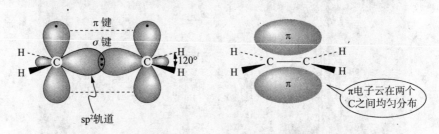

图 4-9　π 键电子云形状

当双键 C 连有烷基时，这种不对称结构的烯烃，由于烷基供电子效应，导致 π 电子云发生偏移，正负电荷中心不重合，更加具有"诱惑力"，见图 4-10。

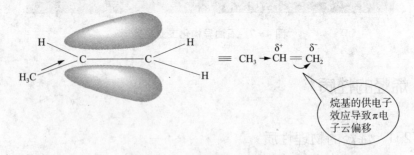

图 4-10　π 键电子云不均匀分布

与亲电试剂按照"异性相吸"的原则进行加成反应，见图 4-11。

这种不对称烯烃的加成遵循马氏规则：与 HX 加成，H 加到含 H 多的双键 C 上。通过烯烃的加成反应，能够方便地制备卤代烃、醇类产品。

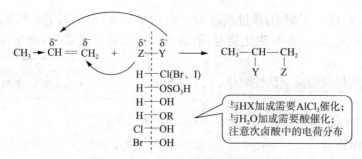

图4-11 不对称烯烃亲电加成

补充说明:世界上没有绝对的事情,在过氧化物存在的条件下,烯烃与 HBr 的加成是反马氏规则的,这就是过氧化物效应,又称为**卡拉施效应**。

与HX加成需要AlCl₃催化;
与H₂O加成需要酸催化;
注意次卤酸中的电荷分布

注意:过氧化物和HBr,这两个条件一个都不能少

自测题4-6 写出2-甲基-丙烯与下列试剂反应的产物。

$$\begin{cases} H_2O & ① \\ H_2SO_4 & ② \\ HBr & ③ \\ ClOH & ④ \end{cases}$$

提示 注意遵循马氏规则。

答案 ① $\diagup$OH; ② $\diagup$OSO₃H; ③ $\diagup$Br; ④ Cl$\diagup$OH。

烯烃还可以与缺电子的卤素反应,活性大小为:F₂＞Cl₂＞Br₂＞I₂。

$$C=C + X_2 \longrightarrow -\underset{X}{\overset{|}{C}}-\underset{X}{\overset{|}{C}}- \quad 邻二卤烷$$
$$(Cl_2＞Br_2)$$

氟反应过于剧烈,无法应用;碘反应太慢,平衡常数小,也没有利用价值。

溴是有颜色的物质,向含有溴的 CCl₄ 或者 CS₂ 溶液中滴加含有烯烃的物质,颜色消失——这是鉴别烯烃的好方法。

2. 亲电加成反应的机理

首先考察烯烃与 HCl 的加成反应,反应历程见图4-12。

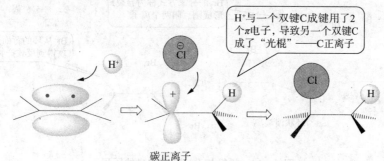

H⁺与一个双键C成键用了2个π电子,导致另一个双键C成了"光棍"——C正离子

碳正离子

图4-12 烯烃亲电加成反应历程

第一步,形成 C 正离子,该过程是 key step;第二步,正负离子互相接近,速度非常快。由此可见,第一步的活化能越低,形成的碳正离子越稳定,整个反应越容易进行。

不同结构烯烃的反应活性顺序:

这个次序与 C 的游离基的次序是一致的

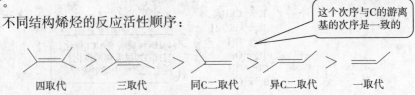

四取代 > 三取代 > 同 C 二取代 > 异 C 二取代 > 一取代

相应的 C 正离子的稳定性顺序:

$$(CH_3)_3\overset{+}{C} > (CH_3)_2\overset{+}{C}H > CH_3\overset{+}{C}H_2 > \overset{+}{C}H_3$$

$$3℃^+ \qquad\qquad 2℃^+ \qquad\quad 1℃^+$$

现在我们再来看看马氏规则,为什么质子要加在含氢多的双键 C 上?

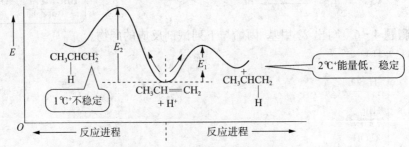

图 4 - 13　烯烃亲电加成能量变化

阅读材料:为了达到能量的降低,涉及 C^+ 的反应常常出现碳正离子重排的情形。C^+ 自发地变为更加稳定的结构形式。

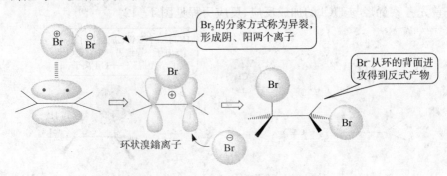

烯烃与 Br_2 的加成历程见图 4 - 14。

Br_2 的分家方式称为异裂,形成阴、阳两个离子

Br 从环的背面进攻得到反式产物

环状溴鎓离子

图 4 - 14　烯烃与 Br_2 亲电加成的历程

受到富电子的 π 电子云影响,Br_2 "分家",一个 Br 带走了共同财产,即一对电子形成阴离子,另一个 Br 成为阳离子,与两个双键碳形成环状结构——溴鎓离子。Br^- 从背后进攻,得到反式产物。

自测题 4-7 顺-2-丁烯与 Br_2 加成的产物是什么?

提示 必须考虑立体化学因素。

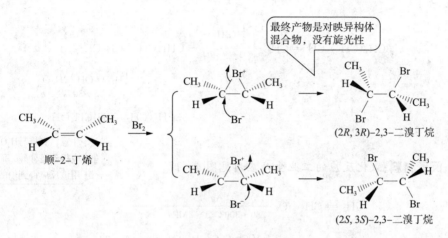

图 4-15 烯烃亲电加成立体化学

3. 烯烃的氧化反应

有机化学中常用的氧化剂主要有 O_2、O_3、$KMnO_4$ 等,随着反应条件不同,氧化产物也不相同,如图 4-16 所示。

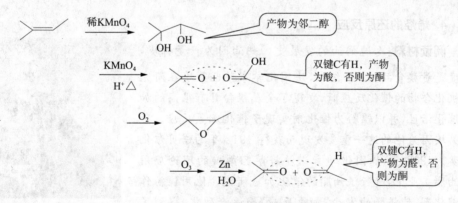

图 4-16 烯烃氧化反应

用 O_3 氧化后如果不用 Zn 粉还原,得到的醛会继续氧化。氧化反应导致 C=C 被两个 C=O 置换,所以可以利用该反应推测烯烃结构。

自测题 4-8 某烯烃用 O_3 氧化 Zn 粉还原得到 $CH_3\overset{O}{\overset{\|}{C}}CH_2CH_2\overset{O}{\overset{\|}{C}}HCH$,试推

CH_3

测烯烃结构。

提示 把两个 C=O 连接,去掉 O 连接 C,试试看。

阅读材料:烯烃与硼烷反应后用碱性 H_2O_2 处理得到醇,反应称为硼氢化-氧化反应,如:

$$3CH_3(CH_2)_3CH=CH_2 \xrightarrow[\text{二甘醇二甲醚}]{\frac{1}{2}(BH_3)_2} [CH_3(CH_2)_3CH_2CH_2]_3B$$

$$\downarrow \begin{array}{c} H_2O_2,OH^-,H_2O \\ 25\sim30℃ \end{array}$$

$$3CH_3(CH_2)_3CH_2CH_2OH$$

> **注意**:直接与 H_2O_2 反应得到是仲醇,而利用该反应得到伯醇

阅读材料:氧化反应的工业生产应用见图 4-17。

$$CH_2=CH_2+O_2 \xrightarrow[280\sim300℃,1\sim2MPa]{Ag} \triangle\!\!\!O$$

$$CH_2=CH_2+O_2 \xrightarrow[125\sim130℃,0.4MPa]{PdCl_2\text{-}CuCl_2,H_2O} CH_3CHO$$

$$CH_3-CH=CH_2 +O_2 \xrightarrow[130℃]{PdCl_2\text{-}CuCl_2,H_2O} CH_3-\underset{\underset{O}{\|}}{C}-CH_3$$

图 4-17 工业上利用烯烃氧化反应生产主要化工原料

4. 烯烃的还原反应

阅读材料:人造奶油的发展史。奶油因为产量稀少,一度是贵族食品,19 世纪末,法国化学家萨巴第埃在研究有机化合物的催化反应时,发现了金属镍粉具有很高的加氢催化活性,并以镍粉为催化剂实现了催化加氢反应。萨巴第埃因为他的这一重要发现而获得 1912 年的诺贝尔化学奖。1902 年,德国化学家诺曼将萨巴第埃的理论应用到油脂工业上,进行了油脂的催化加氢研究。他用镍粉作为催化剂,使植物油发生"加氢反应"而逐渐硬化,得到了饱和的油脂,称为"氢化植物油"。这种用"氢化植物油"生产的奶油,被称为"人造奶油(margarine,译为"麦淇淋")"。从此,奶油进入寻常百姓家成为大众食品。

萨巴第埃

使用粉状的 Ni、Pd、Pt 等催化氢化烯烃是常见的还原反应。

$$\underset{}{\bigwedge} \xrightarrow[H_2]{Pd/C} \underset{}{\bigwedge}$$

> 金属颗粒越细,催化效率越高,但是细小的颗粒会自动聚集,因此往往把它们吸附在多孔的活性炭上使用,称为钯碳

> 把 Ni 和 Al 做成合金,用碱除掉其中的 Al,得到海绵状的镍——雷尼镍

氢化反应是在金属表面完成的，所以是顺式加成。将反应物是气体、催化剂是固体的反应称为非均相催化反应(图 4－18)。

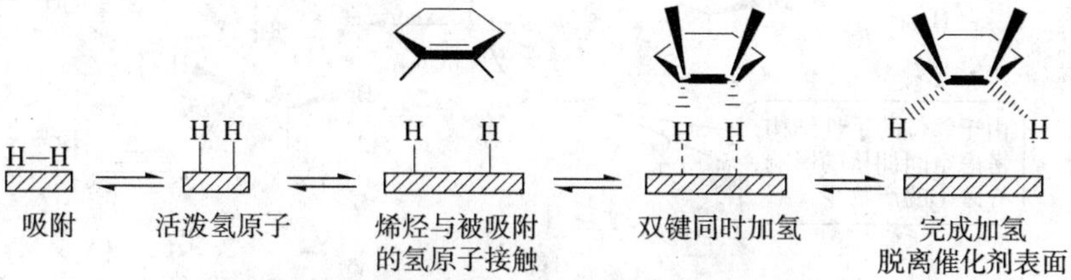
H—H
H H
H H
H H
H H
吸附
活泼氢原子
烯烃与被吸附
的氢原子接触
双键同时加氢
完成加氢
脱离催化剂表面

图 4－18　烯烃非均相催化氢化示意图

注意：氢化反应是剧烈的放热反应，操作时要注意安全。

5. 烯烃的 α－H 反应

α－H 因为紧靠着官能团，所以其性质与其他的 H 有所区别，能够发生特殊反应。首先考察卤代反应：在强热或者光照条件下，α－H 很容易被取代。

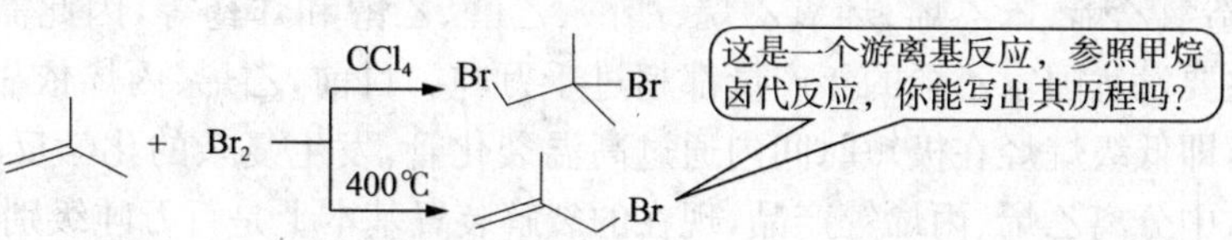
CCl4
Br
Br
+ Br2
400℃
Br
这是一个游离基反应，参照甲烷卤代反应，你能写出其历程吗？

说明　纯的溴是液体，具有强烈的刺激性味道，一旦腐蚀人的皮肤将会导致经久不愈，因此实验室常常用 NBS(*N*－溴代丁二酰亚胺)代替。

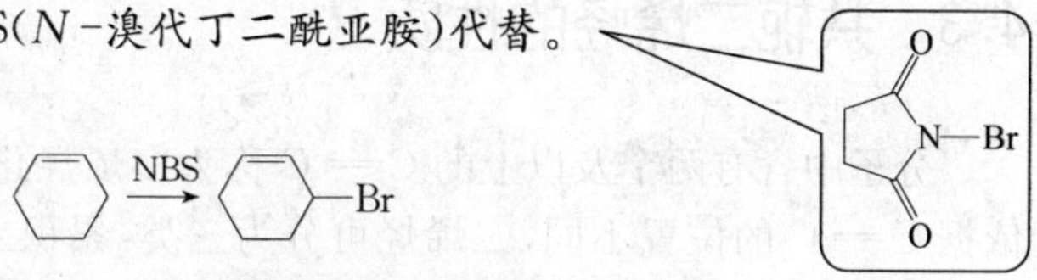
NBS
Br
O
N—Br
O

工业上，还可以通过对 α－H 进行氧化反应制备基础化工原料。

$$CH_3CH{=}CH_2 + O_2 \xrightarrow[300\sim400℃]{\text{钼酸铋}} CH_2{=}CH{-}CHO$$

$$CH_3CH{=}CH_2 + O_2 + NH_3 \xrightarrow[440℃]{\text{磷钼酸铋}} CH_2{=}CH{-}CN$$

自测题 4－9　完成下列反应。

(1) 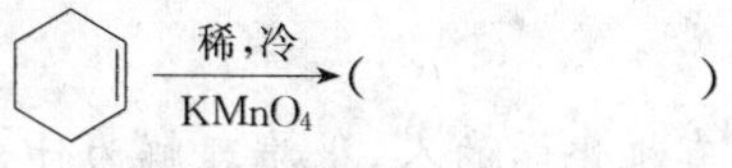
稀，冷
KMnO4
(　　　　　)

(2) 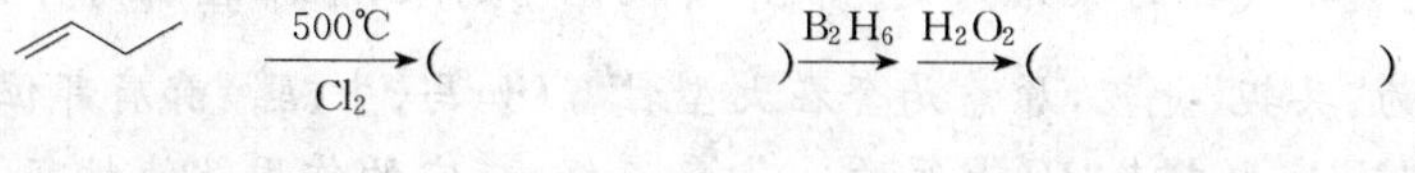
500℃
Cl2
(　　　　　)
B2H6 H2O2
(　　　　　)

(3) 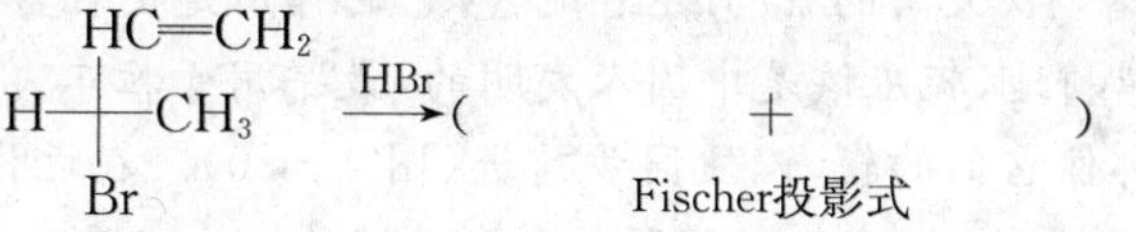
HC═CH2
H—CH3
Br
HBr
(　　　　+　　　　)

Fischer投影式

提示　(3)根据马氏规则，H^+ 加到含 H 多的碳上，形成碳正离子，阴离子可以从平面上、下方进攻，从而形成两种化合物，见图 4－19。

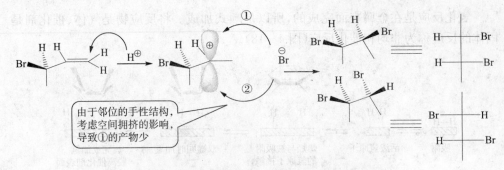

由于邻位的手性结构,考虑空间拥挤的影响,导致①的产物少

图 4 - 19　手性烯烃亲电加成反应的立体化学示意图

4.2.3　烯烃的工业制备方法

烯烃,特别是低级烯烃(如乙烯、丙烯),是重要的工业原料。例如,乙烯是合成纤维、合成橡胶、合成塑料(聚乙烯及聚氯乙烯)、合成乙醇(酒精)的基本化工原料,也用于制造氯乙烯、苯乙烯、环氧乙烷、醋酸、乙醛、乙醇和炸药等,因此需求量十分大,世界主要发达国家乙烯的年产量都超过千万吨。目前,乙烯、丙烯依靠石油高温裂解制备,即低级烷烃在极短时间内通过高温裂化管,发生复杂的化学反应,然后快速冷凝,从中分离乙烯、丙烯等产品,现在的裂解装置基本上是百万吨级别的。

4.3　共轭二烯烃的性质

分子中含有两个及以上的 C=C 称为多烯烃化合物,其中最简单的是二烯烃。依据 C=C 的位置不同,二烯烃可分为三类:累积二烯烃,CH_2=C=CH_2,丙二烯,稳定性很差,不讨论;共轭二烯烃,CH_2=CH—CH=CH_2,1,3-丁二烯,重点学习;隔离二烯烃:CH_2=CH—CH_2—CH=CH_2,1,4-戊二烯,性质与孤立双键相似。

4.3.1　共轭二烯烃的结构

什么叫共轭? 为什么把 π-π 结构称为共轭结构? 对于初学者而言,"共轭"实在是令人费解的事情!

阅读材料:关于共轭的原始意义。初学有机化学的人,很难理解为什么单双键交替的结构称为"共轭"。轭,原意是套在大型牲畜(如马、牛、骡)前肩部位的曲木,形状为颠倒的"V"字形或者"Ⅱ(大写的 π)",连着绳索,它的作用是使牲畜能够拉着物体前进,如拉车或者拉犁耕地,轭应该是中国人发明的,最早用于拉车。使用两匹马拉车,必须用一根棍子绑住它们的轭,以便同步前进(图 4 - 20)。在近代,明治维新后日本人首先接触西方科学,把两个 π 键间隔一个 σ 单键的 conjugation 结构形象地翻译为"共轭",这种说法比较直观、科学。时至今日,共轭已成为科学领域广泛使用的术语,而它本来的意义,倒鲜为人知。

图 4-20　秦始皇兵马俑博物馆中展出的二马共轭战兵车

现在来看 1,3-丁二烯的结构：

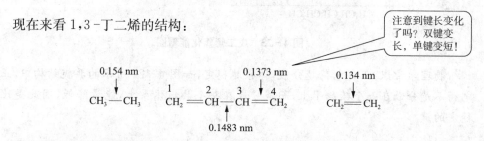

其实，使用键价结构 $CH_2 = CH—CH = CH_2$ 表示 1,3-丁二烯是不科学的，连这个名称也有问题！因为这种方式等于默认分子中只有两个双键，实际上，每个 C 都是 sp^2 杂化，都有一个 2p 轨道彼此肩并肩！其真实结构如图 4-21 所示。

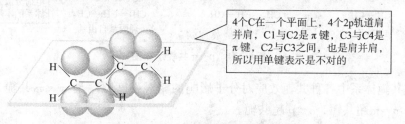

图 4-21　丁二烯大 π 键结构示意图

其结果是：不仅 C1 与 C2 之间、C3 与 C4 之间形成 π 键，C2 与 C3 之间也具有部分双键的性质，构成了一个离域的 Ⅱ（大写的 π）键。

成键 π 电子的运动范围扩展到四个碳原子的整个 Ⅱ 分子轨道中，被称为电子离域。除了 π-π 共轭，类似的结构还有 p-π 共轭以及 σ-π 超共轭。

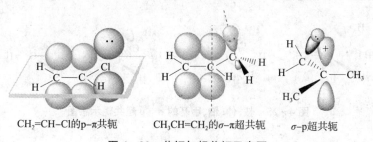

$CH_2=CH-Cl$ 的 p-π 共轭　　　$CH_3CH=CH_2$ 的 σ-π 超共轭　　　σ-p 超共轭

图 4-22　共轭与超共轭示意图

提示 此处的"超共轭"中的"超",不能等同于"超级大国"、"超级市场"等词语里面的"超",实际上超共轭效应是一种很弱的共轭效应,不仅弱于 π－π 共轭,甚至弱于 p－π 共轭。

共轭结构特征:通过电子离域,体系能量有效降低,如 1,3-戊二烯氢化热比 1,4-戊二烯少 28 kJ·mol^{-1}。

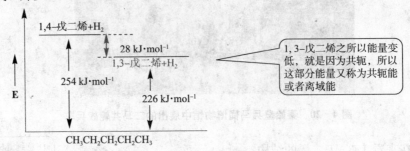

图 4－23 戊二烯氢化能量图

物理学常识:正负电荷越分散,体系越稳定,如图 4－24 所示的共轭结构中,正负电荷不是分散在一个碳原子上,而是分散在整个共轭体系上,能量降低,因此是比较稳定的。

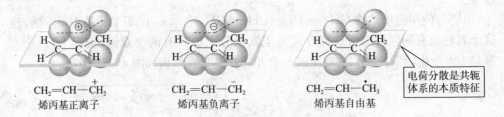

图 4－24 p－π 共轭示意图

在共轭体系中各种共轭效应对分子影响的相对强度顺序是:π－π 共轭＞ p－π 共轭＞ σ－π 超共轭＞σ－p 超共轭。

自由基(C 正离子也同样)的稳定性次序如下:

$$CH_2=CH-\overset{\cdot}{C}H_2 \quad \overset{\overset{\cdot}{C}H_2}{\bigcirc} >3°>2°>1°>\overset{\cdot}{C}H_3$$

这是因为苄基和烯丙基是 p－π 共轭,强于 σ－p 超共轭;参与 σ－p 超共轭的 C—H σ 键越多,体系越稳定,其中叔碳 9 个,仲碳 6 个,伯碳 3 个,甲基则没有。

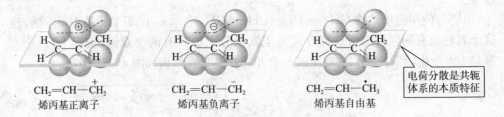

图 4－25 叔、仲、伯、甲基的 σ－p 超共轭示意图

4.3.2　共轭二烯烃的化学性质

共轭二烯烃具有烯烃的一般性质。能发生亲电取代反应、氧化反应等。此外还体现一些特殊性质。

1. 1,2-加成和1,4-加成

低温、非极性溶剂条件下以1,2-加成为主；而高温、极性溶剂条件有利于1,4-加成。

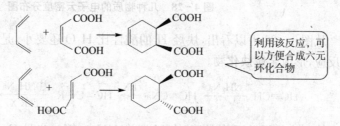

2. 双烯合成（Diels-Alder 反应，简称 D-A 反应）

除了已经学习的游离基、离子历程的反应以外，还有一类旧键断裂和新键生成同步进行的反应，往往通过一个环状的过渡态，这类反应称为**协同反应**，又称**周环反应**。

Z = H, —CHO, —COR, —CN

该反应是个顺式加成反应。

利用该反应，可以方便合成六元环化合物

图 4-26　D-A 反应的立体专一性

自测题 4-10　丁二烯车间生产过程中，总会产生一种副产物，即 4-乙烯基环己烯，请解释原因。

提示　两分子丁二烯发生 D-A 反应的产物。

4.4　炔烃的性质

4.4.1　炔烃的酸性

分子中含有 C≡C 的化合物是炔烃。炔烃的物理性质与烷烃、烯烃很相似，它

们通常是非极性化合物。炔烃的化学性质与烯烃相似，能够发生亲电加成反应。

炔烃中最简单、最重要的是乙炔，分子中两对 π 键互相垂直，具有高度对称性。与烷烃、烯烃相比，叁键 C 上的氢具有一定的酸性。

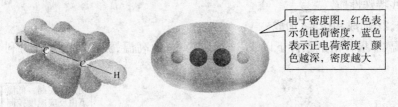

电子密度图：红色表示负电荷密度，蓝色表示正电荷密度，颜色越深，密度越大

图 4 - 27　乙炔分子的结构与电子密度

Lewis 酸：能够接受一对电子的物质。

Lewis 碱：能够给予一对电子的物质。

酸性物质接受一对电子变为它的共轭碱；反之亦然。一个化合物酸性越强，它的共轭碱的碱性就越弱；反之亦然。物质酸性大小是用 pK_a 表示的，pK_a 越小表示酸性越强。几种常见的物质的酸性大小以及电荷密度见图 4 - 28。

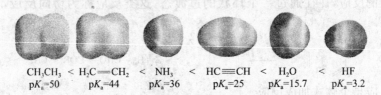

$$CH_3CH_3 \quad < \quad H_2C{=\!\!=}CH_2 \quad < \quad NH_3 \quad < \quad HC{\equiv}CH \quad < \quad H_2O \quad < \quad HF$$
$$pK_a=50 \qquad pK_a=44 \qquad pK_a=36 \qquad pK_a=25 \qquad pK_a=15.7 \qquad pK_a=3.2$$

图 4 - 28　几种物质的电子云密度分布图

从图 4 - 28 可以看出，炔烃 H 的酸性比 H_2O 还要小，是个弱酸，只能与活泼金属反应，形成**金属炔化物**。

$$HC{\equiv}CH \xrightarrow{NH_2Na} HC{\equiv}CNa \xrightarrow{RX} HC{\equiv}C-R \xrightarrow[\text{②}R'X]{\text{①}NH_2Na} R{\equiv}C-C-R'$$

第一步是强酸置换弱酸（炔 H 置换 NH_3）；第二步是 C—C 偶联反应；重复上述步骤就可以使碳链变长。同样利用炔 H 的酸性可进行化合物的鉴定。

碳碳叁键必须在碳链头上才能发生

$$HC{\equiv}CH + \begin{cases} Ag(NH_3)_2NO_3 \longrightarrow Ag-C{\equiv}C-Ag\downarrow（白）\\ Cu(NH_3)_2Cl \longrightarrow Cu-C{\equiv}C-Cu\downarrow（红） \end{cases}$$

该反应现象明显，操作简单，可以用作端炔的检测。

注意：金属炔化合物在溶液中是稳定的，一旦无溶剂就非常危险，非常容易爆炸。为安全起见，反应结束后应立刻用硝酸破坏。

4.4.2　炔烃的还原反应

炔烃在催化剂（如 Pt、Pd、Ni）条件下加氢得到**烷烃**，而**难以停留在烯烃阶段**。为了降低催化剂活性，把金属 Pd 负载在 $CaCO_3$ 上用 Pb 处理或者负载在 $BaSO_4$ 上用喹啉处理,称为 Lindlar 催化剂,**这样的催化剂称为选择性催化剂**。

$$RC{\equiv}CR' + H_2 \xrightarrow[H_2]{\text{Lindlar}} \begin{array}{cc} R & R' \\ \diagdown\diagup & \\ \diagup\diagdown & \\ H & H \end{array}$$

记住:产物是顺式结构

若要得到反式结构的烯烃,使用 Na/NH$_3$(液)作为还原剂。

$$RC{\equiv}CR' \xrightarrow[Na]{NH_3} \begin{array}{cc} R & H \\ \diagdown\diagup & \\ \diagup\diagdown & \\ H & R' \end{array}$$

自测题 4-11 丙炔为有机原料(其他试剂可任选),合成下面两个化合物。

$$\begin{array}{cc} H & CH_3 \\ \diagdown\diagup & \\ C{=}C & \\ \diagup\diagdown & \\ CH_3 & H \end{array} \qquad \begin{array}{cc} CH_3 & CH_3 \\ \diagdown\diagup & \\ C{=}C & \\ \diagup\diagdown & \\ H & H \end{array}$$

提示 顺式、反式烯烃的前身都是炔烃,因此先合成相应的炔烃是第一步,然后做选择性还原处理。

答案

$$\underline{\quad\quad} \xrightarrow{NH_2Na} \underline{\quad\quad} Na \xrightarrow{CH_3Br} \underline{\quad\quad} \begin{cases} \xrightarrow[H_2]{\text{Lindlar}} \\ \xrightarrow[Na]{NH_3} \end{cases}$$

4.4.3 炔烃的亲核加成

亲核试剂:具有未共用电子对的中性分子和负离子被称为亲核试剂,它是电子对的给予体,一般用 Nu 表示。

亲核加成反应:由**亲核试剂**首先进攻引起的加成反应称为亲核加成反应。

炔烃与烯烃最大的不同在于炔烃可以进行亲核加成反应。反应的净结果相当于在醇、羧酸等分子中引入一个乙烯基,故称为**乙烯基化**反应。而乙炔则是重要的乙烯基化试剂。

$$HC{\equiv}CH + \begin{cases} HOCH_3 \xrightarrow[150\sim160\,^{\circ}C]{20\%\ KOH} CH_2{=}CH{-}OCH_3 \\ \\ CH_3COOH \xrightarrow[170\sim230\,^{\circ}C]{Zn(OAc)_2} CH_2{=}CH{-}O{-}\underset{O}{\overset{}{C}}{-}CH_3 \\ \\ HCN \xrightarrow{CuCl-HCl} CH_2{=}CH{-}CN \end{cases}$$

这些化合物的双键可以打开彼此相连,形成各类高分子聚合物

亲核反应同样遵循马氏规则。

自测题 4-12 写出丙炔与甲醇的加成产物。

提示 遵循马氏规则产物为,$H_3C{-}\underset{OCH_3}{\overset{}{C}}{=}CH_2$。

4.5 脂环烃的性质

4.5.1 脂环烃的结构

环烷烃的结构通式为 C_nH_{2n},是环状的饱和烃,物理性质与烷烃相似,但是结构比较特殊。首先看看最简单的环烷烃——环丙烷。三个碳原子只能位于正三角形的顶点,那么,环丙烷的键角应该是多少呢?我们知道,正三角形的每个角是 60°,但是实验研究结果表明,环丙烷的键角是 105.5°,其结构如图 4-29 所示。

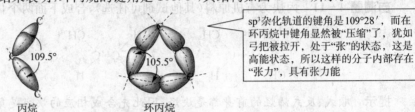

> sp³杂化轨道的键角是109°28′,而在环丙烷中键角显然被"压缩"了,犹如弓把被拉开,处于"张"的状态,这是高能状态,所以这样的分子内部存在"张力",具有张力能

丙烷　　　　　　　环丙烷

图 4-29　环丙烷的弯曲键

从结构上看,环丙烷中 C—C 键的电子云并没有完全处于键轴上,而是偏向外侧,形如香蕉,又名**香蕉键**,与烯烃的 π 电子云相似,所以环丙烷除了具有烷烃的性质外,还具有部分烯烃的性质。

环丁烷不是平面结构,而是像燕子在振动翅膀,这样可以减少 C—H 键的重叠,使环的张力相应降低。在环丁烷的折叠构象中,三个碳原子分布在一平面上,另一个处于该平面之外,其夹角为 25°。环戊烷张力进一步减少,但始终有一个碳原子在平面外,如同信封结构。

> 构象不是静止的,而是在不断地动,想象一下,每个碳原子都会随机翘起

图 4-30　环丁烷、环戊烷的构象

彻底消除了张力的是环己烷。考察其两种极端构象,即船式构象和桥式构象。船式构象中,从船头 C1 向船尾 C4 投影,可以看到船底的碳原子彼此是全重叠式构象(图 4-31)。

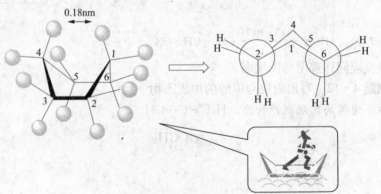

图 4-31　环己烷的船式构象

显然,船式构象处于高能位,是不稳定的。**环己烷的稳定构象是椅式构象**(图 4 - 32)。从椅头 C1 向椅尾 C4 投影,可以看到碳原子彼此是全交叉式构象。

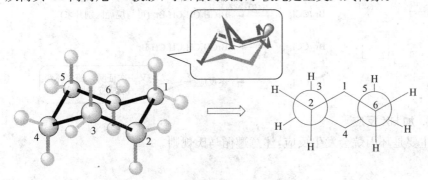

图 4 - 32　环己烷的椅式构象

椅式构象中,竖直伸展的键称为 a 键;其他的键称为 e 键;椅式构象互相转换的过程中,a 键与 e 键互相转换。

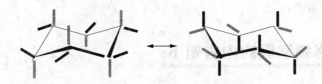

图 4 - 33　环己烷的椅式构象互换

研究结果表明,基团在 e 键上分布越多,化合物能量越低、越稳定;大体积的基团分布在 e 键上稳定。

自测题 4 - 13　请写出叔丁基环己烷的稳定构象。

解题分析

首先画出椅式构象,然后把基团放到 e 键上。

答案

4.5.2　环烷烃的化学性质

烷烃能发生的反应,环烷烃都能发生。本节主要讨论环烷烃类似烯烃的性质。烯烃有什么典型性质?当然是加成反应。环烷烃加成开环反应即是其特征。

1. 加氢反应

加氢是放热反应,通过测量反应放热,可以比较环烷烃分子的张力大小。

$$\triangle + H_2 \xrightarrow[80℃]{Ni} CH_3CH_2CH_3$$

$$\square + H_2 \xrightarrow[120℃]{Ni} CH_3CH_2CH_2CH_3$$

从反应条件可以看出,随着环变大,反应变得困难,这说明什么问题?

$$\pentagon + H_2 \xrightarrow[300℃]{Pt} CH_3CH_2CH_2CH_2CH_3$$

(用Ni催化难以反应)

2. 加卤素反应

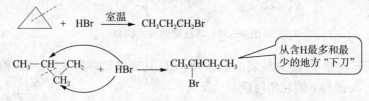

室温

$\triangle$ + Br_2/CCl_4 $\xrightarrow{\text{室温}}$ $BrCH_2CH_2CH_2Br$ (可与烷烃区别开来)

$\square$ + Br_2/CCl_4 $\xrightarrow{\triangle}$ $BrCH_2CH_2CH_2CH_2Br$

$\pentagon$ + Br_2/CCl_4 $\longrightarrow$ 不反应 ← 又一次证明，随着环变大，反应变得困难

3. 加 HX 反应

主要是环丙烷会发生反应,注意遵循马氏规则。

$\triangle$ + HBr $\xrightarrow{\text{室温}}$ $CH_3CH_2CH_2Br$

$CH_3-CH-CH_2$ + HBr $\longrightarrow$ $CH_3CHCH_2CH_3$
　　　　CH_2　　　　　　　　　　　$|$
　　　　　　　　　　　　　　　　　Br ← 从含H最多和最少的地方"下刀"

结论:小环易开环。

本章要求必须掌握的内容如下:

1. 烷烃,卤代反应,游离基历程;

2. 烯烃,顺反异构导致的物理性质的差异,亲电加成反应以及历程(特别是马氏规则),加氢还原、氧化反应的应用;

3. 二烯烃,1,4-加成与1,2-加成,共轭结构与能量关系,D-A反应;

4. 炔烃,选择性还原,亲核加成,化合物酸性比较;

5. 环烷烃,小环开环反应难易比较,取代环己烷的稳定构象。

习 题

(标 * 的为非必须掌握的超纲题目)

1. 选择、填空或判断对错。

(1) 1-丁烯与 HBr 发生亲电加成反应,产物为 1-澳丁烷。( )

(2) 下列烯烃与卤化氢加成的反应活性按从小到大的顺序排列为( )。

A. $H_2C=CH_2$　　　　B. $(CH_3)_2C=CH_2$　　　　C. $CH_3CH=CHCH_3$

(3) HCl,HBr,HI 与烯烃加成的反应活性大小顺序是 HI>HBr>HCl。( )

(4) 某化合物 C_8H_{14} 加 1mol H_2,臭氧化锌粉水解成下面的二醛:

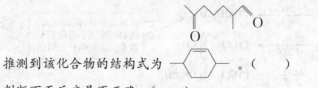

推测到该化合物的结构式为 $\hexagon$ 。( )

(5) 判断下面反应是否正确。( )

$\wedge\wedge$ +NaOH $\longrightarrow$ $\wedge\wedge$Na

(6) 下列化合物与 HBr 发生加成反应的相对活性顺序为(　　)。

　　A. $H_2C = CHCH_2CH_3$　　　　　　　　　　B. $H_3CCH = CHCH_3$

　　C. $H_2C = CHCH = CH_2$　　　　　　　　　D. $H_3CCH = CHCH = CH_2$

(7) 下列碳正离子最稳定的是(　　)。

　　A. $CH_2 = CHCH_2\overset{+}{C}H_2$　　　B. $CH_2 = CH\overset{+}{C}HCH_3$　　　C. $CH_3\overset{+}{C}CHCH_2CH_3$

(8) 判断下面反应是否正确。(　　)

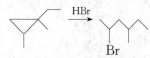

(9) *排列下列烯烃与 HBr 加成的活性大小顺序(　　)。

A. $H_3C-O-\underset{}{}$—$\overset{H}{\underset{}{C}} = CH_2$　　　　B. $\underset{}{}$—$\overset{H}{\underset{}{C}} = CH_2$

C. $O_2N-\underset{}{}$—$\overset{H}{\underset{}{C}} = CH_2$

(10) 烃类化合物完全燃烧生成 CO_2 和水。(　　)

(11) 正戊烷的熔点比它的异构体新戊烷的熔点高。(　　)

(12) CH_4 氯化形成的可能产物有 CH_3Cl、CH_2Cl_2、$CHCl_3$、CCl_4 四种,如果使用过量的 CH_4,可大大增加 CH_3Cl 的产率。(　　)

(13) 以下基团酸性大小的次序是:$\equiv C-H > \overset{H}{\underset{H}{=C}}-H > \overset{H}{\underset{H}{-C}}-H$。(　　)

(14) 环丁烷的张力不及环丙烷,但是张力比环戊烷大。(　　)

(15) 鉴别下列哪些是碳正离子、碳负离子以及游离基(　　)。

　　①$(CH_3)_2C:$　　②$(CH_3)_3\overset{\underset{-}{}}{C}$　　③$C_6H_5\overset{\cdot}{C}HCH_3$　　④$(CH_3)_3\overset{\cdot}{C}$

　　⑤$CH_3CH_2\overset{\cdot}{C}H_2$　　⑥$CH_3CH_2:$　　⑦$(CH_3)_3\overset{+}{C}$　　⑧$CH_3CH = \overset{+}{C}H$

　　A. ⑦⑧是碳正离子;②是碳负离子;③④⑤是游离基

　　B. ②是碳正离子;⑦是碳负离子;③④⑤是游离基

(16) 下列化合物中,只有(　　)分子中的碳原子全部是 sp^2 杂化。

　　A. 丁烷　　　　B. 1-丁烯　　　　C. 1-丁炔　　　　D. 1,3-丁二烯

(17) 以下二取代环己烷的稳定性次序为(　　)。

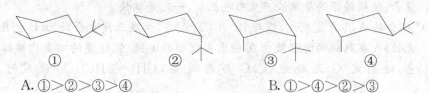

①　　　　　　②　　　　　　③　　　　　　④

　　A. ①>②>③>④　　　　　　　　B. ①>④>②>③

(18) 下列化合物中有极性的是(　　)。

　　A. $\underset{Cl}{}C = \overset{Cl}{}$　　　　B. $Cl\underset{}{}C = \overset{Cl}{}$　　　　C. CCl_4

(19) 下列反应的产物是否正确？（　　　）

$$HC\equiv CCH_2CH_2CH_3 \xrightarrow{Ag(NH_3)_2^+} AgC\equiv CCH_2CH_2CH_3 \xrightarrow{HNO_3} HC\equiv CCH_2CH_2CH_3$$

2. 完成以下反应式。

(1) 〔环己烯〕 $\xrightarrow{\text{稀,冷 KMnO}_4}$ （　　　　　）

(2) 〔甲基丙烯〕 $\xrightarrow[500\text{℃}]{Br_2}$ （　　　）$\xrightarrow[OH^-]{B_2H_6\ H_2O_2}$ （　　　）

(3) 〔丁二烯〕 $\xrightarrow{HBr,40\text{℃}}$ （　　　）$\xrightarrow{HOBr}$ （　　　　）

(4) 〔丙烯〕 $\xrightarrow[500\text{℃}]{Cl_2}$ （　　）〔环戊二烯〕 → （　　　　）

(5) 〔丁二烯〕 ＋ 〔CHO〕 $\xrightarrow{\triangle}$ （　　　　）

(6) $H_3C\overset{C_2H_5}{\underset{H}{\vert}}H$ $\xrightarrow{Cl_2,h\nu}$ （　　）＋（　　　）
　　　　Fischer投影式

3. 请用简单的化学方法鉴别：1-丁烯、1-丁炔、甲基环丙烷。 ← 环烷烃不能发生氧化反应，但能开环加成

4. 推测结构。

(1) A、B 两个化合物的分子式都是 C_4H_8，与 HBr 作用生成同一溴化物，催化氢化得到同一烷烃。B 被高锰酸钾氧化生成丙酸，A 不与高锰酸钾作用但能使溴水褪色。试推测 A、B 的结构。

提示：四个碳氧化成丙酸，说明 C＝C 双键在链的头上，能够容易开环是三元环。

(2) A、B 两个化合物的分子式都是 C_5H_8，催化氢化后都生成 2-甲基丁烷，它们都能与两分子的溴加成。A 能使硝酸银的氨溶液产生白色沉淀，而 B 不能。试推测 A、B 的结构。

提示：使硝酸银的氨溶液产生白色沉淀，一定是端炔。

(3)* 化合物 A 具有旋光性，能与 Br_2/CCl_4 反应，生成三溴化合物 B，B 也具有旋光性；A 在热碱的醇溶液中反应生成化合物 C；C 能使溴的四氯化碳溶液褪色，经测定 C 无旋光性；C 与丙烯醛（$CH_2\!=\!CHCHO$）反应可生成

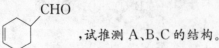

，试推测 A、B、C 的结构。

5. 用乙烯和乙炔为原料合成 1-丁炔。

提示：增长碳链，卤代烃与炔钠是个好方法。

6. 写出下列反应的机理：

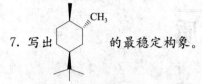

提示：按照链引发、链传递、链终止三步走。

7. 写出 的最稳定构象。

提示：首先画出椅式构象，然后把最大基团放在 e 键上，再考虑其他小基团的相对空间关系。

卤代烃的性质

学习目标

要求掌握：卤代烃的物理性质比较，亲核取代反应以及 S_N1、S_N2 反应历程，格氏试剂的制备方法，烯基卤以及芳基卤的惰性，卤代烃的制备方法

要求了解：卤代烃消除反应历程

引 言

烃分子中的氢原子被卤素原子取代后的化合物称为卤代烃（Halohyrocarbon），简称卤烃，用 RX 或者 ArX 表示。由于卤素是强吸电子基团，因此 C—X 键是极性键，导致碳被活化，可以被亲核试剂进攻得到醚、酯、胺、醇、腈等化合物，此外卤代烃还是制备金属有机试剂的重要原料，因此，引入卤原子常常是改变分子性能的第一步反应，在有机合成中起着重要的桥梁作用。低级多氟代烃（如氟利昂）系列产品是性能优良的制冷剂，广泛应用于冰箱、空调、冷库等制冷行业；全氟材料因其性能优异，广泛使用在航空航天、生物医学、新型药剂等领域；多卤代烃的自熄性可以应用于防火材料以及烃类化合物的灭火剂；聚氯乙烯（PVC）不仅用于农用塑料薄膜，还可以用来做民用下水管；卤代烃能够溶解大量的有机物，在工业上还是性能优良的溶剂。因此卤代烃的生产量和消耗量都非常大，但是人类在长期的实践中发现，卤代烃能够造成环境破坏。例如，氟利昂对大气层中臭氧层的破坏；农用薄膜和塑料口袋因为不能自然降解形成"千年不朽"的垃圾；大量卤代烃恶化水质等。因此如何防范、

> 自然降解指的是在自然条件下，经过微生物、日光等作用导致有机物分解为小分子，再次参与自然循环的过程

治理卤代烃污染是当代人类面临的诸多难题之一。

5.1 卤代烃的分类

根据取代卤素的不同，卤代烃可分氟代烃、氯代烃、溴代烃和碘代烃；也可根据分子中卤原子的多少分为一卤代烃、二卤代烃和多卤代烃；也可根据烃基的不同分为饱和卤代烃、卤代烯烃和芳香卤代烃等。此外，还可根据与卤原子直接相连碳原

子的不同,分为伯卤代烃 RCH_2X、仲卤代烃 R_2CHX 和叔卤代烃 R_3CX。

5.2 卤代烃的物理性质

卤代烃的物理性质与烃相似,CH_3Cl,CH_3CH_2Cl,CH_3Br 是气体,其他为液体、固体。它们的沸点随分子中碳原子和卤素原子数目的增加而升高(氟代烃除外),烃基相同时随着卤素原子序数的增大而升高。一氟代烃和一氯代烃密度比水小,而溴代烃、碘代烃及多氯代烃的密度比水大。绝大多数卤代烃不溶于水或在水中溶解度很小,同时也不溶解于冷的浓硫酸,但能溶于很多有机溶剂;卤代烃大多具有一种特殊气味,对人体有伤害作用,使用时注意通风和防护隔离。

自测题 5-1 判断对错。

(1) RX 有 X 原子,因此有较大的密度,密度大小顺序是:$RI > RBr > RCl > RF$。
(   )

(2) 由于 RX 有较大的相对分子质量和较大的极性,所以它有较高的沸点。
(   )

答案 查表就可以知道,(1)和(2)都对。

5.3 卤代烃的化学性质

诱导效应:成键原子因为电负性(吸电子能力)不同,导致成键电子云偏移的现象称为诱导效应。诱导效应分为供电子效应、吸电子效应两类,分别用 $+I$ 和 $-I$ 表示。诱导效应顺着键轴传递,随着距离递增而迅速减小,超过三个 σ 键就没有什么效果了。C—X 结构如下:

$$\overset{\delta^+}{\underset{sp^3}{C}} \longrightarrow \overset{\delta^-}{\underset{sp^3}{X}}$$

> 卤素的 sp^3 杂化与C不同,4个 sp^3 杂化轨道上有3个已经充满了电子,只有1个杂化轨道可以成键,这样的杂化称为不等性杂化

5.3.1 卤代烃的亲核取代反应

由于共用电子对的转移,导致 C 带有部分正电荷,容易被亲核试剂进攻发生取代反应。常用的亲核试剂有:OH^-,RO^-,NH_3、H_2O、X^- 等,既有阴离子,也有分子,其共同特征是:具有未共用的电子对。

反应底物(Substrate):参与化学反应的原料被称为反应底物。例如,卤代烃就是亲核取代反应中的底物。卤代烃的亲核取代反应可简单表示如下:

$$\underset{\text{底物}}{R-X} + \underset{\text{亲核试剂}}{\overset{..}{N}u} \longrightarrow \underset{\text{产物}}{R-Nu} + \underset{\text{离去基团}}{X^{\ominus}}$$

常见的取代反应有以下几种。依据亲核提供方式不同,可分为水解、氨解、醇解、腈解反应等。

$$R-X + OH^- \longrightarrow R-OH + X^- \quad \boxed{\text{水解反应}}$$

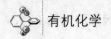

$$R-X + \begin{cases} NH_3 \longrightarrow RNH_2 + HX \rightleftharpoons RNH_3^+ X^- \xrightarrow{OH^-} RNH_2 \\ RNH_2 \longrightarrow R_2NH + HX \rightleftharpoons R_2NH_2^+ X^- \xrightarrow{OH^-} R_2NH \quad \boxed{氨解反应} \\ R_2NH \longrightarrow R_3N + HX \rightleftharpoons R_3NH^+ X^- \xrightarrow{OH^-} R_3H \end{cases}$$

$$R-X + P(C_6H_5)_3 \longrightarrow [RP(C_6H_5)_3]^+ X^-$$

$$R-X + R'O^-Na^+ \longrightarrow R-O-R' + NaX \quad \boxed{醇解反应}$$

$$R-X + [CH(COOEt)_2]^- \longrightarrow RCH(COOEt)_2 + X^-$$

$$R-X + [CH_3COCHCOOEt]^- \longrightarrow \underset{\underset{R}{|}}{CH_3COCHCOOEt} + X^-$$

1. 水解反应

水解反应一般在 NaOH 的水溶液中加热进行,为了增加卤代烃的溶解度,往往添加一些乙醇。卤代烃的活性顺序为:RI>RBr>RCl>RF,原因何在?**卤素的离去能力**:$I^->Br^->Cl^->F^-$。

> 同等条件下,离去能力越强,反应越容易进行

想想 1-溴丁烷的制备,如何促进一个可逆反应向一个方向进行?

2. 氨解反应

氨解反应产生 HX,必须用碱处理才能使反应继续进行,反应生成伯胺、仲胺、叔胺、季铵等混合物。

3. 醇解反应

醇解反应一般在 RONa 的醇溶液中进行,得到的产物为醚,这就是著名的 Williamson 制醚法。一般只能使用伯卤代烃,绝对不能用叔卤代烃(因为只能得到消除产物)。

自测题 5-2 给出合成下列醚类化合物的原料。

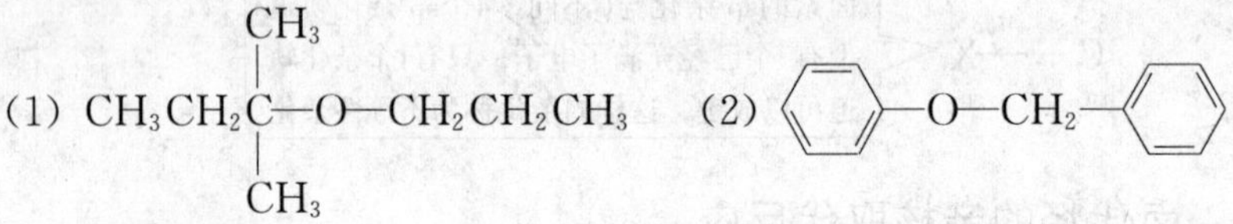

$$(1)\ CH_3CH_2\underset{\underset{CH_3}{|}}{\overset{\overset{CH_3}{|}}{C}}-O-CH_2CH_2CH_3 \qquad (2)$$

解题分析

不能使用叔卤代烃,按图 5-1(a)所示"切断",左边是醇钠,右边是卤代烃 $CH_3CH_2CH_2X$;对于苯基苄基醚,按如图 5-1(b)所示"切断",左边是酚钠,右边是苄氯。

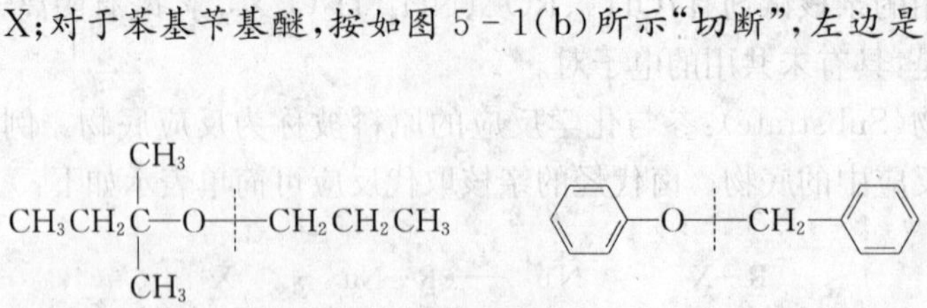

图 5-1 "切断"方法

醇解反应还可以发生在分子内部,例如:

$$HO-CH_2-CH_2-Cl \atop Cl-CH_2-CH_2-OH \xrightarrow{2NaOH}$$

（二氧六环，重要的有机溶剂）

4. 腈解反应

腈解反应一般只能使用伯卤代烃，绝不能用叔卤代烃（只能得到消除产物），往分子中引入氰基，增加一个碳，在有机合成上非常有用。

$$CH_3CH_2CH_2CH_2I + NaCN \longrightarrow CH_3CH_2CH_2CH_2CN$$

$$\downarrow NaOH$$

$$CH_3CH_2CH_2CH_2COO^-$$

此方法常常用来制备增加一个 C 的羧酸、酰胺、酯类化合物。

5. 碘化物合成

I^- 不仅是个良好的离去基团，而且作为亲核试剂效果也很好，常常用来合成碘代物。

$$\overset{Br}{\underset{}{|}}CN \xrightarrow[CH_3COCH_3]{NaI} \overset{I}{\underset{}{|}}CN + NaBr\downarrow$$

这个反应为什么能进行？因为 NaI 在丙酮里溶解，而 NaBr 不溶解，一旦生成立刻沉淀下来，等于脱离反应体系，使平衡向右移动。

6. 与 AgNO₃ 反应

乙醇作为溶剂，卤代烃与硝酸银发生反应，得到硝酸酯与卤化银沉淀，该反应操作简便，现象明显，可以用作鉴别反应。

$$RX + AgNO_3 \xrightarrow{CH_3CH_2OH} RONO_2 + AgX\downarrow$$

（鉴别反应可以在试管中操作）

卤代烃的活性顺序为：RI＞RBr＞RCl ；当卤原子相同时活性顺序为：3°＞2°＞1°。

自测题 5-3 判断或填空。

（1）下面的反应是亲核取代反应。（　　　）

$$CH_3Br + NaOH \longrightarrow CH_3OH + NaBr$$

答案　正确。

（2） $Br-\langle\ \rangle-CH_2Cl + KCN \longrightarrow (\qquad) \xrightarrow{H_3O^+} (\qquad)$

答案　第一步是取代反应，第二步是水解制酸。关键是判断哪个卤素会发生反应。苄基卤的活性远远大于直接连在苯环上的卤素，所以第一步的产物是 $Br-\langle\ \rangle-CH_2CN$ ，第二步的产物是 $Br-\langle\ \rangle-CH_2COOH$ 。

提示　鉴别有机化合物中有没有卤素，还有更简单的方法，用一根铜丝（电线中就有）蘸一点有机物放在酒精灯（打火机的火焰也可以）上烧，如果出现蓝绿色火苗，可以判定里面有卤素，这种方法称为拜耳斯坦法。

5.3.2 亲核取代反应历程

1. 双分子亲核取代反应历程 S_N2

取代的英文名称为 Substitution, 亲核的英文名称为 Nucleophilic, 因此简写为 S_N。以 CH_3Br 的碱性水解为例, 动力学研究表明, 这是一个二级反应, 反应速率与两种原料的浓度成正比。

> 说明关键步骤中两种原料都参与

$$CH_3Br + NaOH \longrightarrow CH_3OH + NaBr$$

因此提出以下反应历程(图 5-2):

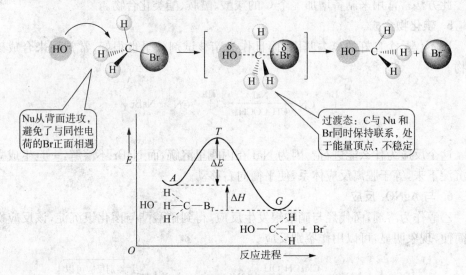

> Nu 从背面进攻, 避免了与同性电荷的 Br 正面相遇

> 过渡态: C 与 Nu 和 Br 同时保持联系, 处于能量顶点, 不稳定

图 5-2 S_N2 反应立体化学以及反应关系图

从上述历程可以看出, 反应"一气呵成", 新键的生成与旧键的断裂同步进行, 没有中间体, 而且反应前后底物的构型如同雨伞一样进行了翻转, 这就是瓦尔登 (Walden) 翻转。该历程使用碘的同位素进行了验证(图 5-3), 按照 S_N2 历程, 预测反应时旋光方向会逆转。

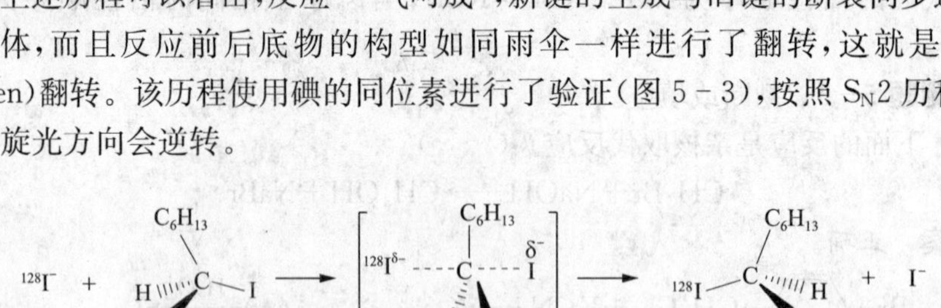

$$^{128}I^- + \overset{C_6H_{13}}{\underset{CH_3}{\overset{|}{C}}} I \longrightarrow \left[^{128}I^{\delta-} \cdots \overset{C_6H_{13}}{\underset{H \quad CH_3}{\overset{|}{C}}} \cdots I^{\delta-} \right] \longrightarrow ^{128}I \overset{C_6H_{13}}{\underset{CH_3}{\overset{|}{C}}} H + I^-$$

S构型　　　　　　　　　　　　　　　　　　　　　　　R构型

图 5-3 S_N2 反应历程验证

经分析, 反应前后其旋光方向发生逆转。由此证明这种历程是正确的。

自测题 5-4 下列化合物发生 S_N2 反应的活性顺序为(　　　)。

A. 溴甲烷　　　　B. 溴乙烷　　　　C. 2-溴丙烷　　　　D. 2-溴-2-甲基丙烷

解题分析

既然是比较 S_N2 反应, 就应该考虑与卤素相连的 α-C 上的空间位阻, 因为 Nu

是从背后进攻的。比较以下这几个化合物的空间位阻,可以很明显看出,随着 α - C 上取代基增多,S_N2 反应越来越困难。

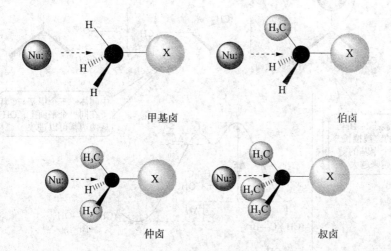

甲基卤　　　　　　　　　　　伯卤

仲卤　　　　　　　　　　　叔卤

图 5 - 4　空间位阻示意图

答案　A>B>C>D

同理,β - C 上位阻增大也会降低 S_N2 反应活性。

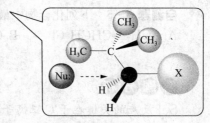

因此,S_N2 反应活性顺序为:甲基卤>1°>2°>3°。

2. 单分子亲核取代反应历程 S_N1

以叔丁基溴碱性水解为例说明,动力学研究表明,该反应是一级反应,所谓的 "key step" 是由一种原料决定的,实验证明增加碱的浓度无效,增加叔丁基溴的浓度 有效。

$$(CH_3)_3CBr+OH^\ominus \longrightarrow (CH_3)_3COH+Br^\ominus$$

上述实验事实说明,反应是由叔丁基溴单分子控制的。

$$(CH_3)_3C{-}Br \underset{慢}{\Longleftrightarrow} [(CH_3)_3\overset{\delta+}{C} \cdots Br^{\delta-}] \longrightarrow (CH_3)_3\overset{\oplus}{C}+\overset{\ominus}{Br}$$
$$(CH_3)_3\overset{\oplus}{C}+\overset{\ominus}{OH} \overset{快}{\longrightarrow} [(CH_3)_3\overset{\delta+}{C} \cdots OH^{\delta-}] \longrightarrow (CH_3)_3C{-}OH$$

反应分两步进行:第一步,叔丁基溴经过第一过渡态"断腕",发生异裂反应,形成 3℃正离子反应中间体;第二步要简单得多,阴阳离子迅速互相接近成键,得到 产物。

该反应有两个过渡态和一个中间体 C 正离子。**生成 C 正离子是最慢的一步**,所 以是单分子反应历程。从该历程可以看出,对于平面构型的中间体,负离子可以从 两边进攻,得到外消旋产物,所以**消旋化是 S_N1 的特征**。

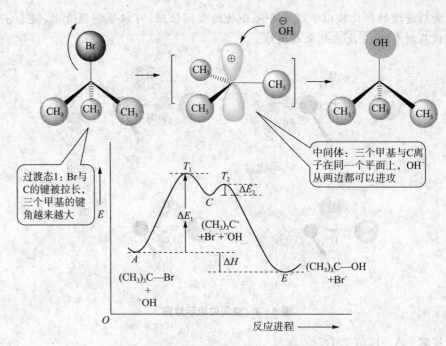

图 5-5 S_N1 反应立体化学以及反应关系图

自测题 5-5 下列化合物中最容易发生 S_N1 反应的是(　　)。

A. $CH_2=CHCH_2Cl$　　　　B. $CH_3CH_2CH_2Cl$　　　　C. $CH_2=CCH_2CH_3$
$\qquad\qquad\qquad\qquad\qquad\qquad\qquad\qquad\qquad\qquad\qquad\qquad\qquad\quad |$
$\qquad\qquad\qquad\qquad\qquad\qquad\qquad\qquad\qquad\qquad\qquad\qquad\qquad\ Cl$

解题分析

S_N1 反应的关键在于 C 正离子能否顺利生成,说到底是形成的 C 正离子的稳定程度,稳定程度越高,需要的活化能越低。首先考察卤代烃的结构:化合物 A 是烯丙基卤,卤素离去后形成的烯丙基阳离子是 p-π 共轭体系;化合物 B 是伯卤烷,卤素离去后形成 1°碳正离子;化合物 C 是烯基卤,由于形成 p-π 共轭效应,导致 C—Cl 键加强,卤素根本不能离去,所以其为惰性卤代烃,如图 5-6 所示。

答案　A>B>C

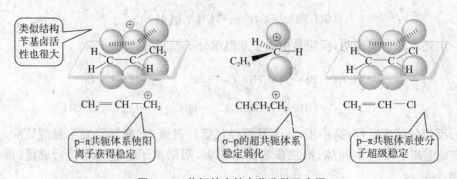

图 5-6　共轭效应的电荷分散示意图

S_N1 反应活性顺序为:苄基、烯丙基卤 > 3° > 2° >1°。

自测题 5-6 完成下面的反应。

解题分析

这是个 3°卤代烃,主要发生 S_N1 反应,形成的中间体是个平面结构,Nu 从两边进攻,得到外消旋产物。

答案

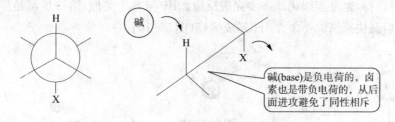

5.3.3 卤代烃的消除反应

往往一个好的亲核试剂同时又是一个碱试剂,所以在发生亲核反应的同时会发生消除反应,所不同的是亲核试剂作用于 α-C,而碱试剂作用于 β-H,得到烯烃。

不同结构的卤代烷发生消除反应的活性顺序为:叔卤烷>仲卤烷>伯卤烷;卤原子的活泼性顺序为:RI>RBr>RCl。

当分子中含有两种以上的 β-H 时,从含氢少的 β-H 消除,称为查依采夫 (Saytzeff)规则,简称查氏规则,例如:

> 加HX:马氏规则,H加到含H多的C上,
> 脱HX:查氏规则,从含H少的C上脱,得到的烯烃是多烷基取代

一般与 X 处于交叉式对位的 β-H 容易消除,称为反式消除,例如:

> 碱(base)是负电荷的,卤素也是带负电荷的,从后面进攻避免了同性相斥

图 5-7 反式消除的立体化学

自测题 5-7 写出 2-溴丁烷的消除产物。

提示 两种消除产物,哪一种多呢?想想查氏规则。

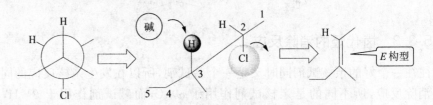

答案

81%   19%

【例5-1】 请写出(2R,3R)-2-氯-3-甲基戊烷的消除产物。

解题分析

首先写出(2R,3R)-2-氯-3-甲基戊烷的 Newman 投影式,然后转换为透视式,找到反式结构的β-H,消除后观察烯烃的构型。

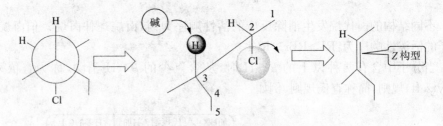

图5-8 手性卤代烃反式消除与烯烃构型

自测题5-8 请写出(2R,3S)-2-氯-3-甲基戊烷的消除产物。

解题分析

仿照上题,先画出反式结构的立体透视式,然后试着消除,观察烯烃构型(图5-9)。

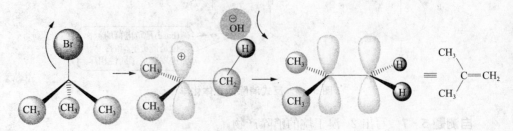

图5-9 手性卤代烃反式消除与烯烃构型

5.3.4 卤代烃的消除反应历程及其与取代反应的竞争

与取代反应历程相似,消除反应(Elimination reaction,简称 E 反应)也有两种历程,分别是 E1 历程与 E2 历程。图5-9 就是典型的 E2 历程,即碱进攻β-H 与卤素离去同时进行,也是连续化地一步完成反应。E1 与 S_N1 类似,第一步都是生成 C 正离子,然后碱快速消除一个β-H 形成烯烃(图5-10)。

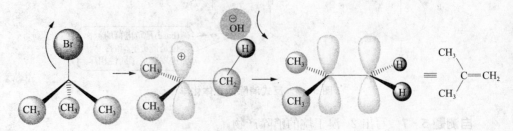

图5-10 卤代烃 E1 消除示意图

第一步,叔丁基溴的"断腕"是最慢的一步,C 正离子一旦生成,第二步反应快速进行。因此,C 正离子的稳定程度决定了反应的难易程度。所以无论是 E1,还是 E2,都符合以下规律:

E1 反应活性顺序:叔卤烷 > 仲卤烷 > 伯卤烷(与 C 正离子的稳定程度一致)

E2 反应活性顺序:叔卤烷 > 仲卤烷 > 伯卤烷(β-H 越多反应活性越高)

实际上,消除反应与取代反应是竞争反应,不同的分子结构与反应条件决定了两种产物比例。

1. 相同级数的卤代烃,烃基支链越多,对消除越有利

表 5-1 列出了三种卤代烃使用 NaOH 处理后,取代产物与消除产物的比例。

表 5-1 不同烃基结构对产物比例的影响

	CH_3CH_2Br	$CH_3CH_2CH_2Br$	$(CH_3)_2CHCH_2Br$
消除产物	0.9%	8.9%	60%
取代产物	98%	91%	40%

从表 5-1 可以看出,随着 β-C 烷基的增多,消除产物增多,而取代产物的比例慢慢降低,这主要是受空间位阻的影响。

2. 无论 E1 还是 E2,碱性增强对反应有利

叔丁基溴在不同浓度碱作用下的产物收率见表 5-2。

表 5-2 碱的浓度对消除产物收率的影响

	$(CH_3)_3CBr$ + NaOH $\xrightarrow[55℃]{C_2H_5OH}$		
	0		28%
碱浓度/mol·L^{-1}	0.05	收率	34%
	2.00		93%

想一想 为什么碱的浓度对取代反应的影响不大,而对消除反应的影响大?

提示 阴阳离子结合的活化能小,而消除 β-H 需要的活化能高。因此,高温有利于消除反应。

自测题 5-9 写出下列化合物的消除产物。

(1) [结构式:含 Br 的化合物] $\xrightarrow[C_2H_5OH]{C_2H_5ONa}$

> 要考虑产物的稳定性,例如共轭体系是稳定的

(2) [苯基化合物含 Br] $\xrightarrow[C_2H_5OH]{C_2H_5ONa}$

答案 (1) [结构式] ;(2) [苯基结构式]

5.3.5 卤代烃与金属的反应

在隔绝空气并严格除水的条件下,卤代烃与活泼金属反应,生成**金属有机化合**

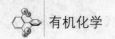
物,这样的技术称为 Schlenk 技术。其核心技术为:双
排管,把抽气与换气集中操作,见图 5 - 11。

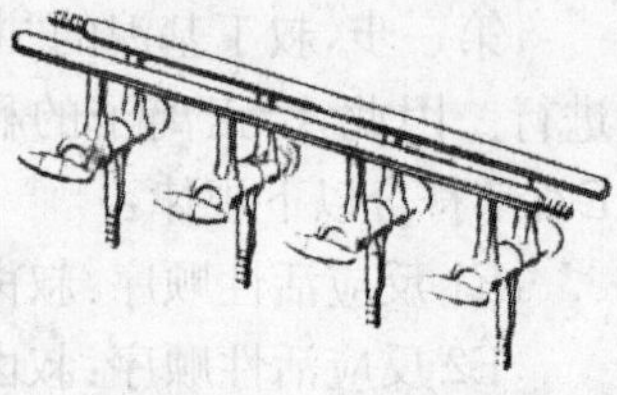

卤代烃与金属锂、镁反应,得到烷基锂与格氏
(Grignard)试剂。

烷基锂:RX+2Li —→ RLi

格氏试剂:RX+Mg —→ RMgX

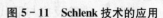

图 5 - 11 Schlenk 技术的应用

研究证明,C—金属键中,C 带有部分负电荷,因此
是个性能优良的亲核试剂,广泛应用于有机合成中。

【例 5 - 2】 以 D_2O(重水)和甲苯为原料合成 ⬡—D 。

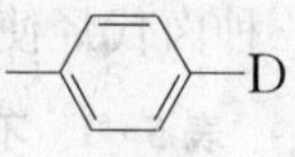

⊙解⊙题⊙分⊙析

格氏试剂非常活泼,不仅与与酸、水、醇、羟基、氨基、炔等含活泼质子的试剂反
应,而且与 O_2、CO_2、羰基、硝基等也反应,要严格无水无氧存放。

$$RMgX \begin{cases} HX \\ R'OH \\ H_2O \\ NH_3 \\ R'C\equiv CH \\ O_2 \end{cases} \longrightarrow \begin{array}{l} MgX_2 \\ R'OMgX \\ Mg(OH)X \\ Mg(NH_2)X \\ R'C\equiv CMgX \\ ROMgX \xrightarrow[H_2O]{} ROH \end{array} \Bigg\} + RH$$

典型的强酸置
换弱酸反应

因此,应用格氏试剂与 D_2O 反应在有机物分子中引入 D(H 的同位素氘)是常用
的方法。

答案

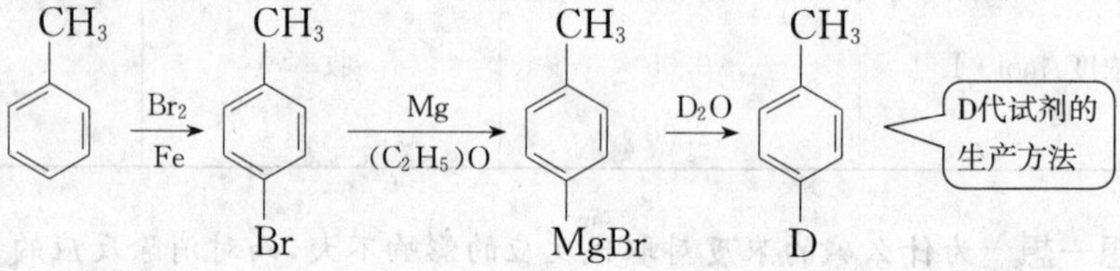

(甲苯) $\xrightarrow[Fe]{Br_2}$ (对溴甲苯) $\xrightarrow[(C_2H_5)_2O]{Mg}$ (格氏试剂 MgBr) $\xrightarrow{D_2O}$ (D代产物)

D代试剂的
生产方法

了解内容:有机化学上还常常使用金属 Na 作为偶联手段,著名的伍兹(Wurtz)
偶联反应就是代表,用于生产高级烷烃。

$$2RX+Na \longrightarrow R—R$$

自测题 5 - 10 完成下列合成反应。

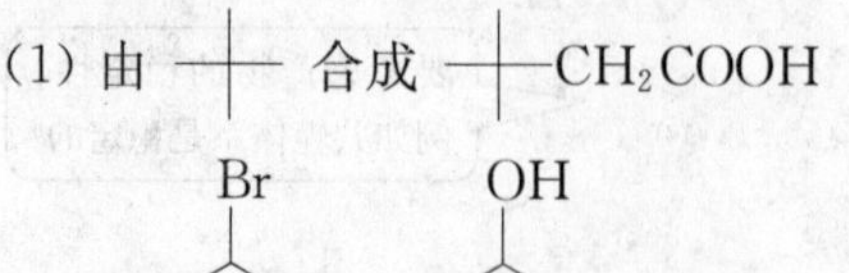

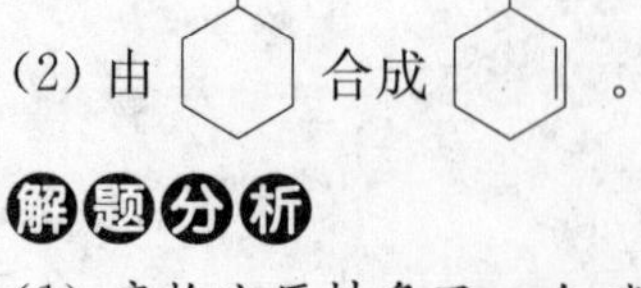

(1) 由 ┼ 合成 ┼CH$_2$COOH 。

(2) 由 (溴代环己烷 Br) 合成 (环己烯醇 OH) 。

⊙解⊙题⊙分⊙析

(1) 产物比原料多了一个碳,使用格氏试剂与 CO_2 反应可以有效增加一个碳,
格氏试剂的前体是卤代烃,因此首先卤代。

(2)仔细观察,—Br 被置换成—OH,这是卤代烃水解,C ═ C 双键是如何得到

的？卤代烃消除反应。因此,应该是卤代烃先消除得到 C=C 双键,再利用 α-H 取代反应。

答案 (1) $\diagup\!\!\!\!\diagdown \xrightarrow[h\nu]{Cl_2} \diagup\!\!\!\!\diagdown\!\!-CH_2Cl \xrightarrow{Mg} \xrightarrow{CO_2} \diagup\!\!\!\!\diagdown\!\!-CH_2COOH$

> 除了格氏试剂法,卤代烃腈解行不行? 不行,这个不能有,会发生重排反应

(2)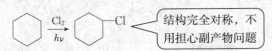

📖 **阅读材料:** 氟利昂的前世今生。氟利昂就是氟氯烃(Freon)的统称,包括几种氟氯代甲烷和氟氯代乙烷,在常温下都是无色气体或挥发液体,化学性质稳定。它最早由杜邦公司开发,命名法也是由杜邦制定。命名原则:个位数表示氟原子数;十位数表示氢原子数加1;百位数表示碳原子数减1;氯不表示;溴用 B 表示在最后;环状化合物用 C 表示在 F 后。举例如:F_2CCl_2 叫 F_{12},$FCCl_3$ 叫 F_{11}。

这一系列产品中,最重要的是 F_{12},由 CCl_4 与无水 HF 在催化剂存在下反应制得,化学性质稳定、不燃、无毒,被当作制冷剂、发泡剂和清洗剂,广泛用于家用电器、泡沫塑料、日用化学品、汽车、消防器材等领域。20 世纪 80 年代后期,氟利昂的生产达到了 144 万吨。在实行控制之前,人类已经向大气中排放了 2 000 万吨。由于它在大气中的平均寿命达数百年,在进入大气平流层后,会在强烈紫外线的作用下分解,分解释放出的氯原子同臭氧会发生连锁反应,不断破坏臭氧分子,估计一个氯原子可以破坏数万个臭氧分子,造成的臭氧空洞面积已经超过非洲,因此,世界各国政府开始限制氟利昂生产,我国从 2010 年 1 月 1 日开始禁用。

5.4 卤代烃的制备方法

从烷烃开始回忆已经学习的方法。

1. 烷烃或者烯烃的 α-H 卤代:产物复杂,某些情况下可以使用该方法。

$$\hexagon \xrightarrow[h\nu]{Cl_2} \hexagon\!\!-Cl$$

> 结构完全对称,不用担心副产物问题

2. 烯烃与卤素或者 HX 加成:注意马氏规则以及卡拉施效应,见第 4 章。

3. 炔烃与卤素或者 HX 加成:注意马氏规则,见第 4 章。

4. 由醇制备:1-溴丁烷的制备实验详细讲述了制备过程。此外实验室还可以用亚硫酰氯($SOCl_2$)制备。

$$\phenyl\!\!-CH_2CH_2CH_2OH \xrightarrow{SOCl_2} \phenyl\!\!-CH_2CH_2CH_2Cl + SO_2 + HCl$$

5. 工业上使用红磷、卤素、醇为原料,混合后加热得到卤代烃,这样的方法称为"一锅煮"法,主要应用于溴代、碘代烃生产。

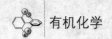

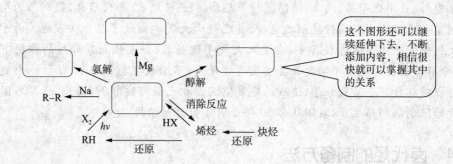

本章要求必须掌握的内容如下:

1. 卤代烃的水解、氨解、醇解、腈解反应；
2. 亲核取代反应机理 S_N1（产物外消旋化）、S_N2 机理以及立体化学（构型翻转）；
3. 卤代烃的消除反应（查氏规则）；
4. 金属有机试剂的合成，特别是格氏试剂的合成与应用。

建议学习方法：采取联想法，及时总结各类化合物之间的转化关系，如从烷烃出发，卤代得到卤代烃，继续与镁反应得到格氏试剂……如同儿童的拼图游戏，不断补充空格，相信很快就能熟练掌握各类有机化合物的性质了。

习 题

1. 完成下列反应。

(1) （KOH / H_2O 生成物）
     （KOH / C_2H_5OH 生成物）

(2) 浓 NaOH，△（ ）
     注意：处于反式的 β-H 才能消除

(3) $Cl_2,h\nu$（ ）$\dfrac{KOH}{C_2H_5OH}$（ ）

2. 选择、填空或判断对错。
   (1) 比较下列卤代烃在 2‰ 的 $AgNO_3$-乙醇溶液中反应活性的大小（   ）。

A. H_3CO—⟨benzene⟩—CH_2Cl B. ⟨benzene⟩—CH_2Cl

C. ⟨benzene⟩—CH_2Cl D. O_2N—⟨benzene⟩—CH_2Cl

> 考虑C正离子稳定性:
> 供电子基团增加稳定;
> 吸电子基团降低稳定

(2) 判断下面转化是否正确。(   )

$$\text{⟨propene⟩} \xrightarrow{Cl_2,500℃} \text{⟨3-chloropropene⟩} \xrightarrow{Na} \text{⟨1,5-hexadiene⟩}$$

(3) 化合物 ⟨结构: I 连 C, 取代基 H, C_6H_5, C_2H_5⟩ 在丙酮-水溶液中会转变为相应的醇,其构型(   )。

　　A. 保持不变   B. 翻转   C. 外消旋化   D. 内消旋化

(4) 叔丁基溴与水反应主要发生 S_N1 取代反应,原因是 H_2O 没有足够的碱性消去一个质子发生消除反应。(   )

(5) 下列化合物中,可用于制备相应的格氏试剂的有(   )。

　　A. $HOCH_2CH_2CH_2Cl$ B. $(CH_3O)_2CHCH_2Br$

　　C. $HC\equiv CCH_2Br$ D. ⟨结构: $CH_3COCH_2CH_2Br$, 含 O 双键和 Br⟩

(6) 氯苄水解生成苄醇属于(   )反应。

　　A. 亲电加成   B. 亲电取代   C. 亲核取代   D. 亲核加成

(7) 下列试剂中不与 C_2H_5MgBr 反应的是(   )。

　　A. $CH_3CH_2OCH_2CH_3$ B. CH_3OH C. H_2O

(8) 按 E_1 反应,速率最快的是(   )。

A. CH_3O—⟨benzene⟩—$CH(Br)CH(CH_3)CH_3$ B. O_2N—⟨benzene⟩—$CH(Br)CH(CH_3)CH_3$

C. CH_3—⟨benzene⟩—$CH(Br)CH(CH_3)CH_3$

(9)* 在浓 KOH 的醇溶液中脱 HX,速率最快和最慢的分别是(   )和(   )。

　　A. 2-溴-2-甲基丁烷   B. 1-溴戊烷

　　C. 2-溴戊烷   D.

(10) 下列化合物中最容易发生 S_N1 反应的是(   )。

　　A. $CH_2 = CHCH_2Cl$ B. $CH_3CH_2CH_2Cl$ C. $CH_2 = CHCH_2CH_2Cl$

(11) 除去 1-溴丁烷中少量的正丁醇的方法是加入少量冷的浓 H_2SO_4。(   )

(12) 用以下方法可以成功地合成甲基叔丁基醚是(   )。

　　　　CH_3ONa ＋ $(CH_3)_3CBr$ ⟶ 甲基叔丁基醚

(13) 化合物①H_2O；②OH^-；③CH_3O^-；④ CH_3C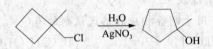 的亲核顺序排列正确的

是（　　）。

    A. ③＞②＞④＞①   B. ③＜②＜④＜①

3. 试用简便的化学方法区别下列化合物：$CH_3CH = CHCl$、$CH_2 = CHCH_2Cl$、$CH_2 = CHCH_2CH_2Cl$、$CH_3CH_2CH_2Cl$、C_6H_5Cl。

4. 推测结构

化合物 A 和 B 的分子式都为 C_4H_7Cl，都能使 $KMnO_4$ 溶液褪色。A 与 $AgNO_3$ 的醇溶液反应，立刻有白色沉淀；B 需要加热后才有沉淀出现。请推测化合物 A 和 B 的结构。

5. 给出下列反应的反应机理。

$$\text{（环丁基-CH}_2\text{-Cl）} \xrightarrow[\text{AgNO}_3]{\text{H}_2\text{O}} \text{（1-甲基环戊醇）}$$

提示 典型的重排反应。

6. 合成题：由 $CH_3CH = CH_2$ 合成 $HC \equiv CCH_2OH$。

6

芳香烃的性质

学习目标

要求掌握：芳香烃亲电取代反应及历程，包括硝化、磺化、卤代、傅克反应；苯环取代定位规律；萘的性质及定位规律；休克尔规则的应用

要求了解：芳香性概念的变迁

引　言

分子中含有苯环的化合物称为芳香烃（Aromatic hydrocarbons），简称芳烃，用 ArH 表示。早期发现的这类化合物多有芳香味，称为芳香烃，后来随着研究的深入，相继发现了大量没有味道的芳香化合物，所以这一名称的含义又有了新的发展，现在人们将具有特殊稳定性的不饱和环状化合物称为芳香化合物，与是否有芳香味没有关系。分子中含有一个苯环的称为单环芳烃，含有多个苯环的称为多环芳烃。另外还有一类化合物，其性质与苯类似，但是不含有苯环，称为非苯芳烃。

6.1　苯的结构

苯是最简单的芳香烃，也是人类较早发现和研究的具有代表性的芳香化合物，对于 C_6H_6 这样高度不饱和的分子式，其真实结构一度很令人迷惑，为了满足碳的四价结构，人们相继提出了不同结构表达式，但是与实验结果都不能很好吻合。直到 1865 年，凯库勒提出了著名的凯库勒式，才基本上解释了苯环的构造问题。图 6-1 为苯的几种键价结构表达式。

凯库勒式
杜瓦式
阿姆斯特朗式
克劳斯式
拉敦保格式

图 6-1　苯的几种键价结构表达式

凯库勒结构式能够解释：催化加氢得到环己烷；一元取代物只存在一种。但是凯

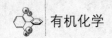

> 键长平均化是共轭体系的显著特征

库勒式不能解释如下事实：①结构中存在单、双键，键长必定有差异，但实测键长完全等同为 0.139 nm，比单键(0.154 nm)短，比双键(0.133 nm)长。②苯环分子特别稳定。

> 能量降低是共轭体系的显著特征

环己烯、环己二烯、环己三烯(凯库勒式，想象的化合物)、真实的苯环的氢化热如图 6-2 所示。其产物都为环己烷。

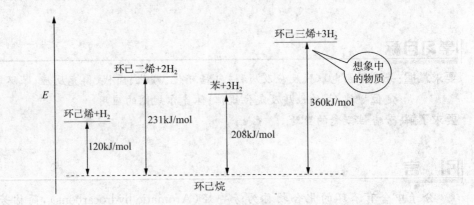

图 6-2　苯以及环烯烃的氢化热

事实证明，苯环的氢化热不仅小于想象中的环己三烯(凯库勒式)，甚至低于环己二烯，苯环的超级稳定性从何而来呢？

现代科学研究表明，苯是个平面结构的、正六边形的化合物，6 个碳原子采用 sp^2 杂化，6 个未参与杂化的 2p 轨道肩并肩形成环状、闭合的 Ⅱ 键，形状如同救生圈，因此用凯库勒结构式表达苯的构造是有问题的，更多的时候用正六边形中加个圆圈表示苯环的结构。由此可见，苯环中并没有传统意义上的单键和双键，而是一个**高度对称的共轭体系**，非常稳定，这是芳香烃的重要特征。

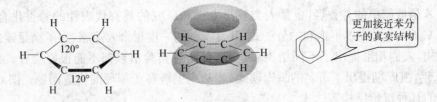

> 更加接近苯分子的真实结构

图 6-3　苯的结构以及表达式

自测题 6-1　按照凯库勒结构，苯的邻二取代物应该有两种，你能写出来吗？
提示　两个取代基在相邻的双键碳以及单键碳上

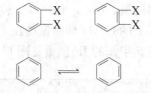

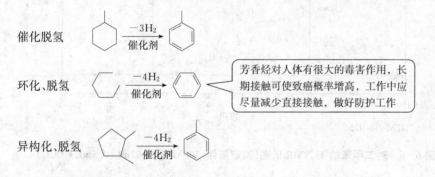

图 6-4 键价结构流变示意图

> 实际上，苯的邻二取代物只有一种，凯库勒也意识到了他提出的结构式不能代表苯的真实结构，于是提出了"流变"思想——双键快速的换位，导致苯的真实结构无法用一种结构式表达，或者说，真实结构介于两者之间

阅读材料：单环芳烃的来源。单环芳烃化学是随着炼焦工业发展起来的，煤炭在隔绝空气的条件下加热至 1 000～1 300℃时分解所得到的液态产物为煤焦油，其中含有大量芳烃化合物，再经分馏得到各类芳烃（表 6-1）。

表 6-1　煤焦油成分

馏分名称	沸点范围/℃	主要成分
轻油	<180	苯、甲苯、二甲苯
酚油	180～210	苯酚、甲苯酚等
萘油	210～230	萘、甲基萘等
洗油	230～300	联苯、芴、芴等
蒽油	300～360	蒽、菲、沥青等
	>360	沥青、游离碳

现代工业生产芳香烃主要是通过石油芳构化，即在催化剂铂、钯、镍存在下，将轻汽油中含 6～8 个碳原子的烃类，在 450～500℃条件下分别进行脱氢、环化和异构化等一系列复杂的化学反应，得到芳烃及其衍生物，这种方法称为铂重整。

催化脱氢

环化、脱氢

> 芳香烃对人体有很大的毒害作用，长期接触可使致癌概率增高，工作中应尽量减少直接接触，做好防护工作

异构化、脱氢

6.2　单环芳烃的物理性质

苯及其同系物一般为无色液体，相对密度小于 1，不溶于水，是一类很好的有机溶剂，在工业上广泛使用；在二取代苯的三个异构体中，由于**对位异构体**的对称性最大，能很好地填入晶格中，因此**熔点**比其他两个异构体高（具体数据见附录一）。苯环上有烷基取代基时，其稳定性增加。邻二甲苯因空间位阻的原因比对二甲苯稳定性**稍差**。

> 可以从生成热比较

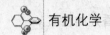

红外吸收（IR）谱特征：芳环的碳骨架C＝C伸缩振动在1 600～1 580 cm^{-1}（中）和1 500～1 450 cm^{-1}（强）有两个吸收峰。芳环上的C—H伸缩振动在3 030 cm^{-1}处。在900～690 cm^{-1}区域可用于判断取代情况。甲苯的IR图谱见图6-5。

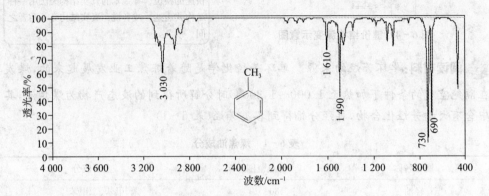

图6-5　甲苯的红外谱图

^{1}H NMR谱特征：甲苯中甲基质子δ＝2.32，苯环上的Hδ＝7～8，这也是芳香烃的共同特征。对二甲苯的^{1}H NMR谱见图6-6。

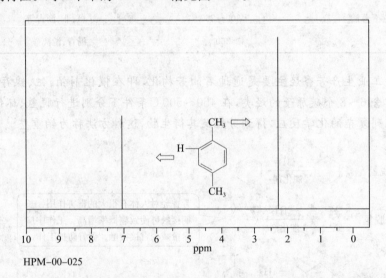

HPM-00-025

图6-6　对二甲苯的^{1}H NMR谱图（测定条件：300MHz，0.02mL：0.5mL CDCl$_3$）

6.3　单环芳烃的化学性质

仔细分析单环芳烃的结构可以看出，芳烃反应主要有α-H取代、氧化反应；苯环上H的亲电取代反应；针对苯环的氧化、还原、加成反应。

亲电取代反应　→ H ——⟨苯环⟩—— H ← α-H反应

氧化，加成，还原反应

虽然从组成上看,芳烃的不饱和程度很高,但是苯环中 6 个 π 电子形成离域大 π 键,同时被 6 个碳原子核紧密控制,不像烯烃那样容易发生反应。因此无论发生何种反应,分子都力图保持其共轭体系,即苯环不受破坏,反应以亲电取代为主。在极端条件下才能发生加成、还原反应。

6.3.1　苯环的加成、还原反应

在催化剂(如 Pt、Pd、Ni)存在,高温、高压条件下,苯加氢得到环己烷。这是工业上制备环己烷的方法之一。

注意:苯环"宁为玉碎不为瓦全",即要么彻底还原,要么一个 H 都不要

在紫外光照射下,苯环与 Cl_2 发生加成反应,得到 1,2,3,4,5,6—六氯环己烷。

自测题 6-2　判断或选择。

(1) 控制苯环的氢化反应能够分离出环己二烯和环己烯。(　　)

(2) 1,3,5-环己三烯与苯环是相同的化合物。(　　)

(3) 能分别生成一、二、三种一氯衍生物的二甲苯为(　　)。

A. 分别为对二甲苯、邻二甲苯、间二甲苯

B. 分别为对二甲苯、间二甲苯、邻二甲苯

C. 分别为邻二甲苯、对二甲苯、间二甲苯

提示　(1)苯环要么不还原,要么彻底还原(一次上 6 个 H),所以不可能有环己烯、环己二烯存在,体系中只能有两种有机物,即苯以及环己烷;(2)世界上没有环己三烯的存在,实际上是苯环;(3)考虑苯环结构,把两个甲基按邻、间、对位置一一列出,对照题目要求就可以判断。

答案　(1)错;(2)对;(3)A

6.3.2　苯环侧链的 α-H 反应

在强氧化剂 $KMnO_4$、$K_2Cr_2O_7$、稀硝酸等存在下,苯环不被氧化,而环上侧链烷基可发生氧化,产物为苯甲酸(**被氧化的侧链必须含有 α-H**)。

不管侧链有多长,只要有 α-H,氧化产物都是苯甲酸

由于苄基的稳定性,α-H 非常活泼,在高温或光照条件下,可以与卤素作用发生自由基取代反应,得到一卤代或多卤代产物。

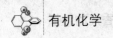

自测题 6-3　用简单的化学方法鉴别：苯、环己烯、甲苯。

提示　烯烃能够发生氧化反应、加成反应；苯与甲苯的区别在于 α-H 氧化反应。

答案　能使 Br_2/CCl_4 褪色的是环己烯，使高锰酸钾褪色的是甲苯，加入浓硫酸和浓硝酸摇晃后有黄色油状物的是苯。

6.3.3　苯环的氧化反应

在通常的氧化剂面前，苯环是"铮铮铁骨"的英雄，但当遇到 V（钒，Vanadium，以北欧女神 Vanadis 命名）作催化剂时，反应就顺利发生了。

$$+O_2 \xrightarrow[400\sim500℃]{V_2O_5} \quad + CO_2 + H_2O$$

马来酐

这是工业生产顺丁烯二酸酐（马来酐）的方法之一。

6.3.4　芳烃的亲电取代反应

苯环是个富电子的分子，从电荷密度图可以看出，负电荷集中在环侧面上，对于亲电试剂 E^+（Electrophilic reagent）而言，是一块"肥美的蛋糕"。因此，E^+ 与苯环的接近是非常容易的，形成 π-中间体（图 6-7），此时，亲电试剂与整个苯环的 π 电子络合。但这是不太稳定的结构，容易形成，也容易分解。

图 6-7　E^+ 与苯环形成 π-中间体

所以 E^+ 必须挑选一个 C 建立实质性的"键合"关系，即形成 C—E 的 σ 键，这是整个取代反应过程中最慢的一步，经过了能量的顶峰状态，E 挑选了一个 C 并与之成 σ 键，这个 C 成了饱和 C，被共轭体系"踢出"，而剩下的 5 个 C 虽然还是组成共轭体系，但是只有 4 个 π 电子（E 是"空着手来的"，形成一个 C—E 键需要的 2 个电子都是从苯环上公共大 π 键上"拿"的）。这个反应中间体被称为 σ-络合物，其共振结构见图 6-9。

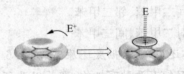

图 6-8　亲电取代反应的完成

请注意,虽然在 σ-络合物中,是 5 个 C 原子分担一个正电荷,但是这个正电荷会来回移动,在 5 个 C 原子上来回"快速奔跑"的结果,是正电荷得到了有效的分散,从而使中间体能量降低。

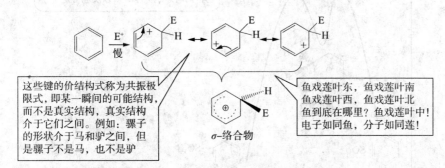

这些键的价结构式称为共振极限式,即某一瞬间的可能结构,而不是真实结构,真实结构介于它们之间。例如:骡子的形状介于马和驴之间,但是骡子不是马,也不是驴

σ-络合物

鱼戏莲叶东,鱼戏莲叶南
鱼戏莲叶西,鱼戏莲叶北
鱼到底在哪里? 鱼戏莲叶中!
电子如同鱼,分子如同莲!

图 6-9 σ-络合物的共振结构

俗话说"舍得,舍得,有舍才能得"。与 E 相连的 C 通过"抛弃"H^+,又恢复到 sp^2 杂化态,重新回到苯环的"大家庭",恢复芳香体系,从而完成反应。整个过程简写如下。

芳烃能够发生的亲电取代反应见表 6-2。通过这些反应,可以在苯环上引入多种官能团。

表 6-2   单环芳烃亲电取代反应一览表

反应名称	亲电试剂	有效亲电成分	反应产物	引入基团
硝化反应	浓 H_2SO_4,浓 HNO_3	NO_2^+(硝酰离子)	硝基苯	$-NO_2$
磺化反应	发烟 H_2SO_4	SO_3	苯磺酸	$-SO_3$
傅克烷基化反应	RX/AlX_3,ROH/H^+	R^+(烷基正离子)	烷基苯	$-R$
傅克酰基化反应	$RCOX$,AlX_3	RCO^+(酰基离子)	芳香酮	$-COR$
卤化反应	X_2,Fe 粉	$FeCl_3^{\delta+}\cdots X^{\delta-}$(络合物)	卤代苯	$-X$
氯磺化反应	$ClSO_3H$	SO_3	苯磺酰氯	$-SO_2Cl$
氯甲基化反应	$(HCHO)_3$,HCl	$H_2C=OH^+$(质子化醛)	苄氯	$-CH_2Cl$

上述反应中,磺化反应是可逆反应,用能量图表示如下。

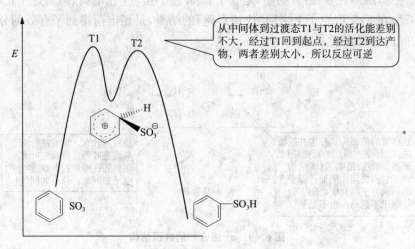

图 6-10 磺化反应能级图

苯的烷基化反应复杂,因为有碳正离子生成,碳正离子往往重排为更稳定的结构,导致得到重排的产物。

$$\text{苯H} + CH_3CH_2CH_2Cl \xrightarrow[-18℃\sim80℃]{AlCl_3} \text{苯}CH(CH_3)_2 + \text{苯}CH_2CH_2CH_3$$
$$65\%\sim59\% \qquad 35\%\sim31\%$$

有时重排产物为唯一产物,如:

$$\text{苯H} + CH_3CHCH_2Cl(\overset{CH_3}{|}) \xrightarrow[-18\sim80℃]{AlCl_3} \text{苯}\overset{\overset{CH_3}{|}}{\underset{CH_3}{|}}{C}CH_3$$

阅读材料: 工业上使用醇、烯烃等价格较低廉的原料为烷基化试剂,第一次烷基化后,苯环的电子云密度增高,烷基苯的活性比苯高,可进一步发生烷基化反应,生成多烷基化产物,要制得一取代苯,苯必须过量,所以往往以苯为溶剂进行反应。苯的烷基化反应在工业上很重要,因为十二烷基苯磺酸钠是阴离子型表面活性剂,因其生产成本低、性能好,所以用途广泛,是家用洗涤剂用量最大的合成表面活性剂,年产量以千万吨计。从上述反应可以看出,烷基化反应导致支链化,使得其自然界降解非常困难——经过千百万年进化,自然界的微生物只能"吃掉"直链烃,却无法"对付"支链结构的有机物。因此,现有的洗涤剂已经产生严重的环境残留,必须改革生产方法,实现绿色生产。

与烷基化反应不同,酰基化反应不重排,但请注意:卤代苯和乙烯卤不能发生傅克反应,活泼性比卤代烃差的芳烃(因不能提供足够的电子云)不能发生烷基化反应,如**苯环上取代基为吸电子基团的时候不能发生傅克反应**,这些基团有:$-NR_3^+$、$-NO_2$、$-CN$、$-SO_3H$、$-CHO$、$-COCH_3$、$-COOH$、$-COOCH_3$。

由于氨基与催化剂反应,当苯环上有氨基时也不能发生傅克反应。

自测题 6 - 4 完成以下反应。

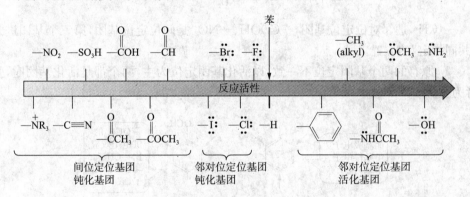

提示 磺化反应是可逆的,条件为酸性水汽蒸馏,因此磺化反应可以起到占位作用。

答案 ① [苯环-异丙基结构] ② HO_3S—[苯环]—[异丙基] ③ [苯环-异丙基-NO_2结构]

6.3.5 亲电取代反应的定位规律

当苯环上已经有一个基团时,第二个基团进入苯环时就必须遵守定位规律:在原有基团的相关的三个位置中做出选择。

[三个苯环结构图:邻位、对位、间位]

邻位　　　　　　对位　　　　　　间位

定位基团根据其性质可做如图 6 - 11 所示的分类。

[图6-11 反应活性箭头图,显示各定位基团]

图 6 - 11　定位基团分类

能够为苯环提供电子的基团,称为活化基团,有利于亲电取代反应,而且后来的基团主要进入原有基团的邻位、对位;能够减弱苯环电子云密度的吸电子基团,称为钝化基团,不利于亲电取代反应,而且后来的基团主要进入原有基团的间位;卤素比较特殊,虽然是钝化基团,但是邻对位定位基团。

> 如同蝙蝠横跨
> 于鸟兽之间

自测题 6 - 5 选择或填空。

(1) 判断下列化合物亲电取代反应活性的大小顺序(　　　)。

A. 苯　　　　　B. 溴苯　　　　　C. 硝基苯　　　　D. 苯酚

(2) 苯的亲电取代反应能可逆进行的是(　　　)。

A. 溴化反应　　　　　　　　　　B. 硝化反应

C. 傅克酰基化反应 D. 苯的磺化

（3）苯亲电取代历程中生成的中间体称为（ ）

A. 自由基 B. σ-络合物 C. π-络合物 D. π-中间体

（4）下列化合物中较难进行傅克酰基化反应的是（ ）。

A. 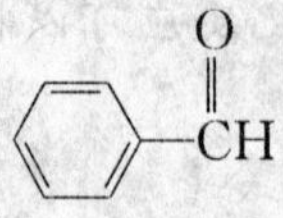 B.

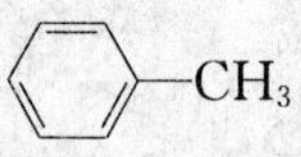

C. 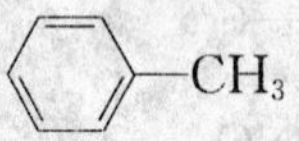 D.

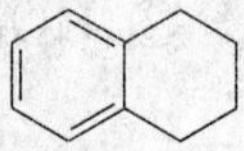

（5）比较下列化合物进行硝化反应的活性顺序（ ）。

①硝基苯 ②苯甲醚 ③氯苯 ④甲苯

A. ②＞④＞③＞① B. ②＜④＜③＜①

答案 （1）D＞A＞B＞C （2）D （3）B （4）A （5）A

苯环上已有两个取代基时，第三个取代基的位置安排有以下几种情况：

1. 定位一致，第三个基团顺利进入。

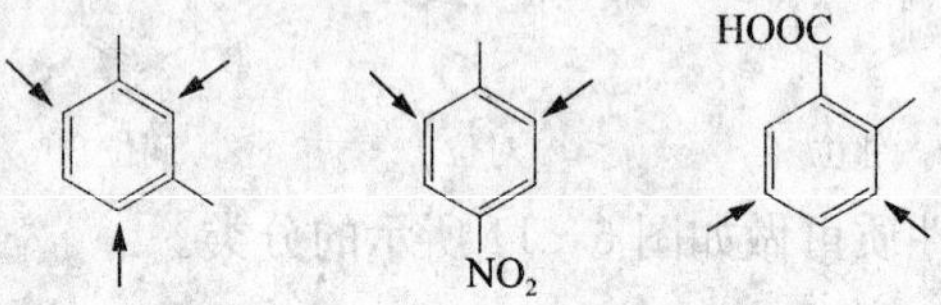

—CH$_3$ 是邻对位定位基团，—COOH、—NO$_2$ 是间位定位基团，第三个基团进入"共同指定"的位置。

2. 原有的两个基团定位不一致，以活化基团定位为主，两个都是活化基团时，强者为主。

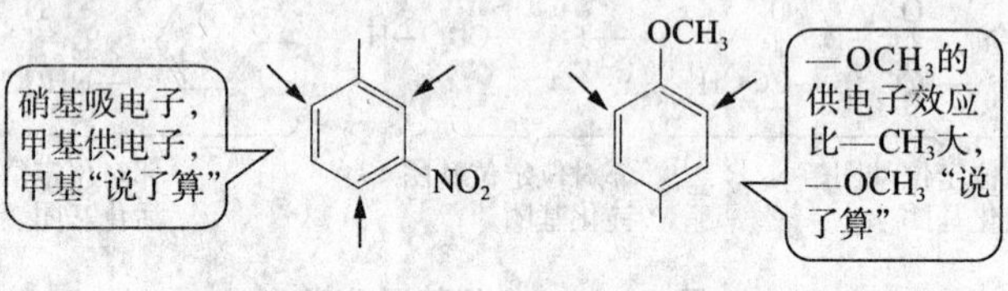

【例 6 - 1】 由苯合成对硝基氯苯。

解析 在苯环上引入氯和硝基，应先引入哪一个？以下两条路线，哪一个正确？

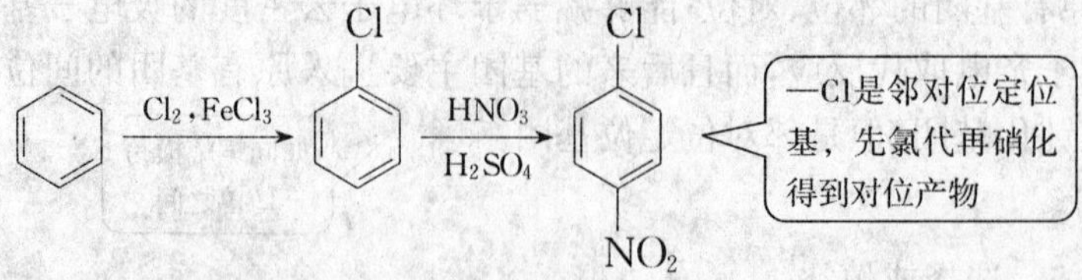

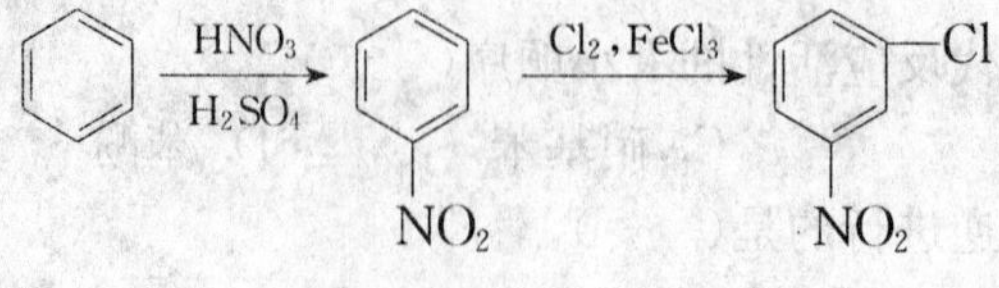

答案 路线（1）是正确的。

自测题 6-6 由甲苯合成 2,4-二硝基苯甲酸。

解题分析

甲基氧化得到羧酸,苯环硝化引入硝基,谁先谁后呢? 考虑定位效应,甲基是邻对位定位基团,羧基是间位定位基团,所以应该先硝化,引入硝基后再氧化。

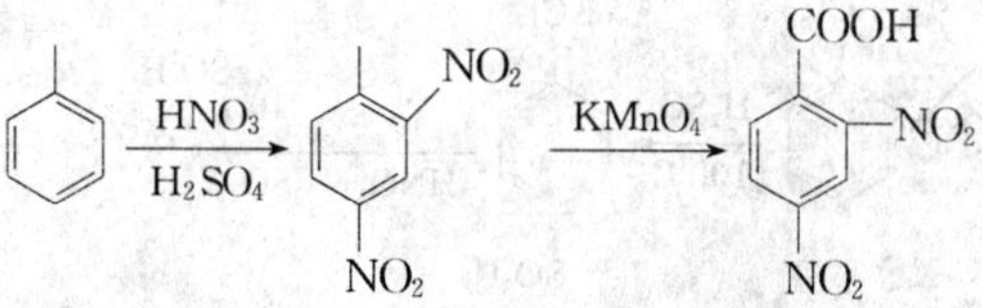

如果反过来,先氧化再硝化,产物是什么呢? 答案是 3,5-二硝基苯甲酸。

6.3.6 亲电取代反应的影响因素

亲电取代反应除了受基团的电子效应控制外,还受到基团的空间效应的影响,苯环上取代基体积的影响见图 6-12。

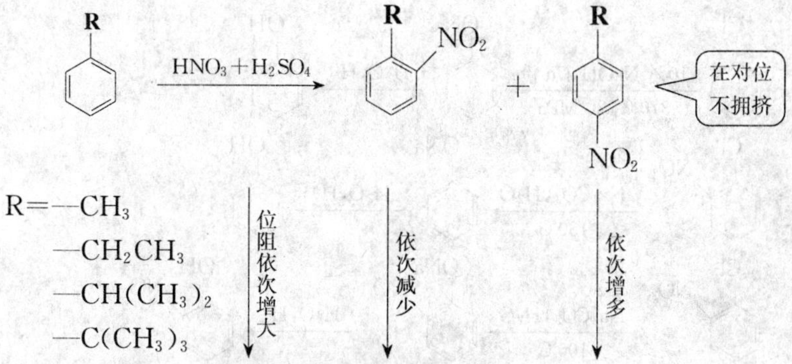

$$R = -CH_3$$
$$-CH_2CH_3$$
$$-CH(CH_3)_2$$
$$-C(CH_3)_3$$

图 6-12 基团位阻影响

作为引入基团,位阻同样影响产物的比例,见图 6-13。

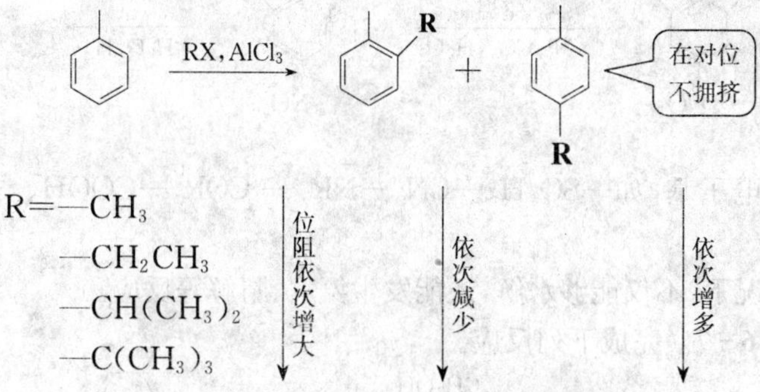

$$R = -CH_3$$
$$-CH_2CH_3$$
$$-CH(CH_3)_2$$
$$-C(CH_3)_3$$

图 6-13 引入基团位阻对产物比例的影响

【例 6-2】 以苯为原料合成 3-硝基-4-氯苯磺酸。

解题分析

先考虑引入次序:—SO_3H 和 —NO_2 是间位定位基,—Cl 是邻对位定位基。要求—Cl 与 —SO_3H 处于对位,应该先引入—Cl,再引入—SO_3H,最后是—NO_2,如果反过来操作,处于—Cl 对位的却是—NO_2。

(1) 苯 $\xrightarrow{Cl_2/Fe}$ 氯苯 $\xrightarrow[H_2SO_4]{HNO_3}$ 2-硝基氯苯 $\xrightarrow{H_2SO_4}$ 产物

对位产物比邻位多，造成浪费

(2) 苯 $\xrightarrow{Cl_2/Fe}$ 氯苯 $\xrightarrow[100℃]{H_2SO_4}$ 对氯苯磺酸 $\xrightarrow{HNO_3+H_2SO_4}$ 产物 ✓

6.3.7 补充内容:芳环上的亲核取代反应

第 5 章讲过,与苯环直接相连的卤原子一般难以水解,必须在高温、高压和催化剂作用下,才能发生反应。然而,当氯原子的邻位和对位连有强吸电子基时(如硝基等),水解反应就容易发生,且吸电子基越多,反应越容易进行。

氯苯 $\xrightarrow[370℃,20\,MPa]{10\%\ NaOH,Cu\ 粉}$ 苯酚钠 $\xrightarrow{H_2O,H^+}$ 苯酚

邻硝基氯苯 $\xrightarrow[130℃]{Na_2CO_3,H_2O}$ 苯酚钠 $\xrightarrow{H_2O,H^+}$ 苯酚

2,4-二硝基氯苯 $\xrightarrow[100℃]{Na_2CO_3,H_2O}$ 2,4-二硝基苯酚钠 $\xrightarrow{H_2O,H^+}$ 2,4-二硝基苯酚

2,4,6-三硝基氯苯 $\xrightarrow[Na_2CO_3,H_2O]{室温}$ 2,4,6-三硝基苯酚钠 $\xrightarrow{H_2O,H^+}$ 2,4,6-三硝基苯酚

其他吸电子基,如—SO_3H、—CN、—$\overset{+}{N}R_3$、—COR、—$COOH$、—CHO 等也有类似的影响。

上述情况下,不仅能够水解,还能发生氨解、腈解等反应。

自测题 6-7 完成下列反应。

(1) 邻硝基氟苯 $+C_4H_9S^- \xrightarrow{CH_3OH}$?　(2) O_2N-二硝基氯苯 $\xrightarrow{H_2NNH_2}$?

(3) 邻硝基氯苯 $+Na_2SO_3 \longrightarrow$?　(4) O_2N-对硝基氯苯 $\xrightarrow{CH_3O^-}$?

提示 回忆卤代烃的相关反应,然后"照葫芦画瓢"。

(1) 邻-SC₄H₉，NO₂ 结构

(1) 苯环上 SC$_4$H$_9$ 邻位 NO$_2$

(2) O$_2$N— 苯环 —HNNH$_2$，NO$_2$

(3) 苯环 SO$_3$H，NO$_2$

(4) O$_2$N— 苯环 —OCH$_3$

6.4 多苯代烃的性质

6.4.1 多苯烷烃的性质

分子中含有多个苯的烃类化合物称为多苯代烃,其性质与苯类似,常见的有二苯甲烷、三苯甲烷、1,2-二苯乙烷等,主要通过傅克烷基化反应制备。

$$苯-CH_2Cl + 苯 \xrightarrow{AlCl_3} 苯-CH_2-苯$$
二苯甲烷

$$苯 + HCCl_3 \xrightarrow{AlCl_3} 苯-CH-苯（三个苯）$$
三苯甲烷

多苯代烃有以下一些性质:①多苯代脂烃的苯环被取代烃基活化,比苯更易发生取代反应;②与苯环相连的亚甲基和次甲基受苯环的影响,也具有良好的反应性能,**容易被氧化、取代和显酸性**。

	C$_6$H$_5$CH$_3$	NH$_3$	(C$_6$H$_5$)$_3$CH	(C$_6$H$_5$)$_2$CH$_2$	CH$_2$＝CH$_2$
pK_a	41	34~35	34	31.5	25

(C$_6$H$_5$)$_3$CH 反应:

$$(C_6H_5)_3CH \xrightarrow{H_2CrO_4} (C_6H_5)_3COH$$
$$\xrightarrow{Br_2} (C_6H_5)_3CBr$$
$$\xrightarrow{NaNH_2} (C_6H_5)_3CNa$$

三苯甲基正离子比较稳定,可以同亲核性弱的负离子形成稳定的盐。在苯环的邻位、对位再引入给电子基团,会使三苯甲基正离子更加稳定,就得到一类色泽鲜艳的染料——三苯甲烷类染料,例如:

[(CH$_3$)$_2$N—苯—]$_3$C⁺ X⁻
结晶紫

[(CH$_3$)$_2$N—苯—]$_2$C⁺—苯—H X⁻
孔雀绿

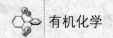

酚酞

金精红

三苯基碳负离子、正离子或自由基都是比较稳定的,这是因为:一方面形成共轭体系,电荷分散;另一方面主要是有空间位阻。由于苯基体积较大,三苯甲基正离子、三苯甲基自由基的三个苯基不可能同时与中间的碳原子共平面,而是**排成螺旋桨式**。

6.4.2 联苯的性质

联苯是通过苯在高温下催化脱氢制备的,可以看作是苯环上的一个氢原子被另一个苯环所取代,因此,每一个苯环与单独苯环的行为是类似的,苯基取代基是邻对位定位基。

$$\xrightarrow[\text{H}_2\text{SO}_4]{\text{HNO}_3}$$

> 甲基使苯环电子云密度大,同环取代

$$\text{HOOC}—\text{—}—\text{} \xrightarrow[\text{H}_2\text{SO}_4]{\text{HNO}_3} \text{HOOC}—\text{—}—\text{—NO}_2$$

> 羧基使苯环电子云密度小,异环取代

自测题 6-8 用苯或甲苯以及不超过三个碳原子的有机物为原料合成以下化合物:

解题分析

目标产物为 1,1-二苯乙烷,依据题目要求可以使用 1,2-二氯乙烷与苯发生傅克反应制备,一步完成;或者先在苯环上引入乙基,再进行 α-H 卤代,然后发生傅克烷基化反应制备,反应两步完成。

答案 $\xrightarrow[\text{AlCl}_3]{\text{CH}_3\text{CH}_2\text{Cl}}$ $\overset{\text{CH}_2\text{CH}_3}{}$ $\xrightarrow[h\nu]{\text{Cl}_2}$ $\overset{\text{Cl}}{\overset{|}{\text{CHCH}_3}}$ $\xrightarrow{\text{AlCl}_3}$

6.5 萘的性质

多个苯环共用两个或两个以上碳原子的芳烃称为稠环烃。需要掌握萘的结构与性质。

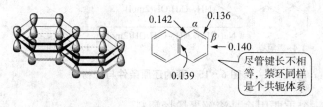

1,4,5,8称为α位，2,3,6,7称为β位，亲电取代反应最易在萘的α位发生

6.5.1 萘的结构

萘的芳香性比苯差,其键长并不完全相等,但又不是一般意义上的单双键,见图6-14。

0.142 α 0.136
β 0.140
0.139

尽管键长不相等,萘环同样是个共轭体系

图6-14 萘环结构以及键长

与苯相似,萘的真实结构可以用以下几个共振式表示:

6.5.2 萘的化学性质

1. 萘的氧化反应

萘非常容易被氧化,特别是含有供电子取代基的时候。

$$\text{CH}_3 \xrightarrow{\text{CrO}_3 - \text{HOAc,25℃}} \text{CH}_3$$

可见,萘环比侧链更易氧化,不能用侧链氧化法制备萘甲酸。

$$\text{NO}_2 \xrightarrow{\text{氧化剂}} \text{NO}_2, \text{COOH}, \text{COOH}$$

因此,电子云密度高的环易被氧化。

2. 萘的还原

与苯不同,萘非常容易被还原,而且随着条件的不同,得到的产物也不同。图6-15为不同的还原条件下萘的还原产物。

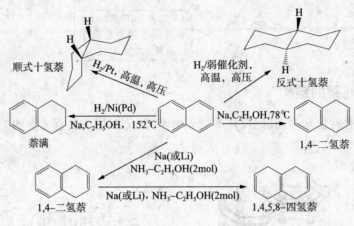

图 6-15 萘的还原条件与产物

十氢萘的一个重要用途是溶解聚烯烃塑料。

3. 萘的加成反应

与苯不同,萘表现出部分的双键性质,例如,在低温条件下,萘与 Cl_2 能够发生加成反应,得到氯化萘,当温度升高时,会发生消除反应,恢复芳香结构。

1,4-二氯萘   1,2,3,4-四氯萘

通过消除HCl, 保持苯环结构完整性, 降低体系能量

4. 萘的亲电加成反应

与苯相似,萘发生亲电取代反应更为容易,卤代反应与硝化反应发生在 α 位。而对于傅克酰基化反应,随着温度升高,产物以 β 位为主。

$CH_3COCl, AlCl_3$
$CS_2, -15℃$

$CH_3COCl, AlCl_3$
$C_6H_5NO_2, 25℃$

注意溶剂、温度变化对反应的影响, 回忆丁二烯的两种加成情况

磺化反应随着温度升高,逐渐以 β 位取代产物为主,而且已经生成的 α -萘磺酸还会转化为 β -萘磺酸。

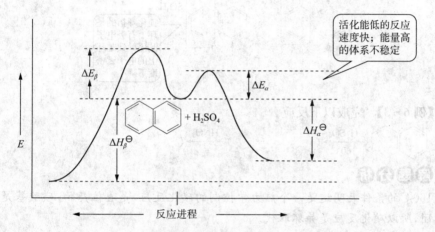

分析原因：如图 6-16 所示，低温下，α 位取代的活化能低，反应速度快、产物多，称为速度控制，又称为动力学控制；高温下，β-萘磺酸能量低，产物稳定，反应由平衡控制，又称为热力学控制。

图 6-16　两种不同取代反应的活化能及其产物稳定性

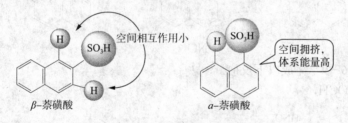

图 6-17　萘磺化能量图

从图 6-17 可以看出，α-萘磺酸中磺酸基与 β 位 H 空间拥挤，能量高；而 β-萘磺酸中，基团间距离远，相互作用小，因此能量低。

6.5.3　萘环亲电取代反应的定位规律

当萘环上 α 位或 β 位有第一类定位基时，亲电取代反应发生在同环的 α 位，这种反应称为**同环取代**。原因在于，供电子基团增加了苯环上的电子云密度，同环取代为主要产物。

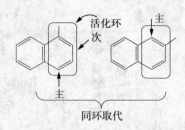

当萘环的 α 位或 β 位有第二类定位基时,亲电取代反应发生在异环的 α 位,这种反应称为**异环取代**。

【例 6-3】 完成以下反应。

解题分析

160℃的条件表明这是一个热力学控制的磺化反应,是 β 位产物;磺酸基是吸电子基团,所以硝化反应是异环取代。

答案

自测题 6-9 完成以下反应。

提示 —OCH₃ 是供电子基团,所以反应为同环 α 位取代。

6.6 非苯芳烃

除了芳烃化合物以外,有些环状共轭多烯烃具有类似苯的性质,而有些则没有,到底什么样的结构具有芳香性呢? 1931 年由物理化学家埃里希·休克尔(Erich Hückel)提出了休克尔规则,1951 年由冯·多林(Von Doering)提出简明的 $4n+2$ 规则,我们现在讲的休克尔规则的定义,包含了他们两个人的研究成果。这个规则对于单环多烯的芳香性判断很好,但是不能推广到稠环烃上。

休克尔规则:含有 $4n+2(n=0,1,2\cdots)$ 个 π 电子的单环的、平面的、封闭共轭多烯具有芳香性。因此具有芳香性的化合物具有下列结构特点。

(1) 必须是环状的共轭体系；

(2) 具有平面结构，即共平面或接近共平面(平面扭转<0.01 nm)；

(3) 环上的每个原子均采用 sp^2 杂化(在某些情况下也可以是 sp 杂化)；

(4) 环上的 π 电子能发生电子离域，且符合 $4n+2$ 的休克尔规则。

下面举例说明如何应用休克尔规则判断芳香性。

【例 6-4】 判断下列物质有无芳香性：环丙烯、环丙烯基、环丙烯阳离子。

提示 从休克尔规则出发，逐条核对。

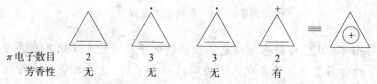

π 电子数目	2	3	3	2
芳香性	无	无	无	有
原因	π 键未闭合	电子数目不对	电子数目不对	

又如，环丁二烯、环丁二烯基、环丁二烯离子。

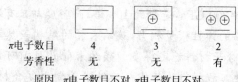

π 电子数目	4	3	2
芳香性	无	无	有
原因	π 电子数目不对	π 电子数目不对	

自测题 6-10 判断对错。

(1) 环辛四烯没有芳香性，但它能使稀的 $KMnO_4$ 水溶液和 Br_2 的 CCl_4 溶液褪色。(   )

(2) 环丙烯正离子是反芳香性的。(   )

提示 环辛四烯的 8 个碳原子不在一个平面上，不能构成芳香烃，因此具备了烯烃性质，所以(1)是对的；(2)是错的。

📚 **阅读材料**：足球烯与碳纳米管。富勒烯(Fullerene)是由 60 个碳原子组成的 C60、70 个碳原子组成的 C70 和 50 个碳原子组成的 C50 等一类化合物的总称。1985 年，美国科学家 Curl、Smalley 和英国科学家 Kroto 意外发现了碳元素的第三种同素异型体——以 C60 和 C70 为代表的富勒烯(为了纪念建筑设计师富勒，取名为富勒烯)。他们由于对富勒研究的杰出贡献而荣获 1996 年的诺贝尔化学奖。C60 的 60 个碳原子构成像足球一样的 32 面体，包括 20 个六边形，12 个五边形，见图 6-18。直径约为 0.8 nm，60 个顶点由 60 个碳原子占据。每个碳原子都以 sp^2 或接近 sp^2 杂化轨道与相邻碳原子形成 σ 键，从而构成笼状分子。五边形周围是六边形，反之亦然，所以又称为足球烯。富勒烯有许多优异性能，如超导、强磁性、耐高压、抗化学腐蚀，所以在光、电、磁等领域有广泛的应用前景。

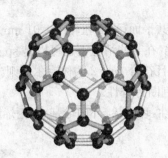

图 6-18 足球烯与足球

1991 年日本 NEC 公司基础研究实验室的电子显微镜专家饭岛在高分辨透射电子显微镜下检验石墨电弧设备中产生的球状碳分子时,意外发现了由管状的同轴纳米管组成的碳分子,这就是现在被称作碳纳米管的"Carbon nanotube",简称为 CHTs,又名巴基管。碳纳米管是什么样子的呢？众所周知,石墨是层状结构,想象一下,把层状结构的石墨"揭皮"后卷起来成为管子,就是碳纳米管(图 6-19),CNTs 的抗拉强度可达到 50～200 GPa,是钢的 100 倍,而密度却只有钢的 1/6,它的弹性模量可达 1TPa,与金刚石的弹性模量相当,碳纳米管的结构虽然与高分子材料的结构相似,但其结构却比高分子材料稳定得多。碳纳米管是目前可制备出的具有最高比强度的材料。若将其他工程材料为基体与碳纳米管制成复合材料,可使复合材料表现出良好的强度、弹性、抗疲劳性及各向同性,给复合材料的性能带来极大的改善。因此近年来其发展的速度与应用进程非常快。

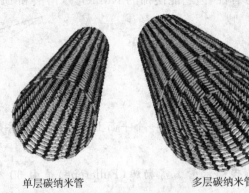

单层碳纳米管   多层碳纳米管

图 6-19 碳纳米管结构图

本章要求必须掌握的内容如下：

1. 苯的亲电取代反应(卤代、硝化、磺化、傅克反应)以及历程,必须明确每个反应中的亲电试剂($FeCl_3$—Cl、NO_2^+、SO_3、R^+)。

2. 苯环定位规律：供电子的活化基团的邻对位效应、吸电子基团的间位效应。

3. 萘环定位规律：供电子的活化基团的同环取代；吸电子基团的异环取代。

4. 利用休克尔规则判断环烯的芳香性。

1. 完成下列反应。

(1)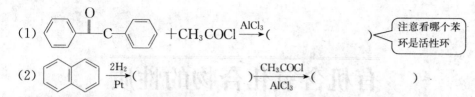

注意看哪个苯
环是活性环

(2)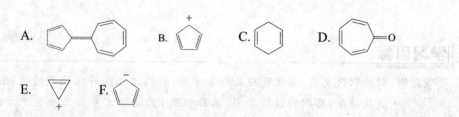

2. 判断下列化合物是否具有芳香性。

A.　　B.　　C.　　D.

E.　　F.

3. 推断题:分子式为 $C_{10}H_{14}$ 的芳烃 A,有五种可能的一溴取代物 $C_{10}H_{13}Br$。A 经氧化可得到酸性化合物 B,B 的分子式为 $C_8H_6O_4$。B 经一步硝化只得到一种硝化产物 $C_8H_5O_4NO_2$(C)。试推出 A、B、C 的结构。

氧化后分子增加了
4个O，说明是两
个烷基取代的苯

4. 以甲苯为原料合成邻硝基苯甲酸(可任选无机试剂)。

对位用磺酸定位才
能使硝基位于邻位

7

有机含氧化合物的性质

学习目标

要求掌握：醇的取代反应、氧化反应及制备方法；酚的工业生产方法及酸性；醚的合
成及性质；醛酮的亲核加成、选择性氧化、还原方法及工业生产方法；羧
酸的酸性及取代反应；羧酸衍生物的制备及性质

要求了解：油脂的性质、现代香料、循环催化

引 言

烃分子中氢被氧置换后的化合物称为有机含氧化合物，含氧化合物种类繁多，
数量更是庞大，远远超过前面各章涉及化合物的总和，与我们的生活息息相关：提
供我们能量的糖类化合物、组成身体架构的蛋白质、供我们穿着的棉毛丝麻皮、生
活必需品的家具、大部分的药物等都是有机含氧化合物。作为基础有机化学课
程，不可能面面俱到，本章主要介绍醇、酚、醚、醛、酮、羧酸及其衍生物等有机含氧
化合物，分别讨论其性质、制备及工业应用，同时对近年的工业技术进步也做了相
应的介绍。

I 醇、酚、醚的性质

7.1 醇的结构、性质及制备方法

7.1.1 醇的结构和分类

甲醇是最简单的醇，其结构如下：

—OH连接在饱和C上的化合物称为醇，C原子
上一般不能再连有其他吸电子原子；C和O都是
sp³杂化，但是O的4个sp³杂化轨道只能成两个
σ键，有两个sp³杂化轨道被电子对占据

其他醇的结构与之类似。

依据分子中含有的—OH 的数目,可分为:一元醇,如常见的甲醇、乙醇等;二元醇,如乙二醇(甘醇);三元醇,如甘油、三羟基丙烷;四元醇,如季戊四醇;多元醇等。

依据—OH 所连的 C 的种类又可分为伯醇、仲醇、叔醇。

$$RCH_2OH \qquad R_2CHOH \qquad R_3COH$$

$$\uparrow \qquad\qquad \uparrow \qquad\qquad \uparrow$$

伯醇 仲醇 叔醇

依据—OH 所连的烃基分为饱和醇和不饱和醇。

注意:—OH 和芳环相连不是醇而是酚,又属于另一类化合物。—OH 如果连接在双键 C 上会导致互变异构,酮式结构为主要成分。

烯醇式结构 酮式结构

7.1.2 醇的性质

1. 醇的物理性质

C1～C4 的醇有酒的味道,为可流动的液体;C5～C11 的醇有不愉快的味道,为油状液体;C12 以上的醇是固体,没有味道。

因分子间存在氢键,所以醇的沸点远远高于相对分子质量相近的烷烃,如甲醇(CH_3OH),$M=32$,b. p. = 64.8℃;乙烷(CH_3CH_3),$M=30$,b. p. = -88.6℃。

甲醇、乙醇、丙醇与水互溶,丁醇在水中的溶解度为 7.7%(质量比),随着相对分子质量的增大,溶解度变小,直到不溶解。分子中羟基越多,越容易溶解于水。

另外,饱和醇的密度小于 1.0,芳香醇大于 1.0。

自测题 7-1 将下列化合物按照沸点从高到低的顺序排列( )。

(1)3-己醇;(2)正己醇;(3)正辛醇;(4)2,2-二甲基丁醇;(5)正己烷

解题分析

碳的个数相同的醇的沸点远远高于烷烃,所以正己烷的沸点是最低的。碳的个数相同的醇,支链越多,沸点越低,所以 2,2-二甲基丁醇的沸点低于正己醇,正辛醇的相对分子质量最大,沸点最高。

答案 (3)>(2)>(1)>(4)>(5)

2. 醇的化学性质

依据醇的结构,醇的化学反应如下:

$$R-\overset{\alpha}{\underset{H}{C}}-\overset{\cdot\cdot}{\underset{}{O}}{-}H$$

碱性

涉及α-H 的反应

酸性

羟基被取代

(1) 醇的酸性

醇的酸性比水弱,pK_a(水)=15.7,pK_a(乙醇)= 15.9,它能与活泼金属(如钠、

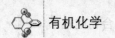

钾、镁、铝等)反应生成相应的醇金属化合物。

$$C_2H_5OH + Na \longrightarrow C_2H_5ONa + H_2$$

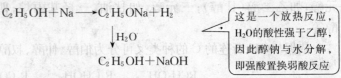

这是一个放热反应，H_2O的酸性强于乙醇，因此醇钠与水分解，即强酸置换弱酸反应

$$\downarrow H_2O$$

$$C_2H_5OH + NaOH$$

ROH 的反应活性顺序为：$CH_3OH > 1° > 2° > 3°$。

这是因为活性与酸性有关。由于 RO^- 是负离子，而烃基是供电子基团，继续给它供应负电荷，想象一下结果？(同性相斥！)因此，随烃基供电性的增强而酸性变差，反应活性减弱。

阅读材料： 工业上制备醇钠的方法。工业上根本不是用醇与钠反应制备醇钠，因为金属钠的价格远远高于烧碱($NaOH$)，而且二者反应非常危险，工业上用以下反应制备。

$$C_2H_5ONa + H_2O \rightleftharpoons C_2H_5OH + NaOH$$

为了使反应顺利进行，去除反应生成的水，可以加入苯，使其在反应温度下形成苯-乙醇-水三元恒沸物，将水不断带出体系。[恒沸物(b. p $= 68.85℃$)的组成：苯 74.1%、乙醇 18.5%、水 7.4%]。

(2) 醇的碱性

由于羟基氧原子上有孤电子对(sp^3 杂化轨道上)可以作为电子供体，因此醇是 Lewis 碱，能够与强酸生成锌盐。

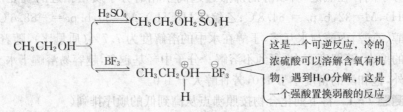

这是一个可逆反应，冷的浓硫酸可以溶解含氧有机物；遇到H_2O分解，这是一个强酸置换弱酸的反应

(3) 醇的取代反应

醇与 HX 反应得到 RX 卤代烃，是工业上制备 RX 的方法，即

$$R-OH + HX \rightleftharpoons R-\overset{+}{O}H_2 + X^- \longrightarrow R-X + H_2O$$

请看看1-溴丁烷的制备如何具体操作（参考相关实验教材）

RX 的活性顺序为：$HI > HBr > HCl \gg HF$

醇的活性顺序为：

$$CH_2=CHCH_2OH$$
$$\underset{\text{苯环}}{\bigcirc}-CH_2OH$$

$> 3° \; ROH > 2° \; ROH > 1° \; ROH$

S_N2，一般不重排

S_N1，有重排

上述反应可以方便地把 —OH 转化为 X。由于 HCl 活性相对较弱，因此需要加

入无水 ZnCl₂ 作为催化剂,这种试剂被称为**卢卡斯(Lucas)试剂**。

$$\text{OH} \xrightarrow[\text{ZnCl}_2]{\text{浓 HCl}} \text{Cl}$$

说明 卢卡斯试剂可用于鉴别醇类化合物。烯丙基醇、苄基醇、叔醇遇到卢卡斯试剂立刻变浑浊(原因是生成的 RCl 在水溶液中不溶解,形成类似牛奶的乳液);仲醇与卢卡斯试剂反应需要稍微加热,而伯醇需要加热并摇晃试管,且时间较长。

$$CH_3\text{—}\underset{\underset{CH_3}{|}}{\overset{\overset{CH_3}{|}}{C}}\text{—OH} + HCl \xrightarrow[\text{室温}]{\text{ZnCl}_2} CH_3\text{—}\underset{\underset{CH_3}{|}}{\overset{\overset{CH_3}{|}}{C}}\text{—Cl} \quad (\text{立即浑浊})$$

$$CH_3\underset{\underset{OH}{|}}{CH}CH_2CH_3 + HCl \xrightarrow{\text{ZnCl}_2} CH_3\underset{\underset{Cl}{|}}{CH}CH_2CH_3 \quad (\text{放置片刻才变浑浊})$$

$$CH_3CH_2CH_2CH_2OH + HCl \xrightarrow[\triangle]{\text{ZnCl}_2} CH_3CH_2CH_2CH_2Cl \quad (\text{室温下无变化,加热后反应})$$

实验室制备少量 RCl 可以使用 SOCl₂(二氯亚砜),反应式为:
$$CH_3CH_2CH_2CH_2OH + SOCl_2 \longrightarrow CH_3CH_2CH_2CH_2Cl + SO_2\uparrow + HCl\uparrow$$
该反应的副产物以气体的形式离开,产物处理简单,但是会严重污染环境。

工业上卤代烃的生产方法如下:
$$R\text{—OH} + PX_3(\text{或 }P+X_2) \longrightarrow RX + H_3PO_3(\text{不重排})$$
$$(X=Br、I)$$

RBr 与 RI 的制备相对简单,可以直接使用浓 HI。

$$CH_3CH_2CH_2CH_2OH + NaBr \xrightarrow{H_2SO_4} CH_3CH_2CH_2CH_2Br + Na_2SO_4$$

$$\text{OH} \xrightarrow{\text{浓 HI}} \text{I}$$

$$\text{⬡—OH} \xrightarrow{KI,H_3PO_4} \text{⬡—I}$$

细心的同学可能会注意到,这些例子都没有涉及叔醇,原因何在? 因为叔醇在酸性条件下易发生单分子反应,导致重排反应发生。

提示 回忆一下,C 正离子的稳定性次序是怎么样的?

$$\begin{array}{c} CH_2\text{=}CHCH_2^+ \\ \text{⬡—}CH_2^+ \end{array} > 3° > 2° > 1°$$

【例 7-1】 α-环戊基乙醇与 HBr 反应得到 1-甲基-2-溴环己烷,请解释机理。

解题分析

环的稳定性是六元环大于五元环,因此反应过程中发生了开环反应。

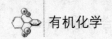 有机化学

六元环比五元环能量低，这是典型的热力学控制反应

自测题7-2 解释以下反应的历程。

解题分析

很显然，产物与原料相比，有一个甲基发生了迁移，这表明该反应历程涉及C正离子的重排。

答案

自测题7-3 当HBr水溶液与3-丁烯-2-醇反应时，不仅生成3-溴-1-丁烯，还生成1-溴-2-丁烯，试给出解释。

解题分析

首先写出原料、产物的结构式：

仔细看看，发现反应前后双键发生了位移

这种双键移位现象称为烯丙基重排。这是如何发生的呢？

羟基质子化　　　　脱水　　　　烯丙基正离子

HBr中质子H+首先向富电子的羟基进攻，这一步被称为质子化；质子化后，羟基成为带一个正电荷的水分子，水分子从碳上脱落，剩下的体系是一个烯丙基正离子，这是个共轭体系。Br可以向C1进攻得到1-溴-2-丁烯，也可以向C3进攻得到

3-溴-1-丁烯。有的同学可能有疑惑：为什么不向C2进攻呢？要记住：电子总是自发地配对成键。进攻C1和C3后，剩下的2个p电子配对成为π键，如果进攻C2，得到什么呢？两个p电子被隔离开，是个双自由基，超级不稳定。

伯醇反应一般是 S_N2 反应，基本上没有重排发生。所以工业上一般使用伯醇制备卤代烃，副产物少，处理工艺简单。

阅读材料： 醇的亲核取代反应比卤代烷困难，其原因在于醇羟基的碱性较强，是个"坏的"离去基团。实验研究表明，强酸的共轭碱（如 X— 是 HX 的共轭碱，TsO— 是 TsOH 的共轭碱）是非常好的离去基团，而 —NH₂、—OH、—OR 等弱酸的共轭碱是不好的离去基团，因此反应时需要把不好的离去基团转化为容易离去的基团。

$$CH_3CH_2CHCH_2CH_3 \underset{OH}{} + TsCl \xrightarrow[\text{吡啶}]{-HCl} CH_3CH_2CHCH_2CH_3 \underset{OTs}{} \xrightarrow[(CH_3)_2SO]{NaBr} CH_3CH_2CHCH_2CH_3 \underset{Br}{}$$

$$\left[Ts = \begin{array}{c} O \\ \| \\ S \\ \| \\ O \end{array} \right]$$

（4）醇与无机酸反应

醇可与 H_2SO_4、HNO_3、H_3PO_4 等无机含氧酸发生分子间脱水反应生成无机酸酯。

$$R—OH + \begin{cases} HOSO_2OH \longrightarrow R—OSO_2OH (ROSO_3H) \\ HONO_2 \longrightarrow R—ONO_2 \\ H_3PO_4 \longrightarrow ROPO_3H_2 \xrightarrow{ROH} (RO)_2PO_2H \end{cases}$$

硫酸二甲酯、硫酸二乙酯是重要的烷基化试剂。高级醇的酸性硫酸酯的钠盐是一种性能优良的阴离子表面活性剂，因此该反应在工业上有重要用途。

$$CH_3OH + H_2SO_4 \rightleftharpoons CH_3O-\overset{\overset{\displaystyle O}{\|}}{\underset{\underset{\displaystyle O}{\|}}{S}}-OH \xrightarrow{\text{减压蒸馏}} CH_3O-\overset{\overset{\displaystyle O}{\|}}{\underset{\underset{\displaystyle O}{\|}}{S}}-OCH_3$$

硫酸氢甲酯 　　　　　硫酸二甲酯
简写成 $(CH_3O)_2SO_2$ 或 $(CH_3)_2SO_4$

> 硫酸二甲酯有剧毒，一旦泄漏应立刻用碱处理

甘油硝化制备炸药硝化甘油，是人类第一次大规模使用的合成炸药。

$$\begin{array}{c} CH_2—OH \\ | \\ CH—OH \\ | \\ CH_2—OH \end{array} + 3HNO_3 \xrightarrow[100℃]{H_2SO_4} \begin{array}{c} CH_2—ONO_2 \\ | \\ CH—ONO_2 \\ | \\ CH_2—ONO_2 \end{array}$$

> 不仅可以做炸药，还可以缓解心绞痛

磷酸酯是重要的农药，可通过以下反应制得。

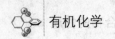
$$3C_4H_9OH + POCl_3 \xrightarrow{\text{吡啶}} (C_4H_9O)_3PO + 3HCl$$

（5）醇的脱水反应

依据条件不同，醇可以分子内脱水，也可以分子间脱水。

> 分子内脱水所需要的温度较高

$$CH_3CH_2OH \xrightarrow{H_2SO_4} \begin{cases} \xrightarrow{<100℃} CH_3CH_2OSO_3H \quad \text{硫酸氢乙酯} \\ \xrightarrow{140℃} (CH_3CH_2)_2O \quad \text{乙醚} \\ \xrightarrow{170℃} CH_2{=}CH_2 \quad \text{乙烯} \end{cases} \Big\} \text{脱水}$$

利用醇脱水反应合成单醚的反应为：

$$2R{-}OH \xrightarrow[140℃]{H^+} R{-}O{-}R + H_2O$$

单醚

$1° ROH$ 为佳（S_N2 反应）

也可以合成混醚，即

$$(CH_3)_3C{-}OH + CH_3OH \xrightarrow{H^+} (CH_3)_3C{-}O{-}CH_3 (S_N1 \text{反应})$$

说明 甲基叔丁基醚（MTBE，methyl tert-butyl ether）为无色透明、黏度低的可挥发性液体，具有特殊气味，是一种优良的高辛烷值汽油添加剂和抗爆剂，辛烷值为 117。生产原料为炼厂气中的异丁烯和甲醇，催化剂为强酸性阳离子交换树脂，反应原理是在催化剂作用下，异丁烯与甲醇进行合成醚化反应而得到产品。

醇脱水反应的活性顺序为：

$$\underbrace{3° ROH > 2° ROH}_{E1, \text{有重排}} > \underbrace{1° ROH}_{E2}$$

大多数醇在质子酸的催化下加热，则发生分子内脱水，且主要是按 E1 机理进行的，分子内脱水符合查氏规律（Saytzeff 规则），即从含 H 较少的 β-C 原子上消除 H，得到含支链多的烯烃。

> 一般不使用有氧化性的浓硫酸

由于是 E1 反应，反应中间体为碳正离子，可能发生重排，再按查氏规则脱去一个 β-H 而生成烯烃。如：

工业上用 Al_2O_3 作催化剂时，醇在高温气相条件下脱水，不发生重排反应。

$$CH_3-\underset{\underset{CH_3}{|}}{\overset{\overset{CH_3}{|}}{C}}-\underset{\underset{OH}{|}}{CH}-CH_3 \xrightarrow[\text{气相,高温}]{Al_2O_3} CH_3-\underset{\underset{CH_3}{|}}{\overset{\overset{CH_3}{|}}{C}}-CH=CH_3 +H_2O$$

（主要产物）

自测题 7-4 选择或填空。

（1）区别伯、仲、叔醇，可以选用下列试剂中的（　　）。

A. $AgNO_3$ 的醇溶液　　　　　　　　B. Tollens 试剂

C. 无水 $ZnCl_2$/HCl　　　　　　　　D. 与不同浓度的 H_2SO_4 反应

（2）不对称的仲醇和叔醇进行分子内脱水时，消除的取向应遵循（　　）。

A. 马氏规则　　　B. 次序规则　　　C. 查氏规则　　　D. 醇的活性次序

（3）下列一组醇中脱水成烯烃，反应速度最快的是（　　）。［考虑共轭体系的稳定性］

A. ⬠—CH_2OH　　　　B. ⬠(CH_2OH)　　　　C. ⬠—CH_2OH

（4）比较下列化合物的在水中的溶解度大小，正确的排序是（　　）。

A. 乙醚　　　　B. 丁醇　　　　C. 乙醇　　　　D. 丁烷

答案　（1）C；（2）C；（3）B；（4）C＞B＞A＞D

自测题 7-5 完成下列反应。

（1）$C_6H_5CH_2\underset{\underset{OH}{|}}{CH}CH(CH_3)_2 \xrightarrow[\triangle]{H^+}$（　　　　）［考虑共轭体系的稳定性］

（2）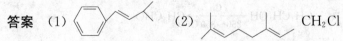$CH_2OH+PCl_3 \longrightarrow$（　　　　）

提示　考虑共轭效应，双键与苯环的 π－π 稳定。

答案　（1）⬡—$CH=CH-CH_3$（2）＝CH_2Cl

（6）醇分子中的 α－H 反应

由于受—OH 的影响，醇分子中的 α－H 比较活泼，容易氧化或脱氢。常用的氧化剂有：$K_2Cr_2O_7$－H_2SO_4，CrO_3－HOAc，$KMnO_4$ 等。

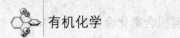

① $1° \ ROH \xrightarrow{[O]} RCHO \xrightarrow{[O]} RCOOH$

② $2° \ ROH \xrightarrow{[O]} RCOR'$

③ $3° \ ROH$ 因无 $\alpha - H$，难以被氧化，若在强烈条件下氧化，碳链将断裂。

伯醇氧化成醛，醛更易氧化成酸，导致收率低下，而仲醇就没有这个问题。

$$CH_3CH_2CH_2CH_2OH \xrightarrow[\triangle]{K_2Cr_2O_7/稀\ H_2SO_4} CH_3CH_2CH_2CHO$$
$$50\%$$

$$\underset{OH}{CH_3CH(CH_2)_3CH_3} \xrightarrow[\triangle]{K_2Cr_2O_7/稀\ H_2SO_4} \underset{O}{CH_3C(CH_2)_3CH_3}$$
$$96\%$$

因此，必须降低氧化剂的氧化能力才能控制氧化反应，以较高的收率得到醛。常用的选择性氧化剂有：吡啶和 CrO_3 在盐酸溶液中的络合盐，即 PCC(pyridinium chlorochromate)氧化剂。由于其中的吡啶是碱性的，因此，对于在酸性介质中不稳定的醇类氧化成醛(或酮)时，不但产率高，且不影响分子中 C≡C、C≡O、C≡N 等不饱和键的存在。

$$C_6H_5CH=CHCH_2OH \xrightarrow[CH_2Cl_2]{CrO_3-C_5H_5N} C_6H_5CH=CHCHO$$
$$85\%$$

活性 MnO_2 氧化剂对活泼的烯丙位醇具有很好的氧化选择性。

$$CH_3CH=CHCH=\underset{CH_3}{\overset{CH_3}{C}}-CHCH_2OH \xrightarrow[CH_2Cl_2]{MnO_2} CH_3CH=CHCH=\underset{CH_3}{\overset{CH_3}{C}}=CHCHO$$

欧芬脑尔(Oppenauer)氧化。异丙醇铝与丙酮、异丙醇的催化体系。

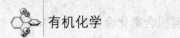

这是一个可逆反应，想想如何控制反应向右移动？除了丙酮过量，还有没有其他方法？该反应在精细化工上应用举例：合成紫罗兰酮。

极大过量　　　　　α-紫罗兰酮

工业上使用伯醇或仲醇的蒸气在高温下通过活性 Cu(或 Ag、Ni 等)催化剂，脱氢生成醛或酮，这是催化氢化的逆过程。

$$CH_3CH_2OH \xrightarrow[250\sim350℃]{Cu} CH_3CHO$$

琼斯(Jones)试剂是 CrO_3/稀 H_2SO_4 溶液，由于六价的 Cr 是橙色，三价的 Cr 是蓝绿色，现象明显，所示可用于伯醇、仲醇与烯烃、炔烃的区别，后者不与琼斯试剂作用。

$$R-\underset{\underset{OH}{|}}{CH}-R' + Cr^{6+}（橙色）\longrightarrow R-\underset{\underset{O}{\|}}{C}-R' + Cr^{3+}（蓝绿色）$$ 最简单的酒精测试

7.2　醇的制备

乙醇主要依靠粮食发酵制备,或者利用乙烯的水合制备。

烯丙基醇(或苄醇)用烯丙基卤(或苄基卤)水解制取相应的醇,如:

$$\bigcirc-CH_2Cl \xrightarrow{NaOH} \bigcirc-CH_2OH$$

$$CH_2=CHCH_2Cl \xrightarrow{Na_2CO_3} CH_2=CHCH_2-OH$$

格氏试剂与醛酮反应可制备以下几种结构的醇:

$$HCHO \longrightarrow RCH_2OMgX \xrightarrow{H_2O} RCH_2OH \quad 增加一个C伯醇$$

$$H_2C\!\!-\!\!CH_2 \longrightarrow RCH_2CH_2OMgX \xrightarrow{H_2O} RCH_2CH_2OH \quad 增加两个C伯醇$$

R-MgX+

$$R'CHO \longrightarrow \underset{\underset{R}{|}}{R'CHOMgX} \xrightarrow{H_2O} \underset{\underset{R}{|}}{R'CHOH} \quad 仲醇$$

$$\underset{\underset{R'}{|}}{R'C}=O \longrightarrow R'-\underset{\underset{R'}{|}}{\overset{R}{C}}-OMgX \xrightarrow{H_2O} R'-\underset{\underset{OH}{|}}{\overset{R}{C}}-R' \quad 叔醇$$

高级醇可由羰基化合物还原得到,如:

$$RCHO+H_2 \xrightarrow{催化剂} RCH_2OH \quad 伯醇$$

$$\underset{\underset{R'}{|}}{RC}=O + H_2 \xrightarrow{催化剂} \underset{\underset{R'}{|}}{RCHOH} \quad 二级醇$$

多元醇一般指分子中含有两个以上羟基的醇。其中乙二醇主要是用以乙烯为原料生产的方法得到的。

$$CH_2=CH_2 \begin{cases} \xrightarrow[78\sim80℃]{Cl_2,H_2O} \overset{Cl}{\diagup}\overset{OH}{\diagdown} \xrightarrow{NaHCO_3} \\ \\ \xrightarrow[250\sim280℃]{Ag} \overset{}{\underset{O}{\triangle}} \xrightarrow{H_3O^+} \end{cases} HO\diagdown\diagup OH$$

甘油除了制皂工业作为副产物生产以外,现代工业都是用丙烯制备的。

$$CH_3-CH=CH_2 \xrightarrow{Cl_2} \diagdown\diagdown Cl \xrightarrow[H_2O]{Cl_2} Cl\diagdown\underset{\overset{|}{OH}}{\diagup}\diagdown Cl$$

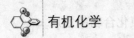

$$\xrightarrow{Ca(OH)_2} \underset{O}{\triangle}\!-\!Cl \xrightarrow{Na_2CO_3} HO\!-\!\overset{OH}{\underset{\ }{\diagup}}\!-\!OH$$

7.3 补充材料：醇的当代工业的合成方法

1. 氢甲酰化(Hydroformylation Oxo Reaction)

1935 年，Otto Rolen 发现烯同合成气(CO 和 H_2)生成饱和醛的反应，在工业界，这个反应称为 Oxo 反应，由此过程生产的醇称为 Oxo 醇。

$$\underset{\diagup}{\overset{\diagdown}{C}}\!=\!\underset{\diagup}{\overset{\diagdown}{C}} +CO+H_2 \longrightarrow H\!-\!\overset{|}{\underset{|}{C}}\!-\!\overset{|}{\underset{|}{C}}\!-\!CHO$$

使用该反应生产丁醇，年产量可达到 600 万吨。

$$H_3C\!-\!CH\!=\!CH_2 \xrightarrow[\text{催化剂}]{CO/H_2} CH_3CH_2CHO \xrightarrow{H_2} CH_3CH_2CH_2CH_2OH$$

2. Reppe 反应(瑞普反应)

W. Reppe 于 1938—1945 年开发，用烯、炔、醇、醚、酯等与亲核试剂 HY 反应(HY 可为 H_2O、NH_3、RNH_2、RSH 和 $RCOOH$ 等)，由于产物为比原料多一个碳的醇，$C\!=\!C$ 的一端加一个氢，另一端加一个羟甲基，故称为氢羟甲基化反应(Hydrohydroxymethylation)。例如：

$$RCH\!=\!CH_2 \xrightarrow[Fe(CO)_5/NR_3]{CO/H_2O} RCH_2CH_2CH_2OH$$

阅读材料：硫醇的制备与性质。—SH 叫做硫氢基或巯基。可以看做是分子中的—OH 被—SH 取代。相对分子质量较低的硫醇有毒，并有难闻的臭味，是空气中臭气的主要成分。其水溶性比相应的醇低得多，沸点也比相应的醇低得多，而与相对分子质量相当的硫醚相近。硫醇在医学上被用来络合重金属，治疗重金属中毒，反应如下：

$$2CH_2CHCH_2 \atop \underset{SH}{\overset{SH\quad OH}{\ }} +Hg^{2+} \longrightarrow$$

近些年，儿童铅中毒时有发生，一旦确认是严重的铅中毒，就必须使用药物治疗。人体内的重金属被硫醇络合后形成不溶解的固体，通过胆汁排放到消化系统，最终排出体外，从而达到去除铅的目的。

硫醇的制备方法如下：

$$RX \quad + \quad KSH \longrightarrow RSH \quad + \quad KX$$

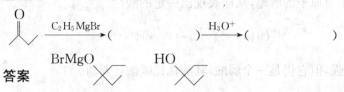

自测题 7-6 完成下述反应。

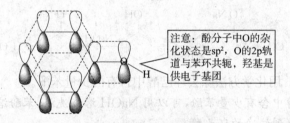

答案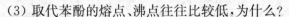

7.4 酚的性质

7.4.1 酚的结构与物理性质

酚是指羟基(—OH)与苯环直接相连的化合物,通式为 Ar–OH。

注意:酚分子中O的杂化状态是sp²,O的2p轨道与苯环共轭,羟基是供电子基团

图 7-1 苯酚的共轭结构

酚大多为固体,分子间氢键作用导致其沸点升高。酚容易被氧化,在空气中缓慢地变为红色,最终被氧化为苯醌。

自测题 7-7 填空判断题。

(1) 下列化合物中可以形成分子内氢键以及分子间氢键的分别是(　　)。

①对硝基苯酚　②邻硝基苯酚　③邻甲苯酚　④邻氟苯酚

A. 分子内氢键②,④;分子间氢键①,③

B. 分子内氢键①,③;分子间氢键②,④

解题分析

氢键一般在 O—H,F—H,N—H 间产生。苯环的邻位之间能够产生分子内氢键,形成螯合物。互为间位与对位的基团受位阻影响,不能形成分子内氢键。

答案 A

(2) 比较邻硝基苯酚与对硝基苯酚的沸点高低。

提示 形成分子内氢键的分子,分子间氢键就会减少,导致沸点降低。因此,邻硝基苯酚沸点低,可以通过水汽蒸馏法分离。

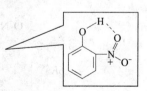

(3) 取代苯酚的熔点、沸点往往比较低,为什么?

提示 体积增大,导致分子间距离增大,氢键减弱。

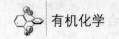

7.4.2 酚的化学性质

1. 酚的酸性

p,π-共轭效应和氧原子的 I 效应的共同作用,必然导致 O—H 键之间的电子更偏向于氧,这就有利于氢原子的解离,从而表现出一定的酸性。

$$\text{（苯酚）—OH} \rightleftharpoons \text{（苯酚）—O}^- + \text{H}^+$$

苯酚的酸性比醇强,但它仍是一个弱酸,其酸性比碳酸还要弱。

	C_6H_5OH	CH_3OH	CH_3CH_2OH	H_2CO_3
pK_a	10.00	15.50	17.00	6.18

因此,CO_2 可以置换苯酚,反过来则不行。利用该性质可以进行苯酚的分离和提纯。先用 NaOH 溶液溶解酚类化合物,然后过滤除去不溶的杂质,在滤液里通入 CO_2,酚钠转化为苯酚,由于溶解度小而析出,再次过滤就可以得到较为纯净的苯酚产品。

$$\text{H}_2\text{CO}_3 + \text{（苯酚）—ONa} \xrightarrow[\text{不反应}]{\text{NaHCO}_3} \text{（苯酚）—OH} \xrightarrow{\text{NaOH}} \text{（苯酚）—ONa} + \text{H}_2\text{O}$$

自测题 7-8 用化学方法除去环己醇中含有的少量苯酚。

提示 环己醇中含有少量苯酚,可以用 NaOH 溶液洗涤,苯酚溶解在水相中,分离液除去水相即得到纯净的环己醇。

$$\left.\begin{array}{c}\text{（苯酚）—OH}\\ \text{（环己醇）—OH}\end{array}\right\} \xrightarrow{\text{NaOH}} \left\{\begin{array}{l}\text{水层} \xrightarrow{\text{通入 CO}_2} \text{（苯酚）—OH}\\ \text{有机层 （环己醇）—OH}\end{array}\right.$$

2. 苯环上取代基对酚酸性的影响

酚羟基的邻位、对位连有供电子基时将使酸性降低,供电子基数目越多,酸性越弱。相反,吸电子基团使酸性增大。

pK_a	10.26	9.98	7.23	8.40

pK_a	7.15	4.00	0.71

注意:一取代的硝基位置不同,导致酸性增强效果也不一样。对位最强,邻位次之,间位最弱。这是因为,当吸电子基处于间位时,由于它们之间只存在诱导效应的影响,而不存在共轭效应,因此酸性的增加并不明显。

3. 酚的成醚反应

与醇相似,酚也可以成醚,但与醇又有不同之处,即酚不能分子间脱水生成醚。制备烷基芳基醚可通过 Willamson 法得以实现。一般是通过芳氧负离子与卤代烃及其衍生物或硫酸酯经 S_N2 反应完成的。如:

$$\text{C}_6\text{H}_5\text{—OH} + \text{CH}_3\text{Br} \xrightarrow{\text{OH}^-} \text{C}_6\text{H}_5\text{—O—}$$

由于溴甲烷价格比较贵,工业上常使用价格低廉的硫酸二甲酯作为甲基化试剂制备芳基醚。

$$\text{C}_6\text{H}_5\text{—OH} + \text{CH}_3\text{O—SO}_2\text{—OCH}_3 \xrightarrow{\text{OH}^-} \text{C}_6\text{H}_5\text{—O—}$$

其中,二苯醚的制备比较困难。

$$\text{C}_6\text{H}_5\text{—OK} + \text{C}_6\text{H}_5\text{—Br} \xrightarrow[220\text{℃}]{\text{Cu}} \text{C}_6\text{H}_5\text{—O—C}_6\text{H}_5$$

烯丙基类的苯酚醚加热时发生重排,生成邻烯丙基苯酚(或其他取代苯酚),该反应称为 Claisen 重排。

$$\xrightarrow{200\text{℃}}$$

反应历程:协同反应,类似于 D—A 反应。若两个邻位已有取代基,则重排到对位。

4. 酚的成酯反应

制备酚酯需在酸、碱条件下,使酚与反应活性较高的酰卤或酸酐作用,如:

$$+\text{CH}_3\text{COCl} \xrightarrow{\text{吡啶}}$$

该反应成就了人类医药史上的伟大发现——阿司匹林,拜耳公司的产品。

$$+(\text{CH}_3\text{CO})_2\text{O} \xrightarrow{\text{浓 H}_2\text{SO}_4} \text{阿司匹林} +\text{CH}_3\text{COOH}$$

酚酯加热时发生 Fries 重排,酰基移位到酚羟基的对位或者邻位。

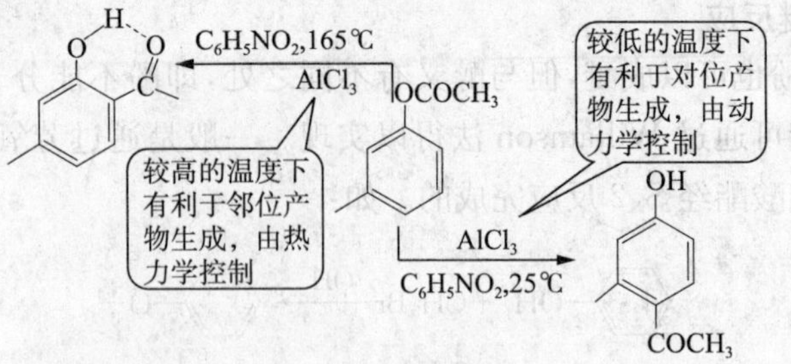

5. 酚与 FeCl₃ 的显色反应

酚与其他具有烯醇式结构的化合物类似,可与 $FeCl_3$ 溶液发生颜色反应,生成络合物。

$$6ArOH + FeCl_3 \longrightarrow [Fe(OAr)_6]^{3-} + 6HCl$$

请注意,不同结构的酚与 $FeCl_3$ 溶液发生反应,其颜色是不同的,见表 7-1。

表 7-1　不同结构的酚与 $FeCl_3$ 反应的颜色

化合物	生成的颜色	化合物	生成的颜色
苯酚	紫	间苯二酚	紫
邻甲苯酚	蓝	对苯二酚	暗绿色(结晶)
间甲苯酚	蓝	1,2,3-苯三酚	淡棕红色
对甲苯酚	蓝	1,3,5-苯三酚	紫色(沉淀)
邻苯二酚	绿	α-萘酚	紫色(沉淀)

自测题 7-9　选择或填空。

(1) 将下列化合物按沸点高低的顺序排列( )。

A. 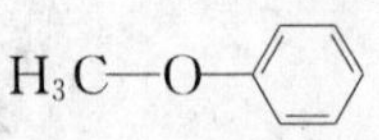 $H_3C-O-\phenyl$　　　B. 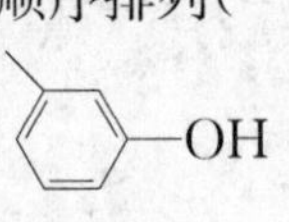 $\phenyl-OH$ (间位)　　　C. 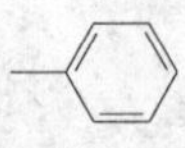 $\phenyl$

(2) 下列化合物中酸性最强的化合物是( )。

> 吸电子基有利于增强酸性

A. 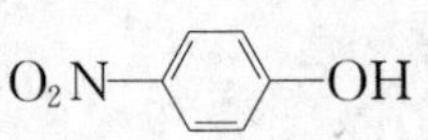 $O_2N-\phenyl-OH$　　　　　B. 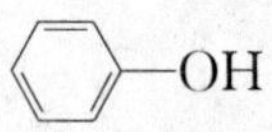 $\phenyl-OH$

C. 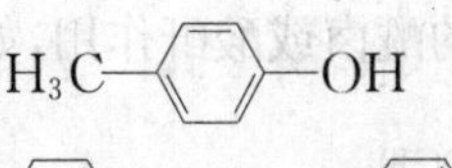 $H_3C-\phenyl-OH$　　　　D. 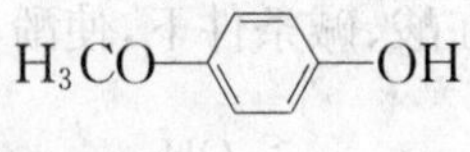 $H_3CO-\phenyl-OH$

(3) 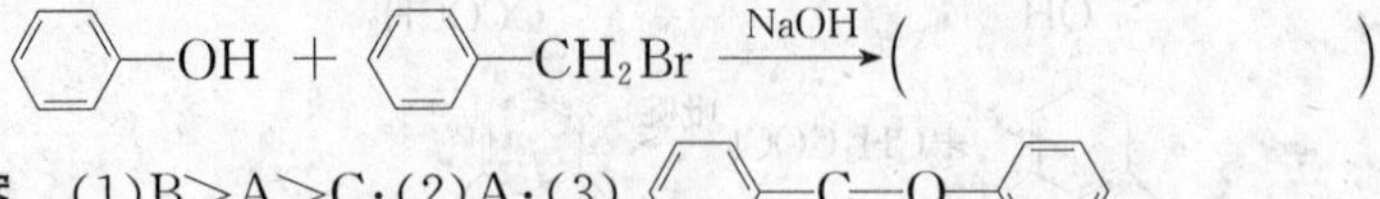 $\phenyl-OH + \phenyl-CH_2Br \xrightarrow{NaOH} ($ 　　　　　 $)$

答案　(1)B>A>C;(2)A;(3) $\phenyl-C-O-\phenyl$

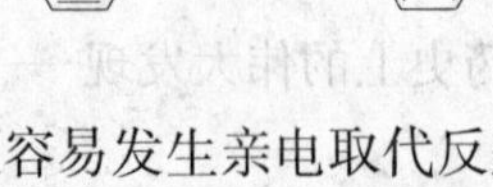

6. 酚羟基对苯环的影响

—OH 是个活化基团,使苯环更容易发生亲电取代反应。

> 要得到单取代产物,必须使用非极性溶剂低温反应

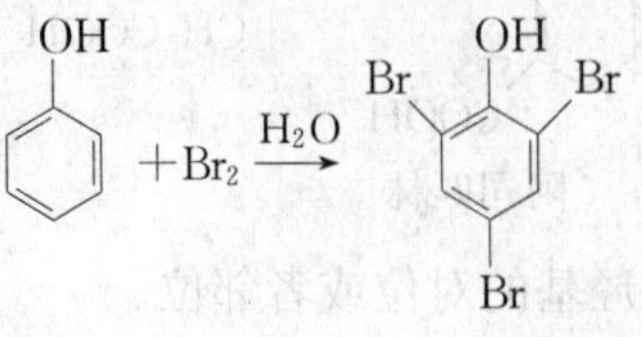

(白色沉淀,定量反应可以用于酚的定量分析)

因为浓硝酸有氧化性,因此酚只能使用 20% HNO_3 在室温下反应,如:

水汽蒸馏把邻位产物蒸出

分子内氢键沸点低　分子间氢键沸点高

与苯类似,磺化反应产物受反应温度控制,如:

| | 20℃ | 49% | 51% |
| | 100℃ | 10% | 90% |

分子的能量低,稳定

苯酚非常容易与醇或者烯烃进行傅克烷基化反应,得到抗氧剂,如:

及时捕捉自由基,控制链式反应进行,因此被应用于高分子材料的抗老剂

酚很容易与羰基化合物进行缩合反应,得到一系列树脂材料,如双酚A:

类雌激素,使男婴女性化,女婴性早熟,禁止使用在婴儿制品中

酚可与甲醛反应制备酚醛树脂,如:

1872年德国化学家拜尔首先合成该化合物,1907年美国人贝克兰实现工业化,主要用于制造各种塑料、涂料、胶黏剂及合成纤维等,但这些物质会缓慢释放甲醛,危害环境和人体健康

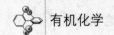

7.4.3　酚的制备方法

磺化碱熔法主要用于合成萘酚。

$$\text{萘} \xrightarrow[60℃]{H_2SO_4} \text{（1-HO}_3\text{S-萘）} \xrightarrow[\text{中和}]{Na_2CO_3} \text{（1-NaO}_3\text{S-萘）} \xrightarrow[>300℃（熔融）]{NaOH} \text{（1-ONa-萘）} \xrightarrow{H^+} \text{（1-OH-萘）}$$

$$\xrightarrow[165℃]{H_2SO_4} \text{（2-SO}_3\text{H-萘）} \xrightarrow[\text{中和}]{Na_2CO_3} \text{（2-SO}_3\text{Na-萘）} \xrightarrow[>300℃（熔融）]{NaOH} \text{（2-ONa-萘）} \xrightarrow{H^+} \text{（2-OH-萘）}$$

异丙苯氧化法是目前工业上合成苯酚的常用方法,因其原料廉价,可连续化生产,副产物丙酮也是重要的工业原料,故此法在工业上还用来制备 2-萘酚和间甲苯酚。

$$\text{苯} \xrightarrow[H^+]{CH_3CH=CH_2} \text{（异丙苯）} \xrightarrow[\substack{\text{过氧化物}\\110\sim120℃}]{O_2} \text{（}C_6H_5C(CH_3)_2\text{O—O—H）} \xrightarrow[H^+]{H_2O} \text{（苯酚）} + CH_3COCH_3$$

7.5　醚的结构与性质

醚可以看作水分子中的两个氢原子都被烃基取代所形成的衍生物。通式为 $Ar\!-\!O\!-\!Ar$, $R\!-\!O\!-\!R$, $R\!-\!O\!-\!R'$ 或 $Ar\!-\!O\!-\!R$。

醚的物理性质有:大多数醚为易燃液体,沸点比相对分子质量相近的醇要低得多(为什么?);醚在水中的溶解度与同碳数的醇相近(为什么 THF 溶解性好?);醚是弱极性分子,是良好的有机溶剂。

7.5.1　生成𬭸盐

醚类化合物对氧化剂、还原剂、碱等非常稳定,与醇相似,在酸中会形成𬭸盐,如:

$$R\!-\!\ddot{O}\!-\!R + HCl \longrightarrow \left[\begin{matrix} R\!-\!\overset{..}{O}\!-\!R \\ | \\ H \end{matrix} \right]^{+} Cl^{-}$$

$$R\!-\!\ddot{O}\!-\!R + H_2SO_4 \longrightarrow \left[\begin{matrix} R\!-\!\overset{..}{O}\!-\!R \\ | \\ H \end{matrix} \right]^{+} HSO_4^{-}$$

𬭸盐是一种弱碱强酸盐,仅在浓酸中稳定,遇水分解,醚即重新析出。醚还可以和 Lewis 酸(如 BF_3, $AlCl_3$ 等)生成𬭸盐。

$$R\!-\!\ddot{O}\!-\!R + BF_3 \longrightarrow \begin{matrix} R \\ | \\ O\!\rightarrow\!BF_3 \\ | \\ R \end{matrix}$$

7.5.2 使用浓 HI 断裂醚键

$$H_3CH_2C-O-CH_2CH_3 + HI \longrightarrow \left[H_3CH_2O-\overset{\cdot\cdot}{O}-CH_2CH_3 \right]^+ I^- \longrightarrow CH_3CH_2I + CH_3CH_2OH$$

当体系中 HI 过量时,最终产物都是碘乙烷。茴香醚的断裂产物是碘甲烷和苯酚,该反应常常用来保护酚羟基。

$$\xrightarrow[120\sim130℃]{57\%\ HI} + CH_3I$$

阅读材料:醚的过氧化物检测以及去除。

醚的氧化剂是稳定的,但醚放置时间久了,会被空气缓慢氧化,生成过氧化物。这种过氧化物非常不稳定,常常在没有任何先兆的情况下爆炸,造成严重的后果,因此使用之前必须检测有无过氧化物存在。

检测方法一:将硫酸亚铁和硫氰化钾(KCNS)混合溶液与醚振荡,如有过氧化物存在,会将亚铁离子氧化成铁离子,后者与 SCN^- 作用生成血红色的络离子:

$$过氧化物 + Fe^{2+} \longrightarrow Fe^{3+} \xrightarrow{SCN^-} Fe(SCN)_6^{3-}$$

检测方法二:用淀粉-碘化钾试纸检验,若试纸显紫色,则证明有过氧化物存在(KI 被氧化成 I_2,I_2 遇到淀粉变蓝紫色)。

过氧化物的去除方法:贮藏时,可在醚中加入少许金属钠或铁屑,以避免过氧化物形成;在蒸馏以前,加入适量 5% 的 $FeSO_4$ 于醚中并摇动,使过氧化物分解。

7.5.3 环醚的性质

常见的环醚主要是环氧烷,在酸催化下发生开环反应,亲核试剂进攻取代基多的碳原子。

碱性催化下亲核试剂进攻取代基少的碳原子。原因何在？请考虑空间效应的影响,进攻取代基少的碳原子,意味着空间位阻小。

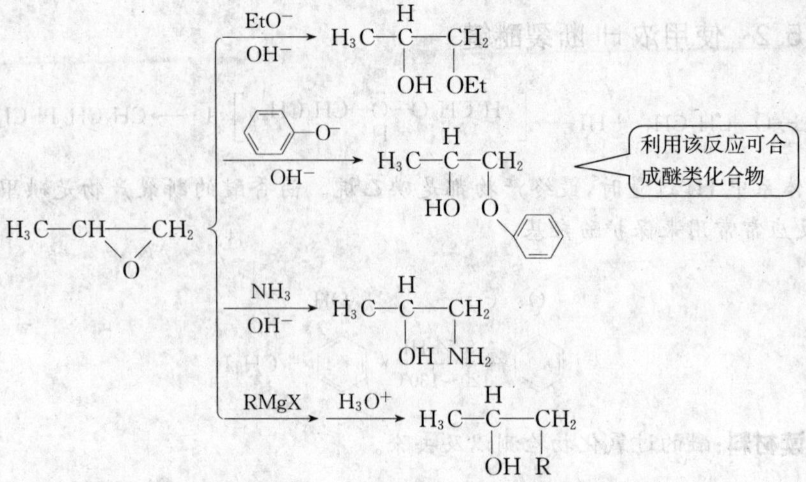

利用该反应可合成醚类化合物

【补充材料】 硫醚。硫醚非常臭,ppm级别的浓度人体就会有所知觉,因此常常加在天然气、液化气中,提醒人们气体泄漏。制备方法是硫醇在碱性条件下与卤代烃反应:

$$CH_3CH_2SH + BrCH_2CH_2CH_2CH_3 \xrightarrow{NaOH} CH_3CH_2SCH_2CH_2CH_2CH_3$$

自测题 7 - 10 下列物质中碱性最强的是( )。

A.

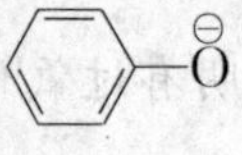

B. $CH_3CH_2CH_2CH_2O^{\ominus}$

C. $(CH_3)_3CO^{\ominus}$

加上质子比较酸性,然后反过来就是碱性大小。

答案　C

Ⅱ　醛、酮、羧酸及其衍生物的性质

7.6　醛、酮的性质

7.6.1　醛、酮的结构与物理性质

醛和酮的分子都含有一个共同的官能团羰基,故可统称为羰基化合物。

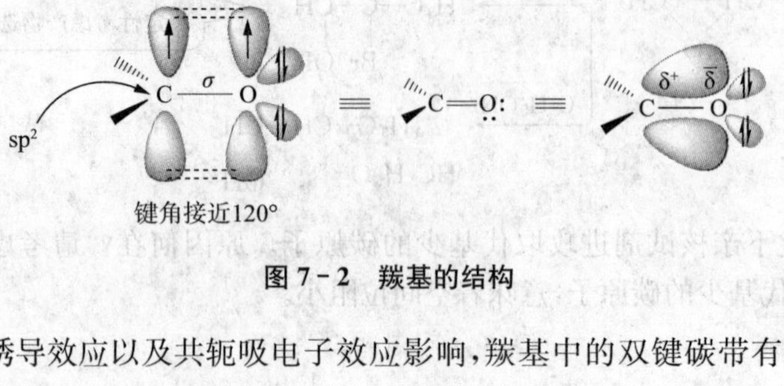

键角接近120°

图 7 - 2　羰基的结构

受O的诱导效应以及共轭吸电子效应影响,羰基中的双键碳带有正电荷,O带有部分负电荷。

醛、酮的物理性质:低级的醛、酮在水中溶解,随着相对分子质量的增加,溶解度

变小。低级的醛、酮有刺激性味道,中级的醛和酮可以做香料。

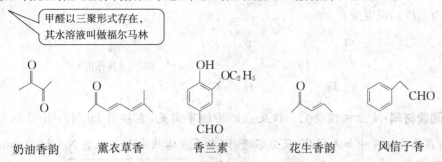

甲醛以三聚形式存在,
其水溶液叫做福尔马林

| 奶油香韵 | 薰衣草香 | 香兰素 | 花生香韵 | 风信子香 |

IR 谱:C=O 的伸缩振动吸收峰在 1 850～1 700 cm^{-1}。若羰基与双键处于共轭体系,其吸收峰将向低波数区移动。醛基的 C—H 在～2 720 cm^{-1} 处有中等强度的吸收峰,可用于—CHO 的鉴别。苯乙酮的 IR 谱见图 7 - 3。

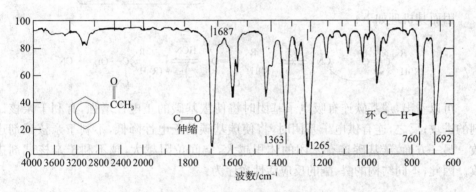

图 7 - 3 苯乙酮的红外谱图

^{1}H NMR 谱:醛基质子特征吸收峰的化学位移值 $\delta=9\sim10$,以此可鉴别—CHO 的存在。与其他吸电子基一样,羰基对与其直接相连的 α - C 上的质子也产生一定的去屏蔽效应,其化学位移值将移向高场区,化学位移值 $\delta=2.0\sim2.5$。

7.6.2 醛、酮的化学性质

从醛、酮的结构可以看出,醛、酮能够发生的主要的化学反应如图 7 - 4 所示。

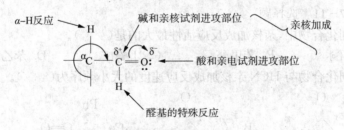

图 7 - 4 醛、酮的化学反应关系图

1. 醛、酮的可逆亲核加成反应

$$\underset{\delta^+}{C}=\underset{\delta^-}{O} \ + \ A:B \ \xrightarrow{慢} \ \underset{B}{C}-O^- \ \xrightarrow[快]{A^+} \ \underset{B}{C}-OA$$

（1）决定反应速度的关键步骤是第一步，是由亲核试剂 B⁻ 进攻羰基碳引起的，故称为亲核加成反应。

$$\underset{R}{\overset{O}{\underset{H}{\parallel}}}C +HCN \rightleftharpoons \underset{H}{\overset{R}{\underset{CN}{\underset{}{C}}}}\overset{OH}{} \qquad \alpha\text{-羟基腈（又称氰醇）}$$

阅读材料：反应机理研究。该反应的实验事实是，直接用 HCN，4 h 后收率为 50%；在反应体系中加入强酸，反应不进行；在反应体系中加入几滴 NaOH，2 min 反应全部完成。

> 注意：HCN有剧毒！实验结果表明，起决定作用的是CN⁻的浓度，所以碱性条件有利于反应进行

因而其机理如下：

$$\underset{(R')H}{\overset{R}{C}}\overset{\delta^+ \quad \delta^-}{=O} + CN^- \xrightarrow{慢} \underset{(R')H}{\overset{R}{\underset{CN}{C}}}-\overset{..}{O}^- \underset{快}{\overset{HCN}{\rightleftharpoons}} \underset{(R')H}{\overset{R}{\underset{CN}{C}}}-OH + CN^-$$

可以看出，羰基碳连有吸电子基团时将使羰基碳的正电性增强，有利于亲核试剂的进攻；反之，连有供电子基团时，将使羰基碳的正电性降低，不利于亲核试剂进攻。另一方面，羰基碳连有基团的体积越大，空间位阻越大，越不利于亲核试剂进攻。因此，不同结构的醛、酮的反应活性次序为：

$$\underset{H}{\overset{Cl_3C}{C}}=O > \underset{H}{\overset{H}{C}}=O > \underset{H}{\overset{R}{C}}=O > \underset{H}{\overset{R}{C}}=O > \underset{H}{\overset{Ar}{C}}=O > \overset{}{C}=O$$

$$> \underset{}{\overset{}{\bigcirc}}=O > \underset{R}{\overset{R}{C}}=O > \underset{R}{\overset{R}{C}}=O > \underset{Ph}{\overset{Ph}{C}}=O > \underset{Ph}{\overset{Ph}{C}}=O$$

为什么三氯乙醛的活性比甲醛大呢？这是因为虽然其位阻很大，但是电子效应起主要作用。

自测题 7-11 选择题。

（1）下列化合物中，亲核加成反应活性最大的是（　　）。

A. 环己酮　　　　　B. 苯甲醛　　　　　C. 丁酮　　　　　D. 苯乙酮

（2）下列化合物与 HCN 亲核加成反应速度的大小顺序为（　　）。

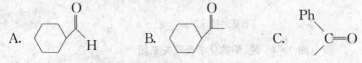

A. 　　　　　　　　　B. 　　　　　　　　C.

答案　（1）A（考虑空间位阻）；（2）A>B>C

氰醇在当代化学工业上有着广泛的应用。

$$
\underset{(R')H}{\overset{RCH_2}{>}}C=O \underset{\longleftarrow}{\overset{HCN}{\rightleftharpoons}} \underset{(R')H}{\overset{RCH_2}{>}}\overset{OH}{\underset{CN}{C}}
$$

$$
\xrightarrow{HCl/H_2O} \underset{(R')H}{\overset{RCH_2}{>}}\overset{OH}{\underset{COOH}{C}}
$$

$$
\xrightarrow{浓\ H_2SO_4} \underset{(R')H}{\overset{RCH=}{>}}C-COOH
$$

$$
\underset{CH_3}{\overset{CH_3}{>}}C=O \underset{\longleftarrow}{\overset{HCN}{\rightleftharpoons}} \underset{CH_3}{\overset{CH_3}{>}}\overset{OH}{\underset{CN}{C}} \xrightarrow[\text{浓 }H_2SO_4]{CH_3OH} CH_2=\underset{CH_3}{\overset{|}{C}}-COOCH_3
$$

聚合后称为有机玻璃,相对分子质量更高的称为亚克力材料,用于制作卫浴用品

(2) 醛以及甲基酮与饱和 $NaHSO_3$ 加成

$$
\underset{(R')H}{\overset{R}{>}}C=O\ +\ \underset{O}{\overset{HO}{\underset{\|}{\overset{|}{S}}}}\overset{\bar{O}\ Na^+}{\underset{\|}{}} \rightleftharpoons \underset{(R')H}{\overset{R}{>}}\overset{OH}{\underset{SO_3Na}{C}}
$$

α-羟基磺酸钠

所有的醛、脂肪族甲基酮、小于 8 个碳的环酮可以发生上述反应,相比 HCN, $NaHSO_3$ 的位阻更大,因而收率更低。

$$
\underset{H}{\overset{H_3C}{>}}C=O \qquad \underset{H_3C}{\overset{H_3C}{>}}C=O \qquad \underset{H_3C}{\overset{Et}{>}}C=O \qquad \underset{H_3C}{\overset{Me_2HC}{>}}C=O \qquad \underset{H_3C}{\overset{Me_3C}{>}}C=O \qquad \underset{Et}{\overset{Et}{>}}C=O
$$

89%　　　　56%　　　　36%　　　　12%　　　　6%　　　　2%

α-羟基磺酸钠易溶于水,但不溶于饱和的 $NaHSO_3$ 溶液而析出无色针状结晶,故可用于定性鉴别。又因为该反应为可逆反应,在产品中加入稀酸或稀碱,可使 $NaHSO_3$ 分解而除去。

$$
\underset{(R')H}{\overset{R}{>}}\overset{OH}{\underset{SO_3Na}{C}} \rightleftharpoons \underset{(R')H}{\overset{R}{>}}C=O\ +NaHSO_3
$$

$$
\xrightarrow{HCl/H_2O} NaCl+SO_2\uparrow+H_2O
$$

$$
\xrightarrow{Na_2CO_3} NaHCO_3+Na_2SO_3
$$

该反应可用于分离、鉴别醛、酮化合物

(3) 醛在酸性条件下与醇缩合反应

$$
\underset{(R')H}{\overset{R}{>}}C=O\ +H-OR'' \overset{H^+}{\rightleftharpoons} \underset{(R')H}{\overset{R}{>}}\overset{OH}{\underset{OR''}{C}} \underset{\longleftarrow}{\overset{R''OH/H^+}{\rightleftharpoons}} \underset{(R')H}{\overset{R}{>}}\overset{OR''}{\underset{OR''}{C}}
$$

半缩醛　　　　　　缩醛

酮与醇作用比醛困难,在酸催化下与乙二醇作用容易得到环状的缩酮。如:

$$
\text{（环己酮）}=O\ +\ \underset{HO-CH_2}{\overset{HO-CH_2}{|}} \xrightarrow[C_6H_6]{p-CH_3C_6H_4SO_3H} \text{（环己烷）}\underset{OCH_2CH_2}{\overset{OH\ OH}{|}} \xrightarrow{H^+} \text{（螺环缩酮）}
$$

缩醛或缩酮比较稳定,因此有机合成上利用该反应保护醛基。

【例 7-2】 还原丙烯醛为丙醛。

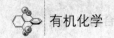有机化学

解题分析

直接使用加氢还原,得到丙醇,必须将醛基保护起来然后还原双键,再脱保护即可。

$$CH_2=CHCHO \xrightarrow[HCl]{EtOH} CH_2=CH-CH\begin{subarray}{l}OEt\\OEt\end{subarray} \xrightarrow{H_2/Ni} CH_3CH_2-CH\begin{subarray}{l}OEt\\OEt\end{subarray} \xrightarrow{H^+} CH_3CH_2CHO$$

阅读材料:乙缩醛的相对分子质量为118,沸点为102.7℃,部分溶于水。常温下为无色透明液体,爽口,味甜带涩,似果香,刺激性没有乙醛大。它也是酒类添加剂,缩醛以及适量的醛类物质对浓香型白酒有明显的提香、助香作用,使酒体醇和、甜净,与其他香味成分互相影响,互相缓冲,互相谐调,构成浓香型白酒优美、醇厚的香味,形成了固有的风格。但是,现有不法商贩超量添加,造成白酒质量下降。

(4) 醛、酮与氨及其衍生物的可逆加成反应

该反应在精细合成上有着重要的应用,氨及其衍生物是较弱的亲核试剂,为使反应顺利进行,通常需在酸催化下进行,其反应历程为:

$$\begin{array}{c}C=O \xrightleftharpoons{H^+} \left[\begin{array}{c}C=\overset{+}{O}H \longleftrightarrow \overset{+}{C}-OH\end{array}\right] \xrightleftharpoons{\overset{\cdot\cdot}{N}H_2-Y} C\begin{subarray}{l}\overset{+}{N}H_2Y\\OH\end{subarray} \xrightleftharpoons{\text{质子转移}} C\begin{subarray}{l}\ddot{N}HY\\ \overset{+}{O}H_2\end{subarray}\end{array}$$

只有伯胺才能进行;
C=O被C=N取代

$$\Big\Updownarrow -H_2O$$

$$C=N-Y \xrightleftharpoons{-H^+} C=\overset{+}{N}HY \xrightleftharpoons{} C-\ddot{N}HY$$

氨的衍生物及缩合后的产品及名称见表7-2。

表7-2 醛酮与氨及其衍生物反应的产品及名称

氨及其衍生物	产品结构式	名称
NH₃(氨)	C=NH	亚胺
NH₂R(胺)	C=N—R	Schiff碱
NH₂OH(羟胺)	C=N—OH	肟
NH₂NH₂(肼)	C=N—NH₂	腙
NH₂NHC₆H₅(苯肼)	C=N—NHC₆H₅	苯腙
NH₂NHCONH₂(氨基脲)	C=N—NHCONH₂	缩胺脲

C=O +

说明 由于产物易从反应体系中分离,容易进行重结晶提纯;又因在酸性水溶液中加热易于分解,故用于分离、提纯。这类反应的产物为结晶固体,又可用于醛、

酮的定性鉴别。常用的羰基试剂为 2,4-二硝基苯肼。

📚 **阅读材料：**烯胺的应用。仲胺与醛、酮反应的产物称为烯胺，烯胺遇水则分解，反应如下：

烯胺在有机合成上可以在羰基邻位引入其他基团，华东理工大学药学院李剑课题组与上海药物研究所王卫课题组合作，在有机催化研究领域获得了重大突破。

Eq. 1. Enamine catalysis

> Enamine，烯胺；黑色球，负载物。该反应体系可以方便引入亲核、亲电基团，产物具有手性

Eq. 2. Iminium catalysis

Eq. 3. SOMO catalysis

Eq. 4. This work: Oxidative enamine catalysis

自测题 7-12 选择题。

（1）下列化合物中，缩酮、半缩醛以及半缩酮分别是（　　）。

① ② ③ ④

A. 缩酮①，半缩醛③、④，半缩酮②   B. 缩酮④，半缩醛①，半缩酮②

（2）下列化合物中不能与 2,4 -二硝基苯肼反应的化合物是（   ）。

A. $HCHO$ B. CH_3CHO C. $CH_3\underset{\underset{OH}{|}}{C}HCH_3$ D. $CH_3\overset{\overset{O}{\|}}{C}CH_3$

（3）在有机合成中，保护羰基的常用试剂是（   ）。

A. $CH_3\overset{\overset{O}{\|}}{C}Cl$ B.   C. $NH_2—NH_2$ D. $\overset{OH}{\underset{OH}{}}$ /HCl

答案 （1）A；（2）C；（3）D

2. 醛、酮的不可逆亲核加成反应

（1）醛、酮与金属有机化合物发生不可逆的亲核加成反应。格氏试剂与醛、酮的反应已经在醇的制备中介绍，现介绍炔基负离子与羰基化合物的亲核加成反应以及机理。

$$\text{环己酮} + HC\equiv CNa \xrightarrow{\text{液氨}} \overset{ONa}{\underset{C\equiv CH}{环己基}} \xrightarrow{H_3O^+} \overset{OH}{\underset{C\equiv CH}{环己基}}$$

使用炔基的格氏试剂同样可以发生，如：

$$CH_3\overset{\overset{O}{\|}}{C}CH_3 \xrightarrow[②H_3O^+]{①CH_3—C\equiv C—MgX} CH_3\underset{\underset{OH}{|}}{\overset{\overset{CH_3}{|}}{C}}C\equiv C—CH_3$$

> 炔烃与烷基格氏试剂反应可得炔基格氏试剂

（2）醛、酮与 Wittig 试剂加成

Wittig 试剂是用于 Wittig 反应（维蒂希反应）的一系列有机磷鎓盐类化合物，以发明人德国化学家格奥尔格·维蒂希的姓氏命名。

Wittig 反应：醛或酮与三苯基磷叶立德（维蒂希试剂）作用生成烯烃和三苯基氧膦的一类有机化学反应。

Wittig 试剂用以下反应制备：

$$(C_6H_5)_3P + RCH_2X \xrightarrow{C_6H_6} (C_6H_5)_3\overset{+}{P}CH_2R\overset{-}{X} \xrightarrow[-C_6H_6,\,-LiX]{C_6H_5Li} (C_6H_5)_3P = CHR$$
$$\qquad\qquad\qquad\qquad\quad \text{季鏻盐} \qquad\qquad\qquad\qquad\qquad \text{Wittig 试剂}$$

利用 Wittig 反应，可非常方便地把 $C = O$ 转化为 $C = C$，在精细合成上有广泛应用。

98%
维生素A

Wittig 反应具有以下特点:立体专一性很强,广泛用于手性烯烃、天然有机化合物的合成;与 α,β-不饱和醛、酮反应,不发生 1,4-加成;参与 Wittig 反应的醛、酮和 Wittig 试剂中的烃基几乎不受限制,可以是含有各种官能团的芳基和烷基。

3. 羰基化合物的 α-H 氢的反应

(1) 在酸或碱催化下,羰基的 α-H 被卤素取代,发生以下反应:

在酸催化条件下,产物为 α-H 被卤素取代的醛、酮,而在碱催化条件下,OH^- 向羰基碳进攻,发生消除反应,得到卤仿和羧酸盐。

如果反应用次碘酸钠($I_2 + NaOH$)作试剂,便生成具有特殊气味的黄色结晶——碘仿(CHI_3),称为碘仿反应。请注意,能发生卤仿反应的醛只有乙醛,酮只有甲基酮。次碘酸钠是一个氧化剂,故能被其氧化成乙醛或甲基酮的醇也可发生碘仿反应。

自测题 7-13 选择题。

(1) 下列化合物中不能发生碘仿反应的是( )。

A. HCHO   B. CH₃CHO   C. CH₃CHCH₃   D. CH₃CCH₃
                                         | ‖
                                        OH   O

(2) 下列化合物中能发生碘仿反应的是( )。

A. PhCCH₂CH₃   B. CH₃CH₂CHCH₂CH₃
      ‖ |
      O   OH

C. CH₃CH₂CCH₂CH₃   D. CH₃CH₂—OH
          ‖
          O

提示 含有甲基的醇也可以发生碘仿反应。

答案 (1)A;(2)D

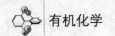

（2）含 α-H 醛、酮的 Aldol 缩合

含 α-H 的脂肪醛在稀碱作用下，发生缩合反应生成 β-羟基醛，该反应称为羟醛缩合反应。

$$CH_3-\overset{\overset{O}{\|}}{C}-H + \overset{\overset{H}{|}}{\underset{\alpha}{C}H_2}-CHO \xrightarrow{\text{稀碱}} CH_3-\overset{\overset{OH}{|}}{\underset{\beta}{C}H}-\overset{\alpha}{C}H_2-CHO$$

β-羟基醛

其反应机理如下：

$$HO^- + H-\overset{\alpha}{C}H_2-\overset{\overset{O}{\|}}{C}\underset{H}{} \rightleftharpoons \left[:\bar{C}H_2-\overset{\overset{O}{\|}}{C}\underset{H}{} \longleftrightarrow CH_2=\overset{\overset{O^-}{|}}{C}\underset{H}{}\right]$$

$$CH_2=\overset{\overset{O^-}{|}}{C}\underset{H}{} + :\bar{C}H_2-\overset{\overset{O}{\|}}{C}\underset{H}{} \rightleftharpoons CH_3-\overset{\overset{O^-}{|}}{C}H-CH_2-\overset{\overset{O}{\|}}{C}\underset{H}{} \xrightarrow[-OH]{H_2O} CH_3-\overset{\overset{OH}{|}}{C}H-CH_2-\overset{\overset{O}{\|}}{C}\underset{H}{}$$

羟醛缩合同样是亲核加成反应。其中，碱起到使一分子醛转变为一个亲核试剂（碳负离子）的作用。β-羟基醛稍微受热或在酸的作用下即发生分子内脱水，生成 α，β-不饱和醛。

$$CH_3-\overset{\overset{OH}{|}}{\underset{\beta}{C}H}-\overset{\alpha}{C}H_2-\overset{\overset{O}{\|}}{C}\underset{H}{} \xrightarrow{\triangle} CH_3-CH=CH-\overset{\overset{O}{\|}}{C}\underset{H}{} +H_2O$$

巴豆醛

> 巴豆作为中药，微量可以止泻，但是量大了会致泻了。

当醛分子中的碳原子数大于 7 时，反应较慢，需要提高反应温度并增加碱的浓度（10%～15%），因而，反应只能得到 α，β-不饱和醛。

含 α-H 的酮在碱性条件下也可发生自身缩合，由于反应的平衡常数较小，故只能得到约 5% 的 β-羟基酮。

$$2CH_3COCH_3 \xrightarrow{Ba(OH)_2} CH_3-\overset{\overset{CH_3}{|}}{\underset{OH}{C}}-CH_2-\overset{\overset{O}{\|}}{C}-CH_3 \xrightarrow[\triangle]{H^+} CH_3-\overset{\overset{CH_3}{|}}{C}=CH-\overset{\overset{O}{\|}}{C}-CH_3$$

请注意：两种不同的醛发生交错缩合，生成四种产物，没有应用价值。但是，只要有一种醛不含 α-H，交错缩合就有实用价值，如：

> 把乙醛缓缓加入到甲醛中，但反过来操作，结果如何？

$$HCHO+ CH_3-\overset{\overset{O}{\|}}{C}\underset{H}{} \xrightarrow[\text{②}\triangle, -H_2O]{\text{①稀碱}} CH_2=CH-\overset{\overset{O}{\|}}{C}\underset{H}{}$$

利用该反应可制备芳香族的不饱和羰基化合物

$$\text{（苯环）}-CHO + \overset{\overset{O}{\|}}{C}\underset{H}{} \xrightarrow[\text{②}\triangle, -H_2O]{\text{①稀碱}} \text{（苯环）}-CH=\overset{\overset{O}{\|}}{C}\underset{H}{}$$

肉桂醛

分子内缩合可得到环状产物,如:

$$CH_2CH_2-CHO \text{ 部分} \xrightarrow{\text{稀碱}} \text{环状产物} \xrightarrow{\triangle,-H_2O} \text{环烯}$$

阅读材料:Perkin 反应。芳醛与含 $\alpha-H$ 的脂肪族酸酐在相应的羧酸盐存在下共热发生缩合反应生成 α,β-不饱和酸。

$$C_6H_5CHO+(CH_3CO)_2O \xrightarrow[170℃]{CH_3COOK} C_6H_5CH=CHCOOH+CH_3COOH$$
$$\text{肉桂酸}$$

对于没有 $\alpha-H$ 的醛,使用强碱处理会如何呢? Cannizzaro(康尼扎罗)研究的结果是一分子醛被氧化成羧酸,一分子醛被还原成醇。该反应被称为 Cannizzaro 反应。这种自身氧化还原反应又称为歧化反应。

$$2HCHO \xrightarrow{\text{浓 }OH^-} HCOO^-+CH_3OH$$

如果是两种没有 $\alpha-H$ 的醛混合体系,结果又如何? 实验证明,甲醛会被氧化。

$$\text{（苯甲醛）}+HCHO \xrightarrow{\text{浓 }OH^-} \text{（苯甲醇）}+HCOO^-$$

4. 羰基化合物的氧化反应

醛与酮不同,有一个与 $C=O$ 直接相连的 H 原子,因而醛非常容易被氧化。醛可被多种氧化剂(如 $KMnO_4$、HNO_3、$K_2Cr_2O_7$、CrO_3、H_2O_2、Br_2 等)氧化成羧酸,脂肪醛比芳醛容易氧化(注意:空气中芳香醛比脂肪醛更易氧化,原因在于氧化机理是游离基历程)。在工业上使用较广的是弱氧化剂。

(1) 银镜反应:醛基化合物与 Tollens 试剂[$Ag(NH_3)_2OH$ 溶液]反应得到银。该反应在历史上曾经被威尼斯商人用来制备镜子。现在用来给暖水瓶的玻璃内胆镀银。

$$(Ar)RCHO+2Ag(NH_3)_2OH \xrightarrow{\triangle} (Ar)RCOONH_4+Ag\downarrow$$

说明 得到银镜有两个关键因素,首先,两种反应溶液必须缓缓地混合,千万不能摇晃,否则得到的是颗粒非常细的银,对光线漫射,因而看起来是黑色的溶液;第二个因素是玻璃必须非常干净。这样,该反应液保温、静置一夜后就可以看到银镜了。

(2) 铜镜反应:醛基化合物与 Fehling 试剂($CuSO_4$ 水溶液和酒石酸钾钠碱溶液的混合液)反应得到砖红色的 Cu_2O。

$$RCHO+2Cu^{2+}+NaOH+H_2O \xrightarrow{\triangle} RCOONa+Cu_2O\downarrow$$

注意:Fehling 试剂与芳香族醛化合物不反应。

另外,Tollens 试剂和 Fehling 试剂对 $C=C$、$C\equiv C$ 不起反应,因此它们又都可看作是选择性氧化剂。

$$CH_3CH = CHCHO - \begin{cases} \xrightarrow{Ag^+ 或 Cu^{2+}} CH_3CH = CHCOOH \\ \xrightarrow{KMnO_4} CH_3COOH + 2CO_2 \end{cases}$$

醛和酮的性质有类似的地方,也有不相同的地方,作为鉴别使用的方法,要求操作简单、现象明显、反应时间短、可重复性强等。常见的鉴别方法列于表7-3。

表7-3 鉴别醛、酮的常用方法

试剂	醛	酮
氨的衍生物	产品为晶体,测熔点	
NaHSO_3	有不溶于饱和亚硫酸氢钠溶液的无色结晶析出	可鉴别出脂肪族甲基酮和八个碳以下的环酮,其他酮无反应
I_2 + NaOH	乙醛有黄色沉淀,其他醛无	甲基酮有黄色沉淀,其他酮无
Tollens 试剂	有 Ag 生成	无现象
Fehling 试剂	脂肪族醛有砖红色沉淀,芳香醛无	无现象
品红试剂	显紫红色,甲醛:加硫酸颜色不消失,其他醛的颜色加硫酸褪色	无现象

说明 品红试剂也叫席夫(Schiff)试剂,是由品红的极稀水溶液经二氧化硫脱色而配制的试剂。品红试剂与醛发生化学反应而呈红色或紫色,常用以区别醛和酮,特别是区别甲醛和其他醛。其显色机理如下:

自测题 7-14 选择或判断。

(1) 下列化合物中,能发生银镜反应的是(   )。

A. 甲酸   B. 乙酸   C. 乙酸甲酯   D. 乙酸乙酯

(2) 醛类化合物都能发生银镜反应。(   )

(3) 下列化合物中不能发生银镜反应的含羰基的化合物是(   )。

A. HCHO   B. CH_3CHO   C. $\underset{\underset{OH}{|}}{CH_3CHCH_3}$ D. $CH_3\overset{\overset{O}{\|}}{C}CH_3$

(4) 下列化合物中不能发生自身羟醛缩合反应的是(   )。

A. HCHO　　B. CH₃CHO　　C. CH₃CHCH₃　　D. $\underset{\text{OH}}{CH_3\overset{\displaystyle O}{\overset{\|}{C}}CH_3}$

A. HCHO　　B. CH_3CHO　　C. $CH_3\underset{\displaystyle OH}{CH}CH_3$　　D. $CH_3\overset{\displaystyle O}{\overset{\|}{C}}CH_3$

(5) 下列化合物中,可发生 Cannizzaro 反应的是(　　)。

A. 丁醛　　　B. 丁酮　　　C. 苯乙醛　　　D. 叔丁基甲醛

(6) 有机酮化合物可以通过银镜反应来鉴别。(　　)

提示　银镜反应是检测醛类化合物的特征方法。

答案　(1)A;(2)√;(3)D;(4)A;(5)D;(6)×

5. 羰基化合物的还原反应

(1) 把 $C{=}O$ 还原为 $-CH_2OH$

催化加氢的缺点是分子中除 $C{=}O$ 外其他不饱和结构都会被破坏,如 $C{=}C$ 被还原。

$$CH_3CH{=}CHCHO \xrightarrow{H_2/Ni} CH_3CH_2CH_2CH_2OH$$

为了克服上述缺点,使用负氢化合物进行还原,保留 $C{=}C$。

$$\underset{(R')H}{\overset{RCH=CH}{\diagdown}}C{=}O \xrightarrow[\text{②}H_3O^+]{\text{①}NaBH_4 \text{ 或 } LiAlH_4} \underset{(R')\quad H}{\overset{RCH=CH\quad OH}{\diagup\diagdown}}C$$

注意:$LiAlH_4$ 还原能力强,能把 $-COOH$、$-COOR$、$-NO_2$ 等还原为醇。回忆一下欧芬脑尔(Qppenauer)反应的逆反应。

$$\underset{(R')H}{\overset{RCH=CH}{\diagdown}}C{=}O \xrightarrow[(CH_3)_2CHOH]{Al[OCH(CH_3)_2]_3} \underset{(R')\quad H}{\overset{RCH=CH\quad OH}{\diagup\diagdown}}C$$

> 异丙醇被氧化为丙酮,把丙酮不断蒸出,反应就向左进行

使用异丙醇铝对醛、酮进行还原,其反应选择性也很高,而且不影响 $C{=}C$、$C{\equiv}C$、NO_2、X 等基团。

(2) 把 $C{=}O$ 还原为 $-CH_2$

把羰基还原为亚甲基($-CH_2-$)的方法不多,酸性条件下为 Clemmensen(克莱门森)还原法,对酸敏感的羰基化合物受到限制。

$$\underset{}{\bigcirc}COCH_2CH_2CH_3 \xrightarrow[HCl]{Zn-Hg} \underset{}{\bigcirc}CH_2CH_2CH_2CH_3$$

该方法可以用来合成直链烷基苯。

碱性条件下使用 Wolff-Kishner 黄鸣龙还原法

$$\underset{(R')H}{\overset{R}{\diagdown}}C{=}O \xrightarrow[\text{二缩三乙二醇, }287℃]{NH_2NH_2, H_2O, KOH} \underset{(R')H}{\overset{R}{\diagdown}}CH_2 + N_2$$

> 黄鸣龙是近代有机化学教材中唯一的中国人的名字,请记住

但该还原法是在碱性条件下进行的,所以当分子中含有对碱敏感的基团时,不能使用这种还原法。

7.6.3 醛、酮的制备方法

首先回忆一下已经学过的方法：
(1) 烯烃用 O_3 氧化，锌粉水解；
(2) 烯烃的 α - H 氧化反应；
(3) 羰基合成氢甲酰化反应；
(4) 醇氧化反应；
(5) 芳香烃的博克酰基化（Friedel - Crafts 酰基化）。

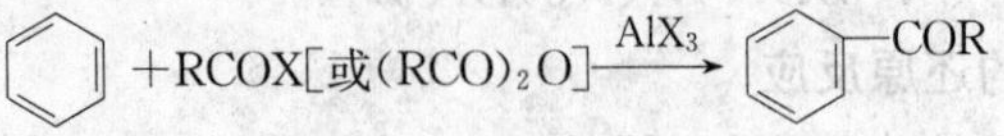

$$\text{苯} + RCOX[\text{或}(RCO)_2O] \xrightarrow{AlX_3} \text{苯}-COR$$

下列反应作为了解内容。
A. 炔烃水解反应：Kucherov 反应（库切洛夫反应）

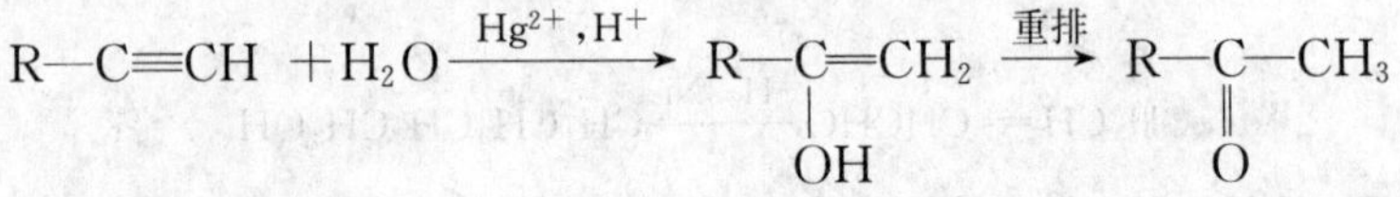

$$R-C\equiv CH + H_2O \xrightarrow{Hg^{2+},H^+} R-\underset{OH}{\overset{}{C}}=CH_2 \xrightarrow{\text{重排}} R-\underset{O}{\overset{}{C}}-CH_3$$

B. 芳烃侧链的控制氧化

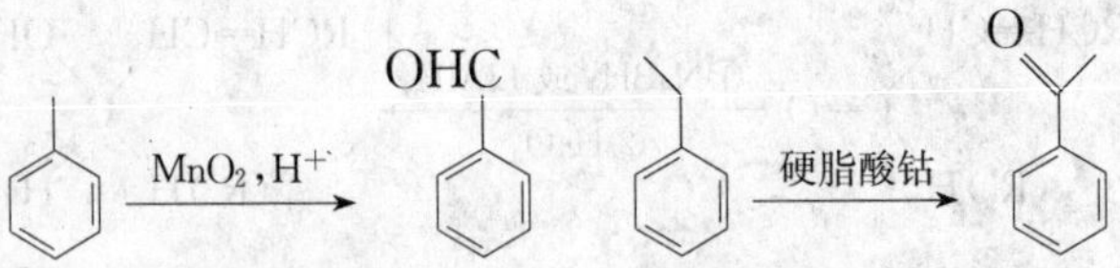

$$\text{甲苯} \xrightarrow{MnO_2,H^+} \text{OHC-苯} \qquad \text{乙苯} \xrightarrow{\text{硬脂酸钴}} \text{苯酮}$$

7.7 羧酸及其衍生物的性质

7.7.1 羧酸的性质

1. 羧酸的物理性质

羧酸是人类较早接触和研究的化合物，因此保留了很多俗名，如甲酸被称为蚁酸，乙酸俗称醋酸，丁二酸俗称琥珀酸，苯甲酸俗称安息香酸，乙二酸称为草酸，邻羟基苯甲酸称为水杨酸等。

羧酸是强极性分子，分子间形成氢键，因此在聚集状态下不是以单分子状态存在，而是形成分子对，因此熔点沸点都很高。

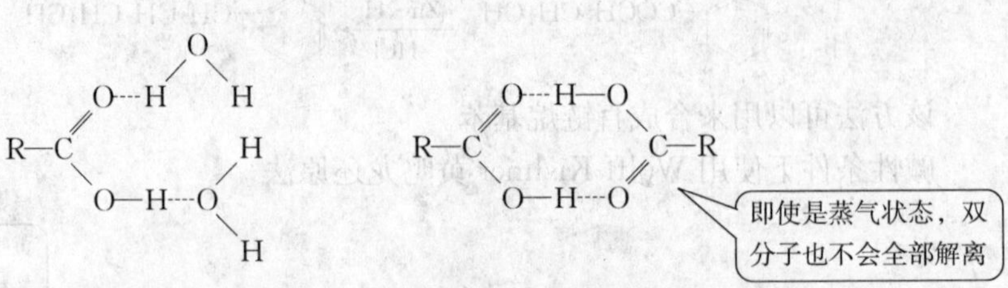

> 即使是蒸气状态，双分子也不会全部解离

图 7 - 5　羧酸与水分子或者自身形成的氢键

低级羧酸味道很大；中级的有恶臭，如丁酸俗称"狐臭"；高级羧酸为固体，没有味道。

低级羧酸在水中的溶解度随着相对分子质量的增大而减少，从正戊酸开始在水中的溶解度只有 3.7 %,大于 10 个 C 的羧酸不溶于水。

IR 谱图:作为二聚体,羧基中的羟基在 2 500～3 300 cm^{-1}（宽而散）有吸收;单体在 3 550 cm^{-1}（气态或非极性溶剂的稀溶液）有吸收。而羰基在 1 700～1 725 cm^{-1} 有吸收,芳香族羧酸在 1 680～1 700 cm^{-1} 有吸收。

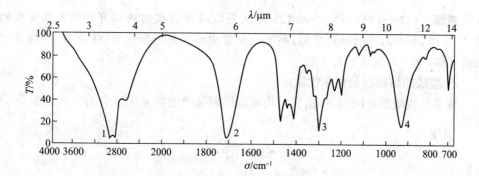

图 7-6　正癸酸的红外光谱图
1—羧酸二聚体的 O—H 伸缩振动;2— C=O 伸缩振动;
3—C—O 伸缩振动;4—O—H 面外弯曲振动

羧酸的核磁氢谱的特征是:α-H 的化学位移在 2.0～2.62,羧基上的 H 在10.5～13。

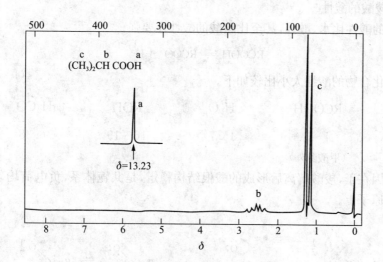

图 7-7　异丁酸的 ^{1}H NMR 谱图

自测题 7-15　选择或回答下列问题。

(1) 游离醇羟基 ν_{O-H} 的红外吸收峰落在(　　)波数区段。

A. 3 600～3 200 cm^{-1}　　　B. 2 500～2 000 cm^{-1}　　　C. 2 000～1 500 cm^{-1}

(2) 在 IR 谱中,3 400 cm^{-1}处有宽、强的吸收峰的化合物是(　　)。

A. CH$_3$CH$_2$OCH$_2$CH$_3$　　　　　　　B. CH$_3$CH$_2$CH$_2$CH$_2$OH

C. CH$_3$CH$_2$CH$_2$CHO　　　　　　　　D.　H$_3$CCCH$_3$
　　　　　　　　　　　　　　　　　　　　　　　‖
　　　　　　　　　　　　　　　　　　　　　　　O

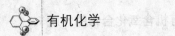

（3）请用简便的化学方法鉴别下列物质。

A. $CH_3CH_2CH_2CHO$ B. $CH_3COCH_2CH_3$

C. $CH_3CH_2\underset{\underset{OH}{|}}{C}HCH_3$ C. $CH_3CH_2CH_2CH_2OH$ 　先把化合物分类，再根据性质鉴定

答案　（1）A；（2）B；（3）加入 Lucas 试剂（$ZnCl_2$ 盐酸溶液），有浑浊现象发生的是 2-丁醇，加热后浑浊的是丁醇；剩下的物质中加入托伦斯试剂（银氨离子）有沉淀的是丁醛，剩下无现象的是丁酮。

2. 羧酸的结构以及化学性质

羧基是羧酸的官能团，根据其结构可以推测羧酸能够发生反应的位置如图 7-8 所示。

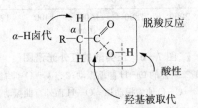

图 7-8　羧酸发生反应的位置

（1）羧酸的酸性

羧酸的酸性比水、醇强，甚至比碳酸的酸性还要强。

$$RCOOH \rightleftharpoons RCOO^- + H^+$$

几种化合物的酸性大小比较如下。

	RCOOH	H_2O	ROH	H_2CO_3
pK_a	4~5	15.7	16~19	6.38
	（甲酸除外）			

其原因在于，羧酸解离后形成的酸根结构稳定，是共轭体系，负电荷均匀地分散在两个氧原子上。

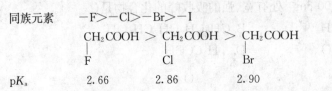

图 7-9　羧酸根的结构

当羧酸分子中含有吸电子基团时，导致酸性变大。

同族元素	$-F$＞$-Cl$＞$-Br$＞$-I$		
	$\underset{\underset{F}{|}}{C}H_2COOH$ ＞	$\underset{\underset{Cl}{|}}{C}H_2COOH$ ＞	$\underset{\underset{Br}{|}}{C}H_2COOH$
pK_a	2.66	2.86	2.90

可以看出，吸电子效应越强，酸性增大越多

同周期元素　　−F＞−OR＞−NR₂＞−CR₃

$$\underset{\underset{F}{|}}{CH_2COOH} > \underset{\underset{OH}{|}}{CH_2COOH}$$

pK_a　　　2.66　　　　3.83

请思考:不饱和键有何影响?

提示　与碳原子相连的基团,其不饱和性越大,吸电子能力越强。

$$HC\equiv CCH_2COOH > H_2C=CHCH_2COOH > CH_3CH_2CH_2COOH$$

pK_a　　　　　2.85　　　　　4.35　　　　　　4.82

又因为诱导效应具有加和性,基团越多酸性越强。

$$Cl_3CCOOH > Cl_2CHCOOH > ClCH_2COOH$$

pK_a　　　0.64　　　　1.26　　　　2.86

注意:三氟乙酸是强酸,酸性超过三氯乙酸。

但是,诱导效应强度与距离成反比,超过三个单键一般不考虑。

> 俗语说：远水不解近渴,此处同理

$$\underset{\underset{Cl}{|}}{CH_3CH_2\overset{\alpha}{C}HCOOH} > \underset{\underset{Cl}{|}}{CH_3\overset{\beta}{C}HCH_2COOH} > \underset{\underset{Cl}{|}}{\overset{\gamma}{C}H_2CH_2\overset{\alpha}{C}H_2COOH}$$

pK_a　　　2.82　　　　　　4.41　　　　　　4.70

芳香酸,特别是苯甲酸,其酸性变化有点特殊。

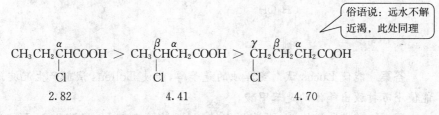

pK_a　　　　2.21　　　　　　4.20　　　　　3.91

甲基是供电子的基团,为什么苯甲酸的酸性也变大呢? 原因在于,邻位基团会把 H"挤掉",也就是说要考虑空间效应。

自测题 7 - 16　选择或填空。

(1) 下列化合物中酸性最强的是( )。

A. 乙醇　　　　B. 丁酸　　　　C.2-氯丁酸　　　　D.2,2-二氯丁酸

(2) 三氯乙酸的酸性大于乙酸,主要是由于( )的影响。

A. 共轭效应　　　　　　　　B. 吸电子诱导效应

C. 给电子诱导效应　　　　　D. 空间效应

(3) 下列化合物中,酸性最强的是( )。

A. 甲酸　　　B. 乙酸　　　C. 乙醇　　　　D. 乙酸乙酯

(4) 下列化合物中酸性最大的是( )。

A. 乙醇　　　　B. 乙酸　　　C. 苯酚　　　　D. 丙烷

(5) 下列化合物中的酸性最大的是( )。

A. 三氯乙酸　　B. 乙酸　　　C. 氯乙酸　　　　D. 三氟乙酸

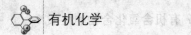

提示 考虑诱导效应的大小。

答案 (1)D;(2)B;(3)A;(4)B;(5)D

利用羧酸的酸性比碳酸强的原理,人类吃到了发面食品,制备了汽水等碳酸饮料,极大地丰富了生活。

$$RCOOH + NaOH \longrightarrow \underline{RCOO^- Na^+} + H_2O$$
$$< C_{10} \text{溶于水}, > C_{10} \text{在水溶液中为胶体}$$

$$RCOOH + NaHCO_3 \longrightarrow RCOO^- Na^+ + CO_2 + H_2O$$

阅读材料:把碱面(小苏打,$NaHCO_3$)加入发酵的面粉中,用于中和乳酸,产生 CO_2 遇热膨胀,使得食品疏松;把小苏打加入果汁中,有机羧酸使之产生 CO_2,由于瓶子密封,CO_2 溶解在水里——这就是早期的汽水。汽水到了人的胃里,由于人的胃液是酸性的,CO_2 以气体放出,带走身体的热量。

自测题 7-17 请用简便的化学方法鉴别下列三种物质。

$$CH_2OH \qquad \overset{H}{\underset{C}{\overset{O}{}}} \qquad \overset{O}{\underset{C}{\overset{}{}}} OH$$

答案 能使 Lucas 试剂变浑浊的是苄醇,能使 Tollens 试剂产生沉淀是苯甲醛,能使小苏打放出气体的是苯甲酸。

醇、酚、酸性质的小结:不溶于水的酸,既溶于 NaOH,又溶于 $NaHCO_3$;不溶于水的酚,溶于 NaOH,但不溶于 $NaHCO_3$;不溶于水的醇,既不溶于 NaOH,也不溶于 $NaHCO_3$。

(2)羟基被取代

羧基中的羟基被四类基团取代后就成了羧酸衍生物

$$R-\overset{O}{\underset{OH}{\overset{\|}{C}}} \longrightarrow R-\overset{O}{\underset{L}{\overset{\|}{C}}} \quad (L = -X、-OCOR、-OR'、-NH_2)$$
$$\qquad\qquad\qquad\qquad\qquad 酰卤\quad 酸酐\quad 酯\quad 酰胺$$

① 酰卤的制备:最常用的是酰氯,引入氯的方法如下。

$$R-\overset{O}{\underset{OH}{\overset{\|}{C}}} + \begin{cases} SOCl_2 \\ PCl_3 \\ PCl_5 \end{cases} \longrightarrow R-\overset{O}{\underset{Cl}{\overset{\|}{C}}} \begin{cases} SO_2 + HCl \\ P(OH)_3 \\ POCl_3 + HCl \end{cases}$$

对于不易反应的芳香酸来说,成为酰氯是活化的必要步骤。

$$\text{（—COOH，NO}_2\text{）} \xrightarrow{SOCl_2} \text{（—COCl，NO}_2\text{）} + SO_2 + HCl$$

酰卤的具体合成,举例如下:

$$3CH_3COOH + PCl_3 \longrightarrow 3CH_3COCl + H_3PO_3$$

沸点   118℃   75℃   52℃   200℃分解

如何控制反应顺利进行？控制加热温度在 52～75℃ 即可以把产物蒸馏出。

再看看另外一个反应,如何提高收率？

$$\text{C}_6\text{H}_5-\text{COOH} + \text{PCl}_5 \longrightarrow \text{C}_6\text{H}_5-\text{COCl} + \text{POCl}_3 + \text{HCl}$$

沸点   249℃   197℃   105.3℃

因此,控制反应温度超过 106℃ 即可。

② 酸酐的制备:经常使用价格低廉的乙酸酐作为吸水剂。

$$\text{R}-\overset{O}{\overset{\|}{C}}-\text{OH} + \text{HO}-\overset{O}{\overset{\|}{C}}-\text{R} \xrightarrow[\triangle]{\text{Ac}_2\text{O}} \text{R}-\overset{O}{\overset{\|}{C}}-\text{O}-\overset{O}{\overset{\|}{C}}-\text{R} + \text{H}_2\text{O}$$

混合酸酐的制备方法有点类似于混醚。

$$\text{R}-\overset{O}{\overset{\|}{C}}-\text{X} + \text{NaO}-\overset{O}{\overset{\|}{C}}-\text{R}' \xrightarrow{\triangle} \text{R}-\overset{O}{\overset{\|}{C}}-\text{O}-\overset{O}{\overset{\|}{C}}-\text{R}' + \text{NaX}$$

③ 酯的合成:羧酸与醇在酸催化下脱去一分子水生成酯。

$$\text{RCOOH} + \text{R}'\text{OH} \underset{}{\overset{\text{H}^+}{\rightleftharpoons}} \text{RCOOR}' + \text{H}_2\text{O}$$

酯化反应是典型的可逆反应,为了提高酯的产率,可根据平衡移动原理,或增加反应物浓度,或减少生成物浓度,使平衡向右移动。

酯化反应机理:加入质子酸的目的在于活化羧基,质子化以后羧基碳更容易接受醇的进攻,这是整个反应最慢的一步,也就是关键步骤,通过脱水、脱质子形成酯,每一步都是可逆的,因此酯可以方便地水解。

图 7-10 酯的合成机理

说明 大多数情况下,酯化时脱水是酰氧键断裂,而叔醇反应时是烷氧键断裂。

$$\text{R}-\overset{O}{\overset{\|}{C}}-\text{OH} \quad \text{H}-\overset{18}{\text{O}}-\text{R}' \qquad \text{酰氧键断裂}$$

$$\text{R}-\overset{O}{\overset{\|}{C}}-\overset{18}{\text{O}}-\text{H} \quad \text{HO}-\text{R}' \qquad \text{烷氧键断裂}$$

> 通过检查反应后 ^{18}O 究竟在水里还是在酯里就可以清晰判断出反应历程,这种方法就是同位素法

由上述机理可以看出,羧酸分子越大,越不利于酯化反应进行;对于醇来说也一样,分子越大酯化活性越低(叔醇消除成烯烃)。活性大小顺序为:

$$CH_3OH \quad > \quad 1°\ ROH \quad > \quad 2°\ ROH > \quad 3°\ ROH$$

④ 酰胺合成:羧酸与 NH_3 或 RNH_2、R_2NH 作用生成铵盐,加热脱水得到酰胺。

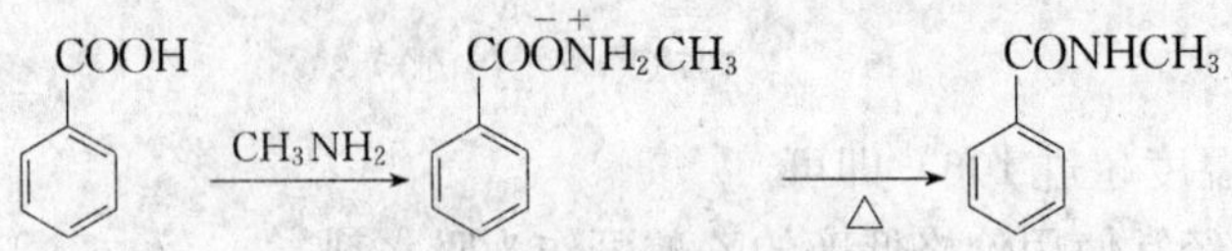

N-甲基苯胺

想一想 乙酰苯胺是如何制备的?

自测题 7-18 填空题。

(1) 比较下列化合物酯化反应速率的大小。(　　)

A. CH_3CH_2OH　　　　　　　　B. $CH_3CH_2CH_2OH$

C. $(CH_3)_3CH_2OH$　　　　　　　D. $(C_2H_5)_3CH_2OH$

提示 结构越简单越容易反应。

答案 A>B>C>D

(2) 比较下列化合物酯化反应速率的大小。(　　)

A. CH_3COOH　　　　　　　　　B. CH_3CH_2COOH

C. $(CH_3)_3CCOOH$　　　　　　　D. $(C_2H_5)_3CCOOH$

答案 A>B>C>D

(3) 脱羧反应

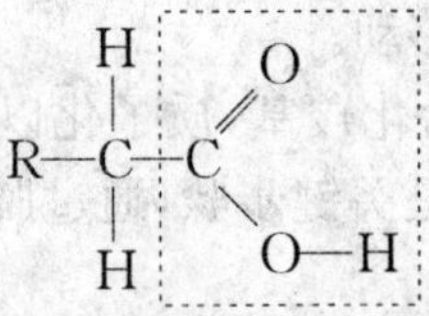

羧酸或其盐脱去羧基(失去 CO_2)的反应,称为脱羧反应。饱和一元羧酸在加热下较难脱羧,但金属盐在碱存在下加热则可发生脱羧反应。例如,中学教材中制备甲烷的实验原理:

$$CH_3COONa + NaOH \xrightarrow[\triangle]{CaO} CH_4 + Na_2CO_3$$

当 α-C 上连有 $-NO_2$、$-C\equiv N$、$-CO-$、$-Cl$ 等强吸电子基时则容易脱羧。如:

$$Cl_3C-COOH \xrightarrow{\triangle} CHCl_3 + CO_2$$

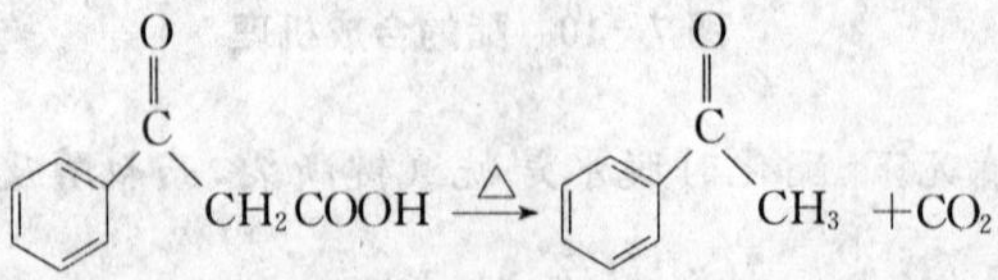

乙二酸、丙二酸脱羧生成一元酸;丁二酸、戊二酸脱水生成酸酐;己二酸、庚二酸则脱羧兼脱水生成酮。

$$H_2C \begin{array}{c} COOH \\ COOH \end{array} \xrightarrow{\triangle} CH_3COOH$$

$$\begin{array}{c} -COOH \\ \\ -COOH \end{array} \xrightarrow{\triangle}$$

环状化合物中，五元环、六元环是稳定的

$$\begin{array}{c} COOH \\ \\ COOH \end{array} \xrightarrow{\triangle} \begin{array}{c} \\ =O \end{array}$$

自测题 7 - 19 下列化合物加热既脱水又脱羧的是（　　）。

A. 丙二酸　　　 B. 丁二酸　　　 C. 己二酸　　　　　 D. 癸二酸

答案　C

（4）还原反应 $R-\overset{\overset{\displaystyle H}{|}}{\underset{\underset{\displaystyle H}{|}}{C}}-\overset{\overset{\displaystyle O}{\|}}{C}-O-H$

羧酸不易被还原。在 $LiAlH_4$ 作用下，可还原成羟基，生成相应的伯醇，该法不仅产率高，而且不影响 $C=C$ 和 $C\equiv C$ 存在，可用于不饱和酸的还原。

$$(CH_3)_3C-COOH \xrightarrow[\text{②}H_3O^+]{\text{①}LiAlH_4} (CH_3)_3C-CH_2OH$$

几种还原剂的比较如下：

$$CH_3CH=CHCOOH + \begin{cases} \xrightarrow{H_2/Pt} CH_3CH_2CH_2CH_2OH \\ \xrightarrow{LiAlH_4} CH_3CH=CHCH_2OH \\ \xrightarrow{NaBH_4} \text{不还原} \end{cases}$$

可以看出，催化氢化没有选择性；$LiAlH_4$ 不破坏双键；$NaBH_4$ 效果差。

下面介绍一种精细化工上使用的还原方法：羧酸通常先制成酯，然后用 Na/C_2H_5OH 化学还原方法——Bouveault - Blanc 反应进行还原。

$$\overset{\overset{\displaystyle O}{\|}}{\underset{\underset{\displaystyle R^1}{}}{C}}\overset{R^2}{\underset{O}{}} \xrightarrow[\text{EtOH}]{\text{Na}} R^1\diagup OH + R^2-OH$$

（5）α - H 卤代 $R-\overset{\overset{\displaystyle H}{|}}{\underset{\underset{\displaystyle H}{|}}{C}}-\overset{\overset{\displaystyle O}{\|}}{C}-O-H$

回忆一下到目前为止共学习了多少种 α - H 了？烯烃 α - H、苯环的 α - H、卤素的 α - H、羰基的 α - H、醇的 α - H，它们的特征是什么？

近水楼台先得月

$$RCH_2COOH + X_2 \xrightarrow{P} \underset{\underset{\displaystyle X}{|}}{R}CHCOOH + HX(X_2 = Cl_2 \text{、} Br_2)$$

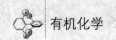

说明 工业上使用红磷作为催化剂，该反应被称为赫尔-乌尔哈德-泽林斯基（Hell - Volhard - Zelinsky）反应。

因为卤素活泼，可以很方便地转为—NH_2、—OH、—CN 等，因此卤代酸用途很广。

7.7.2 羟基酸的性质

羟基酸与我们的生活密切相关，如乳酸、苹果酸等都是羟基酸。比较重要的是 α-羟基酸、β-羟基酸以及 γ-羟基酸。

1. α-羟基酸的制法

（1）醛与 HCN 加成得到氰醇，水解得到 α-羟基酸

$$R-\overset{O}{\underset{}{C}}-H + HCN \longrightarrow R-\overset{OH}{\underset{H}{C}}-CN \longrightarrow R\overset{OH}{\underset{}{C}}HCOOH$$

（2）羧酸的 α-H 卤代后水解

$$RCH_2COOH \xrightarrow[P]{Br_2} R\overset{Br}{\underset{}{C}}HCOOH \xrightarrow{NaOH} R\overset{OH}{\underset{}{C}}HCOOH$$

2. β-羟基酸的制法

（1）酸的前体是—CN，—CN 的前体是—X，回忆一下烯烃的加成反应，烯烃与次卤酸 HOX 的加成反应，一次性引入—OH 和—X，通过腈解反应成—CN，水解后得到 β-羟基酸。

$$RCH=CH_2 + HOCl \longrightarrow R\overset{}{\underset{HO}{C}}H\overset{}{\underset{Cl}{C}}H_2 \xrightarrow{KCN} RCH\overset{}{\underset{OH}{}}CH_2-CN \xrightarrow{H_3O^+} RCH\overset{}{\underset{OH}{}}CH_2COOH$$

（2）Reformatsky 反应（雷夫尔马次基反应）

$$Zn + BrCH_2COOC_2H_5 \xrightarrow{Et_2O} BrZnCH_2COOC_2H_5 \xrightarrow{CH_3CHO} CH_3\overset{OZnBr}{\underset{}{C}}HCH_2COOC_2H_5$$

$$\xrightarrow{H_3O^+} CH_3\overset{OH}{\underset{}{C}}HCH_2COOC_2H_5 \xrightarrow[\triangle]{H_3O^+} CH_3\overset{OH}{\underset{}{C}}HCH_2COOH$$

注意：Reformatsky 反应与格氏试剂反应类似，但用 Zn 而不用 Mg，这是因为 $BrZnCH_2COOC_2H_5$ 比格氏试剂的活性小，只与醛、酮反应，不与酯反应。其次，只能用 α-溴代酸（酯），产物为 β-羟基酸（酯）。

请思考：如果使用 α-溴代酸，产品是什么？ Zn 是活泼金属，与羧酸反应放出氢气。

3. 羟基酸性质

（1）羟基酸的酸性

—OH 是吸电子基团，将导致羧酸酸性变大，酸性增加的程度与—OH 的位置有关。

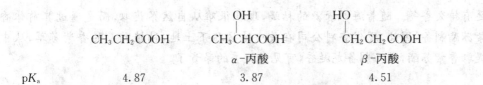

$$pK_a \qquad\qquad 4.87 \qquad\qquad 3.87 \qquad\qquad\qquad 4.51$$

可以看出,随着—OH 与—COOH 距离的增加,诱导效应影响也减弱。若羟基与芳环相连,依据共轭效应判断,邻位、对位的—OH 是供电子基团,酸性应该减弱;间位的—OH 只有诱导效应,没有共轭效应,是吸电子基团,酸性应该增强,事实到底如何?请看实验结果。

$$pK_a \qquad 4.18 \qquad\quad 2.96 \qquad\quad 4.07 \qquad\quad 4.58$$

—OH 在间位,苯甲酸酸性增强,—OH 在对位,苯甲酸酸性减弱,而—OH 在邻位,苯甲酸酸性特别强,原因是羧基上的 H^+ 解离后分子内形成氢键,使羧酸负离子的稳定性增强。

（2）羟基酸的反应

α-羟基酸在酸性催化剂存在的条件下,分子间酯化脱水生成交酯化合物。

脱水 ⇌ 丙交酯

这是一种六元环的双内酯类型的化合物,因为是羟基丙酸形成的,所以称为丙交酯。

β-羟基酸易分子内脱水,形成 α,β-不饱和酸,该反应类似羟醛缩合。

$$CH_2\!-\!CH\!-\!COOH \xrightarrow[\triangle]{H^+ 或 OH^-} CH_2\!=\!CH\!-\!COOH$$
$$\;|\qquad\;|$$
$$OH\quad\;H$$

γ、δ 羟基酸脱水形成内酯,形成稳定的六元环结构。

分子内形成的酯称为内酯,—OH 在 δ 位上故称为 δ-己内酯

阅读材料:内酯类化合物广泛存在于自然界中,是很多香料的成分。龙涎香是一种名贵的香料,从抹香鲸大肠末端或直肠始端类似结石的病态分泌物中得到,焚

之有持久香气。随着海洋资源的枯竭,现在很难从自然界获取,而是通过其前体香紫苏酯制备,因此,现代香料公司在关中地区租下土地,种植大量的香紫苏草,从中提取香紫苏酯,进而制备龙涎香,可见龙涎香的昂贵了。

茉莉内酯　　黄葵内酯(麝香味)

香紫苏酯　　龙涎香

—OH 与—COOH 相距更远的羟基酸受热,发生分子间脱水形成聚酯。

$$m\,\mathrm{HO(CH_2)_nCOOH} \longrightarrow \mathrm{H}\!-\!\!\overset{\overset{\displaystyle O}{\parallel}}{[\mathrm{O(CH_2)_nC}]}_m\mathrm{OH} \ +(m-1)\mathrm{H_2O}$$

请注意,—OH 是吸电子基团,因此在加热情况下,易发生脱羧反应。

$$\underset{\mathrm{OH}}{\mathrm{RCHCOOH}} \xrightarrow{\triangle} \mathrm{RCOOH+CO_2+H_2O}$$

$$\underset{\mathrm{OH}}{\mathrm{RCHCH_2COOH}} \xrightarrow{\triangle} \underset{\mathrm{O}}{\mathrm{RCCH_3}} \ +\mathrm{CO_2+H_2O}$$

7.7.3　羧酸衍生物的性质

1. 羧酸衍生物的物理性质

羧酸衍生物种类很多,本书仅讨论酰卤、酸酐、酯、酰胺四类化合物的性质。

(1) 沸点变化规律

在相对分子质量相近情况下,羧酸的沸点高于酸酐、酯、酰卤。

	$\mathrm{CH_3COCl}$	$\mathrm{CH_3COOCH_3}$	$\mathrm{CH_3CH_2COOH}$
相对分子质量	78.5	74	74
沸点/℃	51	57.5	141.1

	$\mathrm{(CH_3CO)_2O}$	$\mathrm{CH_3CH_2CH_2CH_2COOH}$
相对分子质量	102	103
沸点/℃	139.6	187

可见,羧酸的沸点远远高于酰卤与酸酐。这是因为羧酸分子之间有强烈的氢键作用。

相对分子质量相近的酰胺与羧酸相比,沸点如何?下面是乙酸与乙酰胺的沸点比较。

	CH₃COOH	CH₃CONH₂
相对分子质量	60	59
沸点/℃	118	222

在相对分子质量几乎相同的情况下,沸点差了近一倍。原因在于,酰胺的 N 原子上有 2 个 H,导致酰胺分子形成网状的氢键结构,使得熔点、沸点大幅度升高。

$$ \cdots O \overset{\overset{\displaystyle H}{|}}{N} - H \cdots O \overset{\overset{\displaystyle R}{\displaystyle\|}}{C} N - H \cdots $$

可以设想,如果用烷基取代酰胺 N 上的 H,减少氢键数量,酰胺的熔点沸点将降低,事实的确如此。

	HCONH₂	HCONHCH₃	HCON(CH₃)₂
相对分子质量	45	59	73
沸点/℃	198	180	153

可以看出,从左向右,虽然相对分子质量在增加,但是沸点在降低。

因此,酰胺化合物沸点变化规律为:酰胺 $>$ N-一取代酰胺$>$N-二取代酰胺。

（2）水中溶解度

酰卤、酸酐和酯不溶于水。低级酰胺溶于水,随着相对分子质量的增加,溶解度下降。由于低级酰卤、酸酐易水解,因此自然界不存在天然的酰卤以及低级的酸酐。

（3）IR 谱对比

表 7-4　四类羧酸衍生物的 IR 吸收峰比较

	酰 卤	酸 酐	酯	酰 胺
C＝O 伸缩振动/cm⁻¹	1 815~1 770	1 850~1 780 1 790~1 740	1 750~1 735	1 690~1 630
C—X 弯曲振动/cm⁻¹	645			
C—O—C 伸缩振动/cm⁻¹		1 300~1 050		
C—O 伸缩振动/cm⁻¹			1 300~1 000	
C—N 伸缩振动/cm⁻¹				1 400~1 300
N—H 伸缩振动/cm⁻¹				3 350~3 180

卤素的吸电子效应导致羰基移向高波数,而氨基的供电子共轭效应使羰基的红外吸收峰移向低波数。

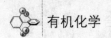

自测题 7 - 20 下列基团在红外光谱中吸收峰波数最大的是( )

A. O—H   B. C=O   C. C—O   D. C—C   E. =C—H

解题分析

把化学键看作是"弹簧",键能越大相当于"弹性"越强,使之振动所需要的能量越高,反映在红外光谱上就是吸收峰的波数越大。

答案 A

2. 羧酸衍生物的亲核取代(加成-消除)反应

亲核试剂(Nu⁻：=H_2O、$R'OH$、NH_3、RNH_2……)进攻羰基碳,形成一个 sp^3 杂化的中间体：Nu 与离去基团 L(L^-=X^-、OH^-、RO^-、NH_2^-……)激烈争夺羰

> 想想英文"离开"怎么拼写,Leave

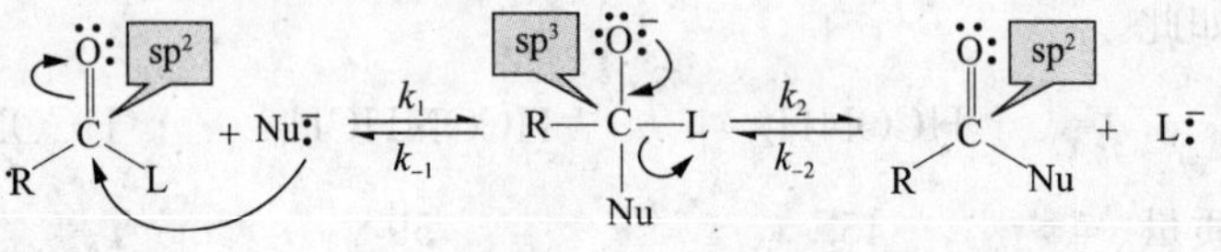

基 C,最终亲核性强的 Nu 留下(亲核性强表示与羰基 C 共享电子对的能力强),竞争"失败"的基团 L 离开,完成取代过程,见图 7 - 11。

图 7 - 11 加成-消除型取代反应历程图

由上述历程可以看出,羰基碳原子如果连有吸电子基团,羰基 C 带有更多的正电荷,将使反应活性增加,这是电子效应;羰基碳原子连有的基团体积增加,不利于亲核试剂的进攻,也不利于四面体结构的形成,导致活性降低,这是空间效应。

同样条件下,L 越容易离去,反应越容易完成。具体到四类衍生物,L 离去能力的顺序为：$X^- > RCOO^- > RO^- > NH_2^-$。

因此,羧酸四类衍生物的亲核取代活性为：酰卤＞酸酐＞酯,羧酸＞酰胺。

思考：为什么醛酮不发生取代反应? 如果发生取代反应,势必有一个 H 带一个负电荷离开羰基 C,但这是不可能完成的任务,因为 H^- 的亲核性远远超过一般的亲核试剂。

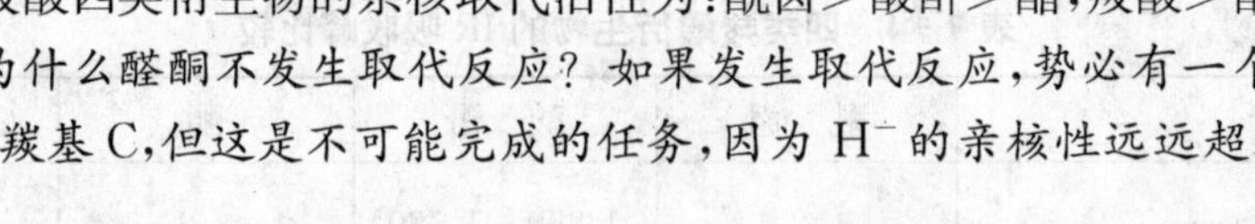

不能发生

（1）水解反应
水解反应的条件以及产物如下。

$$\begin{array}{c} \underset{\substack{R \quad X}}{\overset{O}{\parallel}} \\ \underset{R \quad O \quad R}{\overset{O \quad O}{\parallel \quad \parallel}} \\ \underset{R \quad OR'}{\overset{O}{\parallel}} \\ \underset{R \quad NH_2}{\overset{O}{\parallel}} \end{array} \Bigg\} + H_2O$$

$$\xrightarrow{\quad} \quad +HX$$

$$\xrightarrow{\triangle} \quad \underset{R \quad OH}{\overset{O}{\parallel}} \quad +RCOOH$$

$$\xrightarrow[\triangle]{H^+ \text{或} OH^-} \quad +R'OH$$

$$\xrightarrow[\text{长时间回流}]{H^+ \text{或} OH^-} \quad +NH_3$$

酰卤在室温下即可完成水解反应;酸酐需要加热才能水解;酯类化合物需要酸或碱催化才能水解;酰胺最困难,长时间回流也只能得到部分的水解产物。

思考: 为什么生命选择氨基酸? 因为通过酰胺键——也就是肽键合成的蛋白质,不容易水解。要知道,生命是在海水里诞生的,任何轻易能被海水分解的物质都不可能长时间存在。

再看几个具体的反应,加深印象,3,3-二苯基丙酰氯水解反应如下。

$$(C_6H_5)_2CHCH_2\underset{}{\overset{O}{\overset{\parallel}{C}}}Cl \xrightarrow[0\,^\circ C]{H_2O, Na_2CO_3} (C_6H_5)_2CHCH_2COOH$$

该反应在冰水浴条件下就反应了,何其容易。再看看甲基马来酐的水解。

$$\xrightarrow{H_2O,\triangle}$$

加热就可以水解,条件不算苛刻。而苯并丙酸内酯的水解呢?

$$\xrightarrow{H_2O, NaOH} \xrightarrow{H^+}$$

碱性条件下水解能彻底完成,该反应早期用来制造肥皂,称为皂化反应。最后再看对溴乙酰苯胺的水解情况。

$$CH_3-\underset{}{\overset{O}{\overset{\parallel}{C}}}-NH-\underset{}{\underbrace{}}-Br \xrightarrow{C_2H_5OH-H_2O, KOH} CH_3COOK + H_2N-\underset{}{\underbrace{}}-Br$$

该反应需使用强碱以及乙醇溶剂,长时间回流还是不能彻底反应。

自测题 7-21 下列化合物中水解速率最快以及最慢的分别是(　　)和(　　)。
①乙酰胺　②乙酸乙酯　③乙酰氯　④乙酸酐

答案　③　①

(2) 醇解反应

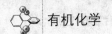

醇解反应规律与水解反应类似,酰卤、酸酐与酚作用,生成相应的酚酯。

$$2(CH_3CH_2O)_2O + HO\text{—}\underset{}{\bigcirc}\text{—}OH \xrightarrow{H_2SO_4} CH_3\overset{O}{\underset{\parallel}{C}}\text{—}O\text{—}\underset{}{\bigcirc}\text{—}O\text{—}\overset{O}{\underset{\parallel}{C}}CH_3$$

这是制备酚酯的好方法。回忆一下,阿司匹林是如何合成的?

酰卤的活性大,因此对于大位阻的酸或醇的酯化反应,往往通过酰氯作为过渡。

$$(CH_3)_3CCOOH \xrightarrow{SOCl_2} (CH_3)_3CCOCl \xrightarrow[\text{吡啶}]{C_6H_5OH} (CH_3)_3C\overset{O}{\underset{\parallel}{C}}\text{—}OC_6H_5$$

位阻大

使用吡啶作为溶剂的目的,在于中和反应产生的 HCl,所以吡啶又被称为缚酸剂。又如:

$$\underset{}{\bigcirc}\overset{O}{\underset{\parallel}{C}}\text{—}Cl + HOC(CH_3)_3 \xrightarrow{\text{吡啶}} \underset{}{\bigcirc}\overset{O}{\underset{\parallel}{C}}\text{—}OC(CH_3)_3$$

叔醇
反应活性较差

酯与醇作用,仍生成酯,故又称为酯交换反应。该反应可用于从低沸点酯制备高沸点酯的情况。

$$CH_2\text{=}CHCOOCH_3 + CH_3(CH_2)_2CH_2OH \underset{}{\overset{H^+}{\rightleftharpoons}} CH_2\text{=}CHCOO(CH_2)_3CH_3 + CH_3OH$$

沸点　80.5℃　　　　　　　　　　　　　　　　　　　　145℃　　　64.7℃
　　　低沸点酯　　　　　　　　　　　　　　　　　高沸点酯　　　易蒸出

控制反应温度为70℃,把交换下来的甲醇不断从反应体系中蒸馏出来,反应就可以不断向右进行了。

阅读材料:提起地沟油,相信大家深恶痛绝。其实,地沟油是有用的,通过用甲醇或乙醇在催化剂作用下经酯交换制成的柴油被称为生物柴油,其性质与柴油无异,完全可以添加到柴油中作为燃料使用。该反应是上述反应的逆反应,甲醇需要极大过量。在国家"不能与粮争地"、"不能与人争粮"、"不能与人争油"、"不能污染环境"的"四不"政策下,提炼生物柴油的原料只能用地沟油,而地沟油的收集是一个难题。据统计,生物柴油制备成本的75%是原料收集成本。如何让地沟油去"喂养"汽车而不是老百姓的餐桌,目前看来还要经过艰苦的"斗争"。

(3) 与氨(或胺)作用

酰卤、酸酐和酯均可与氨(或胺)作用,生成相应的酰胺。

$$CH_3\overset{CH_3}{\underset{|}{C}}H\text{—}\overset{O}{\underset{\parallel}{C}}\text{—}Cl + NH_3 \longrightarrow CH_3\overset{CH_3}{\underset{|}{C}}H\text{—}\overset{O}{\underset{\parallel}{C}}\text{—}NH_2 + HCl$$

该反应不需要加热,反而要控制放热,同时 NH₃ 需要过量,用来中和反应放出的 HCl。

$$ClCH_2\overset{O}{\underset{\parallel}{C}}\text{—}OC_2H_5 + NH_3 \xrightarrow[0\sim5℃]{H_2O} ClCH_2\overset{O}{\underset{\parallel}{C}}\text{—}NH_2 + C_2H_5OH$$

思考：为什么要控制温度？因为温度高了以后，α 位的—Cl 也要发生氨解反应，该反应结果表明，低温下，—OR 的离去能力比—Cl 强。

如果使用酸酐氨解，加热条件下会生成酰亚胺。

羧酸衍生物性质可通过图 7-12 的转化关系总结出来。

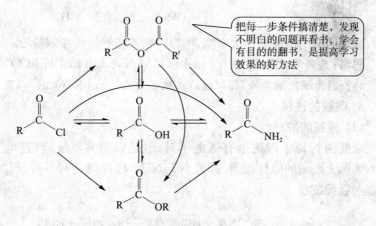

图 7-12　羧酸衍生物转化关系

经常有意识地画这样的转化图，对于各类有机化合物性质的了解可以起到事半功倍的效果。

3. 羧酸衍生物与格氏试剂的反应

首先研究酰卤与格氏试剂反应：

思考：一旦有酮 RCOR′ 生成，反应就变得复杂了，酰卤与 RCOR′ 会竞争与 R′MgX 反应，在 R′MgX 足够多的时候，反应可以继续进行下去，得到叔醇。

如果 R′MgX 的量不足 2.0 mol，比如只加了 1.0 mol，反应的产物会是什么？实

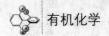

验结果表明,RCOX 被"消灭",产物为 RCOR′,这说明酰卤的反应活性大于酮,所以产物能够停留在酮阶段。

酯类 RCOOR′ 与 R″MgX 反应如何?第一步如下。

$$\underset{R}{\overset{O}{\parallel}}\!\!-\!OR' \xrightarrow{R''MgX} R\!-\!\underset{R''}{\overset{O-MgX}{\underset{|}{\overset{|}{C}}}}\!-\!OR' \xrightarrow{-Mg\overset{OR'}{\diagdown}X} \underset{R}{\overset{O}{\parallel}}\!\!-\!R''$$

问题在第二步,研究结果表明,不管 R″MgX 过量与否,生成的 RCOR″ 都会立刻与 R″MgX 反应,直到把自己消耗完,得到叔醇。

$$\xrightarrow[\text{醚}]{R''MgX} R\!-\!\underset{OMgX}{\overset{R''}{\underset{|}{\overset{|}{C}}}}\!-\!R'' \xrightarrow{H_3O^+} R''\!-\!\underset{OH}{\overset{R}{\underset{|}{\overset{|}{C}}}}\!-\!R''$$

这说明酮的反应活性大于酯,所以产物不能够停留在酮阶段。

思考:某同学做实验,用 1.0 mol 的 R″MgX 与 1.0 mol 的 RCOOR′ 反应,能得到什么产物?因为酮比酯活泼,因此最后系统内是 0.5 mol RCOR″ 以及 0.5 mol 叔醇。

4. 酰胺的性质

(1) 酰胺的酸碱性

酰胺的 N 原子理论上有孤电子对,但是因为共轭效应(把电子输送到羰基上了),实际上酰胺的碱性很弱,远远小于 NH_3,酸性倒是有一些,与醇差不多大小,因此能与强酸成盐。

$$RCONH_2 + HCl(\text{气体}) \xrightarrow{\text{乙醚}} RCONH_2 \cdot HCl\downarrow$$

这样的盐不稳定,遇到水就分解了。

对于与两个羰基共轭的酰亚胺来说,酸性进一步增大,用于生产 N-溴代丁二酰亚胺,简称 NBS。

$$\text{结构式图}\ +\ KOH \xrightarrow[-H_2O]{C_6H_6,\ \triangle} \text{结构式图} \xrightarrow[0℃]{Br_2} \underset{\text{NBS}}{\text{结构式图}}$$

> NBS性质稳定,常常代替液溴参与反应

因此,氨、酰胺、酰亚胺的酸碱性的比较结果为:

酸性从左到右依次增强

| NH_3 | $RCONH_2$ | $(RCO)_2NH$ |

碱性从右到左依次增强

(2) 酰胺的脱水反应

酰胺在脱水剂 P_2O_5、$SOCl_2$ 等存在下共热或高温加热,能发生分子内脱水,生成腈。

$$CH_3CH_2CH_2CH_2-\underset{\underset{CH_2CH_3}{|}}{CH}-\underset{\underset{\underset{}{\parallel}}{\overset{\overset{O}{\parallel}}{C}}}-NH_2 \xrightarrow[75\sim80℃]{SOCl_2/C_6H_6}$$

$$CH_3CH_2CH_2CH_2-\underset{\underset{CH_2CH_3}{|}}{CH}-C\equiv N$$

该法避免了使用剧毒的 NaCN,因此较为"绿色"。

(3)酰胺脱羰基反应

酰胺与 Cl_2 或 Br_2 在碱溶液中作用,能脱去羰基生成伯胺,该反应通常称为 Hofmann 降解反应。

提示 卤素与酰胺在碱溶液中反应,似曾相识吧?是醛酮的 $α-H$ 卤代反应。

$$R-\underset{\underset{}{\overset{\overset{O}{\parallel}}{C}}}-NH_2 +X_2+4NaOH \longrightarrow R-NH_2+2NaX+Na_2CO_3+2H_2O$$

利用该反应可以制备一系列结构特殊的伯胺。

【例 7-3】 从 4-甲基吡啶合成 4-吡啶胺。

解题分析

直接在吡啶的 4 位引入氨基是不可能的,因此必须通过官能团转换才行,把甲基转换为羧基,进而变为酰胺,然后降解。

吡啶系列合成式(由 4-甲基吡啶经 KMnO₄ 得 COOH，经 SOCl₂/△ 得 COCl，经 NH₃ 得 CONH₂，经 Br₂+NaOH 得 NH₂)

5. 羧酸衍生物的还原反应

(1)羧酸衍生物较难还原,但比羧酸还原较为容易。一般使用强还原剂 $LiAlH_4$ 或者 $NaBH_4$,酰卤、酸酐的还原产物是醇。

$$C_{15}H_{31}-\underset{\underset{}{\overset{\overset{O}{\parallel}}{C}}}-Cl \xrightarrow[②H_3O^+]{①LiAlH_4} C_{15}H_{31}CH_2OH$$

酯的还原产物是两分子的醇。

$$CH_3CH=CHCH_2COOCH_3 \xrightarrow[②H_3O^+]{①LiAlH_4} CH_3CH=CHCH_2CH_2OH+CH_3OH$$

酰胺的还原产物是胺。

环己基酰胺还原式

$$\text{环己基}-\underset{\underset{}{\overset{\overset{O}{\parallel}}{C}}}-N(CH_3)_2 \xrightarrow[②H_3O^+]{①LiAlH_4} \text{环己基}-CH_2N(CH_3)_2$$

(2)$LiAlH_4$ 价格昂贵,而且后处理比较危险,一般实验室可以使用 Na/EtOH 作为还原剂,在还原酯基的同时保留双键等不饱和基团。

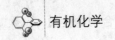

> 该体系还用于萘的还原呢

$$CH_3(CH_2)_7CH = CH(CH_2)_7COOC_2H_5 \xrightarrow{Na-C_2H_5OH} CH_3(CH_2)_7CH = CH(CH_2)_7CH_2OH$$

(3) 酰卤在 Pd/BaSO₄ 催化剂存在下,进行常压加氢,可使酰卤还原成醛,称为 Rosenmund 还原。

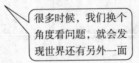

Pd/BaSO₄ 是不是很"面熟"?炔烃选择还原为顺式烯烃的林德拉(Lindlar)催化剂也是 Pd - CaCO₃/Pb(Ac)₂ 或 Pd - BaSO₄/喹啉。

提示 同一催化体系应用于不同的反应,同样是创新。同样的例子还有醇的欧芬脑尔(Oppenauer)氧化反应:异丙醇铝/丙酮体系,而异丙醇铝/异丙醇可以还原醛酮! 这个欧芬脑尔反应的逆反应竟然不是被欧芬脑尔发现的,如今被称为是 Meerwein-Ponndorf-Verley 还原反应,想想欧芬脑尔该有多么懊恼!

> 很多时候,我们换个角度看问题,就会发现世界还有另外一面

自测题 7 - 22

(1) 下列化合物中最难还原的是(　　)。

A. 酮　　　　　　B. 羧酸　　　　　　C. 酯　　　　　　D. 酰卤

(2) 用简单的化学方法鉴别下面的化合物:丁醛、丁酮、2 - 丁醇、丁醇。

提示 (1) 羧酸必须用 LiAlH₄ 还原,而其他化合物都可用催化加氢还原,因此在四种化合物中羧酸最难还原;

(2) 首先把化合物分成醇、醛、酮三类,鉴定醛的特征反应是银镜反应,还有品红反应,颜色变化非常明显。剩下的三个物质中不能发生碘仿反应的是丁醇。2 - 丁醇和丁酮中,甲基酮可以与饱和的 NaHSO₃ 反应生成结晶。

阅读材料:蜡、油脂的相关知识介绍。蜡的主要成分是 C16 以上的高级脂肪酸的高级饱和一元醇酯,天然蜡中往往含有一定量的游离脂肪酸和脂肪醇。蜡广泛存在于自然界中,如植物的茎叶和果实的外部、昆虫的外壳、动物的毛皮以及鸟类的羽毛中。

$$C_{25}H_{51}COOC_{26}H_{53} \qquad C_{51}H_{31}COOC_{30}H_{61} \qquad C_{15}H_{31}COOC_{16}H_{33}$$
蜡酸蜡酯　　　　　　软脂酸蜂蜡脂(蜂蜡)　　　软脂酸鲸蜡酯(鲸蜡)

注意:石蜡与蜡尽管其物态、物性相似,但其化学组成不同,石蜡不是高级脂肪酸的高级饱和一元醇酯,而是 C20 以上的高级烷烃的化合物。天然蜡可以用于制造蜡模、蜡纸、上光剂和软膏的基子等,有的可以调和中药。而高级脂肪酸的甘油三酯被称为油脂,常温下呈现液态的称为油,如豆油、芝麻油、花生油、棉籽油、橄榄油等,原因在于脂肪酸中含有不饱和的 C = C。另一类常温下呈现固体以及半固体的称

为脂肪,如猪油、牛油等,含有较多的饱和脂肪酸。油脂类化合物与 NaOH 溶液加热得到高级脂肪酸的钠盐与甘油,被称为皂化反应。

$$
\begin{array}{c}
CH_2-COOC_{17}H_{33} \\
| \\
CH-COOCH_{15}H_{31} \\
| \\
CH_2-COOC_{17}H_{35}
\end{array}
+3NaOH \longrightarrow
\begin{array}{c}
CH_2-OH \\
| \\
CH-OH \\
| \\
CH_2-OH
\end{array}
+
\begin{array}{c}
C_{17}H_{33}COONa \\
\text{油酸钠} \\
C_{15}H_{31}COONa \\
\text{软脂酸钠} \\
C_{17}H_{35}COONa \\
\text{硬脂酸钠}
\end{array}
$$

工业上把 1g 油脂完全皂化所需的 KOH 的质量(单位:mg)称为皂化值。皂化值反映出油脂的平均相对分子质量。显然,皂化值越高,油脂的平均相对分子质量越低。

含有不饱和酸的油脂分子中的碳碳双键可与 H_2 或 X_2 加成,工业上常通过该反应把液态的植物油转变为人造脂肪(就是所谓的麦淇淋,人造奶油),用于食用或制造肥皂。

100g 油脂所能吸收的碘的质量(单位:mg),称为碘值。碘值用来衡量油脂的不饱和程度,该值越大说明油脂的不饱和程度越大。然而,由于碘与碳碳双键加成较为困难,测定时通常用 ICl 或 IBr 作试剂,再换算成碘的质量。

人类在长期的生活实践中发现,多吃脂肪会导致高血压、高血脂、高血黏度,进而诱导心脑血管疾病,因此,健康的饮食习惯不是少吃或者不吃脂肪,而是食用含有不饱和酸的油类(不饱和脂肪酸是构成体内脂肪的一种脂肪酸,是人体必需的脂肪酸)。特别是人体不能合成亚油酸和亚麻酸,必须从膳食中补充。

7.8 β-二羰基化合物的合成与性质

7.8.1 烯醇式与酮式互变异构

两个羰基中间被一个碳原子隔开的化合物均称为 β-二羰基化合物。这类化合物中,两个羰基互为 β-位。

$$
\underset{\beta\text{-二酮}}{
\begin{array}{c}
O \quad\quad O \\
\| \quad\quad \| \\
R-C-CH_2-C-R
\end{array}}
\quad\quad
\underset{\beta\text{-酮酸酯}}{
\begin{array}{c}
O \quad\quad O \\
\| \quad\quad \| \\
R-C-CH_2-C-OR'
\end{array}}
\quad\quad
\underset{\text{丙二酸二酯}}{
\begin{array}{c}
O \quad\quad O \\
\| \quad\quad \| \\
RO-C-CH_2-C-OR
\end{array}}
$$

这类化合物的性质比较特殊,表现出羰基化合物的性质,如乙酰乙酸乙酯的性质实验:

① 与 HCN、饱和的 $NaHSO_3$ 作用得到加成产物;

② 可与 NH_2OH,$C_6H_5NHNH_2$ 反应; ◄─ 羰基化合物的典型特征反应

③ 还原可生成 β-羟基酸酯。

除此之外,人们还发现乙酰乙酸乙酯还可以进行如下反应:

④ 可使溴水褪色,证明有不饱和键存在;

⑤ 能与金属钠作用,放出 H_2;

⑥ 能与 CH_3COCl 作用生成酯; 典型的醇羟基性质

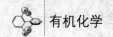

⑦ 能与 $FeCl_3$ 水溶液作用呈现出紫红色,说明具有烯醇式结构。

如何解释上述现象呢? 原来是化合物的结构在不断变化中! 实验事实表明,在乙酰乙酸乙酯中存在着酮式和烯醇式的互变异构,并形成一个平衡体系。

$$H_3C-\overset{\overset{O}{\|}}{C}-\overset{H_2}{C}-\overset{\overset{O}{\|}}{C}-OC_2H_5 \rightleftharpoons H_3C-\overset{OH}{\underset{}{C}}=\overset{}{\underset{H}{C}}-\overset{\overset{O}{\|}}{C}-OC_2H_5$$

酮式   烯醇式

常温   92.5%   7.5%

其实,烯醇式结构并不是线型的分子,而是通过分子内氢键的缔合形成一个稳定的六元环,羟基氧原子上的未共用电子对与碳碳双键、碳氧双键处于共轭体系,发生了电子的离域,使体系能量降低而趋于稳定。 （稳定才是硬啊）

$$H_3C-\overset{OH}{\underset{H}{C}}=C-\overset{\overset{O}{\|}}{C}-OC_2H_5 \Longrightarrow$$

追求共轭效应的极端例子是苯酚,如果不是烯醇式结构,将会破坏苯环的芳香结构导致不稳定。

芳香体系,稳定   非芳香体系,不稳定

烯醇式含量多少与溶剂有很大的关系,在极性溶剂中烯醇式含量下降,而在非极性溶剂中烯醇式含量上升。

$$H_3C-\overset{\overset{O}{\|}}{C}-\overset{H_2}{C}-\overset{\overset{O}{\|}}{C}-OC_2H_5 \rightleftharpoons$$

溶剂	酮式	烯醇式
H_2O	99.6%	0.4%
C_2H_5OH	89.48%	10.52%
C_6H_{12}	53.6%	46.4%

7.8.2 乙酰乙酸乙酯的合成与应用

1. 乙酰乙酸乙酯的合成

含 $\alpha-H$ 的酯在强碱(如乙醇钠)催化下缩合,生成 $\beta-$酮酸酯的反应称为 Claisen 酯缩合反应。如乙酸乙酯的缩合反应。

$$CH_3-\overset{O}{\overset{\|}{C}}-OC_2H_5 + CH_3-\overset{O}{\overset{\|}{C}}-OC_2H_5 \xrightarrow[②CH_3COOH]{①C_2H_5ONa} CH_3-\overset{O}{\overset{\|}{C}}-CH_2-\overset{O}{\overset{\|}{C}}-OC_2H_5$$

该反应机理如下：

$$CH_3CH_2O^- \quad \overset{H}{\underset{2HC}{\overset{\alpha}{\diagup}}}-\overset{O}{\overset{\|}{C}}-OC_2H_5 \ \Longleftrightarrow\ H_2\overset{\ominus}{C}-\overset{O}{\overset{\|}{C}}-OC_2H_5 \ \longleftrightarrow\ H_2C=\overset{O^{\ominus}}{\overset{|}{C}}-OC_2H_5$$

两可离子

强碱 $CH_3CH_2O^-$ 进攻羰基旁边的 $\alpha - H$，导致形成两可离子(酮式与烯醇式的平衡混合物)。现在的问题是，同样带有负电荷，作为亲核试剂，是碳负离子活泼还是氧负离子活泼呢？经验告诉我们，带负电荷的氧的化合物有很多，如 NaOH，而带负电荷的碳的化合物很少见到，原因就在于碳负离子太活泼，不能稳定存在。碳负离子向另外一分子的羰基碳(带有部分正电荷)进攻，接着消除一个 $CH_3CH_2O^-$ 完成反应，由此可见，$CH_3CH_2O^-$ 在反应体系中只是一个催化剂。

$$H_3C-\overset{\delta^-O}{\underset{\underset{OC_2H_5}{|}}{\overset{|}{\underset{\delta^+}{C}}}} \quad H_2\overset{\ominus}{C}-\overset{O}{\overset{\|}{C}}-OC_2H_5 \ \Longleftrightarrow\ H_3C-\overset{\overset{\ominus}{O}}{\underset{\underset{O}{|}}{\overset{|}{C}}}-\overset{CH_2}{\underset{}{}}-\overset{O}{\overset{\|}{C}}-OC_2H_5$$

$$\xrightarrow{酸} CH_3-\overset{O}{\overset{\|}{C}}-CH_2-\overset{O}{\overset{\|}{C}}-OC_2H_5 + C_2H_5O^-$$

利用含 $\alpha - H$ 的酯与不含 $\alpha - H$ 的酯(如甲酸酯、苯甲酸酯、乙二酸酯和碳酸酯)之间进行交叉缩合，得到一系列的 β-二羰基化合物，具有应用价值。如：

$$HCOOR+ CH_3-\overset{O}{\overset{\|}{C}}-OC_2H_5 \xrightarrow[②CH_3COOH]{①C_2H_5ONa} H-\overset{O}{\overset{\beta\|}{C}}-\overset{\alpha}{CH_2}-\overset{O}{\overset{\|}{C}}-OC_2H_5$$

$$\overset{COOC_2H_5}{\underset{COOC_2H_5}{|}} + CH_3-\overset{O}{\overset{\|}{C}}-OC_2H_5 \xrightarrow[②CH_3COOH]{①C_2H_5ONa} \overset{COOC_2H_5}{\underset{CO}{\overset{\beta|}{\;}}}-\overset{\alpha}{CH_2}-\overset{O}{\overset{\|}{C}}-OC_2H_5$$

设想一下，分子内的酯缩合是什么样的？

自测题 7 - 23 写出己二酸二乙酯的缩合产物。

解题分析

分子内的 Claisen 酯缩合反应，得到五元环产物。该反应称为迪克曼(Dieckmann)缩合。

$$\overset{CH_2CH_2COOC_2H_5}{\underset{CH_2CH_2COOC_2H_5}{|}} \xrightarrow[②H^+]{①C_2H_5ONa,\ C_6H_6} \quad [五元环产物\ \beta\text{-}酮基环戊烷\ \alpha\text{-COOC}_2H_5]$$

2. 乙酰乙酸乙酯的分解及其在有机合成上的应用

(1) 酮式分解和酸式分解

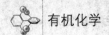

在稀碱作用下,乙酰乙酸乙酯首先水解生成乙酰乙酸,后者在加热条件下脱羧生成酮,我们称之为酮式分解。

$$CH_3-\overset{O}{\overset{\|}{C}}-CH_2-\overset{O}{\overset{\|}{C}}-OC_2H_5 \xrightarrow[②H^+]{①5\% \text{ NaOH}} CH_3-\overset{O}{\overset{\|}{C}}-CH_2-\overset{O}{\overset{\|}{C}}-OH$$

乙酰乙酸为什么会发生酮式分解呢? 原来,乙酰乙酸分子并不是链式结构,而是形成分子内氢键的环状结构,在加热条件下失去右边的 CO_2 部分,得到丙酮。

$$\left[\begin{array}{c} \end{array} \right] \xrightarrow{\Delta} \left[\begin{array}{c} \end{array} \right] \longrightarrow \begin{array}{c} \end{array} + CO_2$$

$$\downarrow 重排$$

$$CH_3COCH_3$$

若使用浓碱处理,OH^- 浓度加大,直接作为亲核试剂进攻羰基碳,则在 $\alpha-C$ 和 $\beta-C$ 间断键,生成乙酸盐和乙酸乙酯,碱催化继续水解,得到两分子乙酸盐,该分解称为酸式分解。

$$CH_3-\overset{\beta}{\overset{O}{\overset{\|}{C}}}-CH_2-\overset{\alpha}{\overset{O}{\overset{\|}{C}}}-OC_2H_5 + OH^- \longrightarrow CH_3-\overset{\beta}{\underset{OH}{\overset{O^-}{\overset{|}{C}}}}-CH_2-\overset{\alpha}{\overset{O}{\overset{\|}{C}}}-OC_2H_5$$

$$\longrightarrow CH_3COOH + \bar{C}H_2-\overset{O}{\overset{\|}{C}}-OC_2H_5 \longrightarrow CH_2COO^- + CH_3-\overset{O}{\overset{\|}{C}}-OC_2H_5$$

$$\xrightarrow{OH^-} 2CH_3COO^- + C_2H_5OH$$

(2) 乙酰乙酸乙酯活泼亚甲基上的反应

受到一个羰基作用的醛酮的 $\alpha-H$ 是有活性的,何况受到两个羰基的作用呢,因此两个羰基之间的亚甲基变得活泼。

$$CH_3-\overset{O}{\overset{\|}{C}}-CH_2-\overset{O}{\overset{\|}{C}}-OC_2H_5 \xrightarrow{C_2H_5ONa} \left[CH_3-\overset{O}{\overset{\|}{C}}-\bar{C}H-\overset{O}{\overset{\|}{C}}-OC_2H_5 \right] Na^+$$

$$\xrightarrow{\text{RCOX}} \quad \downarrow R-X$$

$$CH_3-\overset{O}{\overset{\|}{C}}-\underset{R-C=O}{\overset{|}{C}H}-\overset{O}{\overset{\|}{C}}-OC_2H_5 \qquad CH_3-\overset{O}{\overset{\|}{C}}-\underset{R}{\overset{|}{C}H}-\overset{O}{\overset{\|}{C}}-OC_2H_5$$

在强碱 $CH_3CH_2O^-$ 作用下,亚甲基上的 H 被"拔掉",形成了碳负离子结构,作为亲核试剂与卤代烃 RX 发生 S_N 反应,结果是在亚甲基上引入烷基 R;与酰卤 RCOX 发生 S_N 反应,结果是在亚甲基上引入酰基。

思考: 亚甲基上有两个 H,可以依次"拔掉",先后引入两个基团,如果两个基团不一样大,请问先引入大的基团还是小的基团呢?

$$CH_3-\overset{\overset{O}{\|}}{C}\overset{\beta}{}-\overset{\alpha}{CH}-\overset{\overset{O}{\|}}{C}-OC_2H_5 \xrightarrow[\text{②}R'-X]{\text{①}C_2H_5ONa} CH_3-\overset{\overset{O}{\|}}{C}-\overset{\overset{R'}{|}}{C}-\overset{\overset{O}{\|}}{C}-OC_2H_5$$

实验研究的结果表明,应该先大后小。

（3）乙酰乙酸乙酯在合成上的应用

将前面制备的取代的 β-酮酸酯进行酮式分解与酸式分解,就得到了不同的产物。

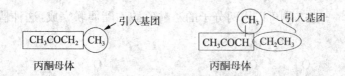

同理,二取代乙酰乙酸乙酯进行酮式分解将得到二取代丙酮;进行酸式分解将得到二取代乙酸。

说明 尽管有两种分解方式可以利用,但是一般不进行酸式分解制备取代酸,原因很简单——浓碱被不断消耗,总会变成稀碱,此时不可避免地发生酮式分解,造成产物复杂化的局面,因此一般是利用酮式分解合成取代丙酮。

【例7-4】 （合成甲基酮）利用乙酰乙酸乙酯合成2-丁酮和3-甲基-2-戊酮。

解题分析

以丙酮作为母体,上述产物就是要求引入如下基团:

丙酮来自乙酰乙酸乙酯,而甲基、乙基都是引入基团。所以方案设计如下:
首先对乙酰乙酸乙酯进行处理,使之变为亲核试剂。

$$CH_3-\overset{\overset{O}{\|}}{C}-CH_2-\overset{\overset{O}{\|}}{C}-OC_2H_5 \xrightarrow{C_2H_5ONa} CH_3-\overset{\overset{O}{\|}}{C}-\overset{-}{C}H-\overset{\overset{O}{\|}}{C}-OC_2H_5$$

对于2-丁酮,比较简单,只要引入一个甲基就可以了,而对于3-甲基-2-戊酮,则要分步引入乙基、甲基,这是关键!

$$CH_3\text{-}\overset{O}{\overset{\|}{C}}\text{-}\overset{-}{C}H\text{-}\overset{O}{\overset{\|}{C}}\text{-}OC_2H_5 \xrightarrow{MeBr} CH_3\text{-}\overset{O}{\overset{\|}{C}}\text{-}\overset{Me}{\underset{|}{C}H}\text{-}\overset{O}{\overset{\|}{C}}\text{-}OC_2H_5 \xrightarrow[\triangle]{5\% NaOH} CH_2\text{-}\overset{O}{\overset{\|}{C}}\text{-}CH_2\text{-}CH_3$$
2-丁酮

$\downarrow$ Et-Br

$$CH_3\text{-}\overset{O}{\overset{\|}{C}}\text{-}\underset{\underset{Et}{|}}{C}H\text{-}\overset{O}{\overset{\|}{C}}\text{-}OC_2H_5 \xrightarrow{C_2H_5ONa} CH_3\text{-}\overset{O}{\overset{\|}{C}}\text{-}\underset{\underset{Et}{|}}{\overset{-}{C}}\text{-}\overset{O}{\overset{\|}{C}}\text{-}OC_2H_5$$

$\downarrow$ MeBr

$$CH_3\text{-}\overset{O}{\overset{\|}{C}}\text{-}\overset{Me}{\underset{\underset{Et}{|}}{C}}\text{-}Et \xleftarrow[\triangle]{5\% NaOH} CH_3\text{-}\overset{O}{\overset{\|}{C}}\text{-}\overset{Me}{\underset{\underset{Et}{|}}{C}}\text{-}\overset{O}{\overset{\|}{C}}\text{-}OC_2H_5$$
3-甲基-戊酮

【例 7-5】 （合成二羰基化合物）利用乙酰乙酸乙酯合成 2,4-戊二酮和 2,5-己二酮。

解题分析

2,4-戊二酮就是要引入一个乙酰基,因此合成方案设计如下。

$$CH_3\text{-}\overset{O}{\overset{\|}{C}}\text{-}CH_2\text{-}\overset{O}{\overset{\|}{C}}\text{-}OC_2H_5 \xrightarrow{C_2H_5ONa} CH_3\text{-}\overset{O}{\overset{\|}{C}}\text{-}\overset{-}{C}H\text{-}\overset{O}{\overset{\|}{C}}\text{-}OC_2H_5$$

$\downarrow$ CH_3COCl

$$CH_3\text{-}\overset{O}{\overset{\|}{C}}\text{-}CH_2\text{-}\overset{O}{\overset{\|}{C}}\text{-}CH_3 \xleftarrow[\triangle]{5\% NaOH} CH_3\text{-}\overset{O}{\overset{\|}{C}}\text{-}CH\text{-}\overset{O}{\overset{\|}{C}}\text{-}OC_2H_5$$
2,4-戊二酮

合成 2,5-己二酮可以用两分子的乙酰乙酸乙酯偶联完成,这种偶联一般用 I_2 完成。

$$CH_3\text{-}\overset{O}{\overset{\|}{C}}\text{-}CH_2\text{-}\overset{O}{\overset{\|}{C}}\text{-}OC_2H_5 \xrightarrow{C_2H_5ONa} CH_3\text{-}\overset{O}{\overset{\|}{C}}\text{-}\overset{-}{C}H\text{-}\overset{O}{\overset{\|}{C}}\text{-}OC_2H_5$$

0.5 mol $\downarrow I_2$

$$CH_3\text{-}\overset{O}{\overset{\|}{C}}\text{-}CH_2\text{-}CH_2\text{-}\overset{O}{\overset{\|}{C}}\text{-}CH_3 \xleftarrow[\triangle]{5\% NaOH} \begin{array}{c} CH_3\text{-}\overset{O}{\overset{\|}{C}}\text{-}CH\text{-}\overset{O}{\overset{\|}{C}}\text{-}OC_2H_5 \\ | \\ CH_3\text{-}\overset{}{C}\text{-}CH\text{-}\overset{}{C}\text{-}OC_2H_5 \\ \overset{\|}{O} \quad\quad \overset{\|}{O} \end{array}$$
2,5-己二酮

【例 7-6】 （合成酮酸类化合物）利用乙酰乙酸乙酯合成 $CH_3\text{-}\overset{O}{\overset{\|}{C}}\text{-}CH_2(CH_2)_nCOOH$。

注意: 一般要用卤代酸酯——$X(CH_2)_nCOOC_2H_5$,而不能使用卤代酸 $X(CH_2)_nCOOH$。想想为什么? 酸会中和催化剂 C_2H_5ONa。

答案

$$CH_3-\overset{\overset{O}{\|}}{C}-CH_2-\overset{\overset{O}{\|}}{C}-OC_2H_5 \xrightarrow{C_2H_5ONa} CH_3-\overset{\overset{O}{\|}}{C}-\overline{C}H-\overset{\overset{O}{\|}}{C}-OC_2H_5$$

$$\downarrow X(CH_2)_nCOOC_2H_5$$

$$CH_3-\overset{\overset{O}{\|}}{C}-CH_2(CH_2)_n COOH \xleftarrow[\triangle]{5\% \ NaOH} CH_3-\overset{\overset{O}{\|}}{C}-\overset{\overset{\|}{C}H}{\underset{(CH_2)_nCOOC_2H_5}{|}}-\overset{\overset{O}{\|}}{C}-OC_2H_5$$

> 通过卤代酯
> 引入的羧基

自测题 7 - 24 用 C4 以下有机物为原料,经乙酰乙酸乙酯法合成以下化合物。

解题分析

引入一个五元环? NO! 是引入四个亚甲基! 这四个亚甲基的头尾两端都有卤素,就可以分步引入了。合成路线如下:

说明 发生两次亲核取代而得到环状分子。

7.8.3 丙二酸二乙酯的合成与应用

1. 丙二酸二乙酯的合成

该化合物前面已经讲过,合成方法也比较简单,从价格低廉的乙酸卤代开始,卤代酸腈解,然后水解的同时酯化就可以了。具体合成路线如下:

$$\underset{Cl}{CH_2COOH} \xrightarrow[-H_2O]{NaOH} \underset{Cl}{CH_2COONa} \xrightarrow[-NaCl]{NaOH} \underset{CN}{CH_2COONa} \xrightarrow[\triangle]{H_3O^+} \underset{COOH}{CH_2COOH}$$

$$\xrightarrow[H^+]{C_2H_5OH} CH_2(COOC_2H_5)_2$$

注意:夹在两个酯基之间的亚甲基上的 H 同样活泼,因此可以利用丙二酸二乙酯合成取代酸。

2. 丙二酸二乙酯在合成上的应用

(1) 合成一元羧酸

【例 7 - 7】 合成化合物 4 -甲基戊酸和 2 -甲基戊酸。

解题分析

丙二酸二乙酯水解后得到的是乙酸,因此上述化合物中的乙酸母体来自丙二酸

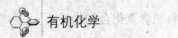

二乙酯,剩下的取代基需要引入。

$$CH_3CHCH_2\boxed{CH_2COOH} \qquad CH_3CH_2CH_2\boxed{CHCOOH}$$
$$\quad\;|\qquad\qquad\qquad\qquad\qquad\qquad |$$
$$\quad\,CH_3 \qquad\qquad\qquad\qquad\qquad\quad CH_3$$

一取代乙酸   二取代乙酸

引入基团:—CH_2CHCH_3 引入基团:—CH_3
$$\qquad\qquad\qquad\;|\qquad\qquad\qquad\qquad\qquad\qquad —CH_2CH_2CH_3$$
$$\qquad\qquad\quad CH_3$$

思考:当要引入不同的两个基团时,究竟先上哪一个? 大的先上!

$$CH_2(COOC_2H_5)_2 \xrightarrow{C_2H_5ONa} C_2H_5O-\overset{O}{\overset{\|}{C}}-\overset{-}{C}H-\overset{O}{\overset{\|}{C}}-OC_2H_5$$

$$\Big\downarrow XCH_2CH_2CH_3$$

$$C_2H_5O-\overset{O}{\overset{\|}{C}}-\overset{\overset{CH_3}{|}}{C}-\overset{O}{\overset{\|}{C}}-OC_2H_5 \xleftarrow{\;\;MeBr\;\;C_2H_5ONa\;\;} C_2H_5O-\overset{O}{\overset{\|}{C}}-CH-\overset{O}{\overset{\|}{C}}-OC_2H_5$$
$$\qquad\quad |\qquad\qquad\qquad\qquad\qquad\qquad\qquad\qquad\qquad\quad |$$
$$\quad CH_2CH_2CH_3 \qquad\qquad\qquad\qquad\qquad\qquad\quad CH_2CH_2CH_3$$

$$\Big\downarrow 碱$$

$$CH_3CH_2CH_2-\overset{\overset{CH_3}{|}}{\underset{\underset{COOH}{|}}{C}}COOH \xrightarrow[\triangle]{H_3O^+} CH_3CH_2CH_2-\overset{\overset{CH_3}{|}}{C}HCOOH$$

另一个羧酸的合成请自己写出来。

(2) 合成二元羧酸

直接用卤代羧酸肯定不行了,原因是羧酸会中和 EtONa,所以只能用卤代酯。
应用举例如下。

【例7-8】 合成甲基丁二酸。

解题分析

需要用 2-氯丙酸甲酯引入基团。

$$\boxed{CH_2COOH} \qquad\qquad\qquad 引入基团:—CHCOOCH_3$$
$$|\qquad\qquad\qquad\qquad\qquad\qquad\qquad\qquad\qquad\qquad |$$
$$CH_3CHCOOH \qquad\qquad\qquad\qquad\qquad\qquad\qquad\quad CH_3$$

所以合成路线如下:

$$CH_2(COOC_2H_5)_2 \xrightarrow{C_2H_5ONa} C_2H_5O-\overset{O}{\overset{\|}{C}}-\overset{-}{C}H-\overset{O}{\overset{\|}{C}}-OC_2H_5$$

$$\Big\downarrow \underset{\underset{CH_3}{|}}{Cl-CHCOOCH_3}$$

$$\boxed{\begin{array}{c} CH_2COOH \\ | \\ CH_3CHCOOH \end{array}} \xleftarrow[\triangle]{H_3O^+\quad 碱} C_2H_5O-\overset{O}{\overset{\|}{C}}-\underset{\underset{\underset{CH_3}{|}}{CHCOOCH_3}}{CH}-\overset{O}{\overset{\|}{C}}-OC_2H_5$$

当然也可以使用两分子的丙二酸二乙酯完成二元酸的合成,例如:

$$CH_2(COOC_2H_5)_2 \xrightarrow{C_2H_5ONa} C_2H_5O-\overset{O}{\underset{}{C}}-\bar{C}H-\overset{O}{\underset{}{C}}-OC_2H_5$$

$$\downarrow 0.5\,mol\ X(CH_2)_nX$$

$$\begin{array}{l} CH_2-\overset{O}{\underset{}{C}}-OH \\ (CH_2)_n \\ CH_2-\overset{}{\underset{O}{C}}-OH \\ \qquad\quad O \end{array} \xleftarrow[\triangle]{H_3O^+\ 碱} C_2H_5O-\overset{O}{\underset{}{C}}-\overset{}{\underset{(CH_2)_n}{HC}}-\overset{O}{\underset{}{C}}-OC_2H_5$$
$$C_2H_5O-\overset{}{\underset{O}{C}}-\overset{}{\underset{O}{CH}}-\overset{}{\underset{O}{C}}-OC_2H_5$$

自测题 7 - 25 合成环己基甲酸。

解题分析

引入的是什么基团呢?是环己基吗?不对,与自测题 7 - 24 类似,引入的是五个亚甲基!这是个首尾都有卤素的分子,即

$$引入基团\ \begin{array}{c} CH_2 \\ (CH_2)_3 \\ CH_2 \end{array}\!\!\Big] CH-COOH\ (只需一分子的丙二酸二乙酯)$$

所以合成路线如下:

$$CH_2(COOC_2H_5)_2 \xrightarrow{C_2H_5ONa} C_2H_5O-\overset{O}{\underset{}{C}}-\bar{C}H-\overset{O}{\underset{}{C}}-OC_2H_5$$

$$\downarrow 0.5mol\ X(CH_2)_5X$$

$$C_2H_5O-\overset{O}{\underset{}{C}}-\overset{}{\underset{}{C}}-OC_2H_5 \xleftarrow{C_2H_5ONa} C_2H_5O-\overset{O}{\underset{}{C}}-\overset{}{\underset{(CH_2)_5X}{CH}}-\overset{O}{\underset{}{C}}-OC_2H_5$$

$$\downarrow NaOH$$

$$\downarrow \triangle\ H_3O^+$$

$$\overset{}{\underset{}{}}\!\!-COOH$$

至此,通过丙二酸二乙酯合成各种取代酸的路线已经演示完毕了。下面进行必要的总结与思维扩展。

📖 **阅读材料:**总结 α - H 的问题。

不论是醛酮的 α—H,羧酸中的 α—H,还是 β-二羧基化合物中的亚甲基上的 C—H,它们活泼的来源是什么?是羧基的吸电子诱导效应,导致 C—H 上的电子云密度降低,换句话说,就是 H 变得更加"裸露",酸性增强的结果就是这个 H 更加容易被碱夺走!那么,难道只有羧基有吸电子效应吗?其他的吸电子基团,如—CN,

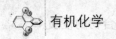

—NO$_2$,—SO$_3$H等都有这种效应。因此,诺文格尔(Knoevenagel)反应就顺理成章了。

$$H_2C\begin{matrix}Z\\Z'\end{matrix} \underset{}{\overset{\text{碱}}{\rightleftharpoons}} \overset{\delta^+}{C}=O \quad HC^{\ominus}\begin{matrix}Z\\Z'\end{matrix} \rightleftharpoons \overset{O^\ominus}{C}-CH\begin{matrix}Z\\Z'\end{matrix}$$

$$C=C\begin{matrix}Z\\Z'\end{matrix} \underset{-H_2O}{\overset{}{\rightleftharpoons}} \overset{OH}{C}-CH\begin{matrix}Z\\Z'\end{matrix}$$

Z, Z'=—CHO, —COR, —CN, —NO$_2$, —SOR, —SO$_2$OR等

反应结果就是把C=O变成了C=C。

利用诺文格尔反应可以得到"一大堆"的化合物,反应中涉及的碱,可以是无机碱(如 NaOH),也可以是有机碱(如哌啶,即吡啶的还原产物),得到的产物是 α,β-不饱和化合物,该类化合物的性质作为选读内容,有兴趣的同学自己看看。

$$\text{C}_6\text{H}_5\text{—CHO} + \text{CH}_3\text{NO}_2 \xrightarrow{\text{NaOH}} \text{C}_6\text{H}_5\text{—}\underset{H}{C}\text{=CHNO}_2$$

$$\text{C}_6\text{H}_5\text{—CHO} + \text{CH}_2(\text{COOH})_2 \xrightarrow{\text{哌啶}} \text{C}_6\text{H}_5\text{—}\underset{H}{C}\text{=C(CO}_2\text{H)}_2$$

$$\text{+CNCH}_2\text{COOEt} \xrightarrow{\text{哌啶}} \begin{matrix}\text{CN}\\\text{COOEt}\end{matrix}$$

7.9* 不饱和羰基化合物的性质

不饱和羰基化合物是指分子中既含有羰基,又含有不饱和烃基的化合物,根据不饱和键和羰基的相对位置可分为以下三类:①烯酮(RCH=C=O)类;②α,β-不饱和醛酮(巴豆醛 CH$_3$CH=CH—CHO 就是这类化合物);③孤立不饱和醛酮(RCH=CH(CH$_2$)$_n$CHO,$n\geqslant 1$)。

孤立不饱和醛酮兼有烯和羰基的性质,不再讨论。而 α,β-不饱和醛酮、烯酮有其特性及用途,有必要了解。

7.9.1 烯酮(RCH=C=O)类化合物的性质

典型的烯酮类化合物是乙烯酮(H$_2$C=C=O),它是一种有毒气体,沸点为 $-48℃$,溶解于乙醚、丙酮,必须冷冻保存。制备方法简单,将乙酸或丙酮加强热即可得到。

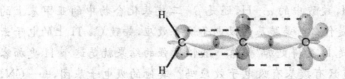

乙烯酮非常活泼,能够发生多种反应,在分子中引入一个乙酰基,可用来制备羧酸、酰卤、酯、过氧化物、酰胺、乙酸烯醇酯等化合物。

$$
H_2C=C=O \longrightarrow
\begin{cases}
H-OH \longrightarrow H_2C-\underset{\underset{OH}{|}}{\overset{\overset{OH}{|}}{C}}-OH \longrightarrow CH_3COOH \\
H-Cl \longrightarrow H_2C-\underset{\underset{OH}{|}}{\overset{\overset{Cl}{|}}{C}}-OH \longrightarrow CH_3COCl \\
H-OR \longrightarrow H_2C-\underset{\underset{OH}{|}}{\overset{\overset{OR}{|}}{C}}-OH \longrightarrow CH_3COOR \\
H-OOCR \longrightarrow H_2C-\underset{\underset{OH}{|}}{\overset{\overset{OOR}{|}}{C}}-OH \longrightarrow CH_3CO_3R \\
H-NH_2 \longrightarrow H_2C-\underset{\underset{OH}{|}}{\overset{\overset{NH_2}{|}}{C}}-OH \longrightarrow CH_3CONH_2 \\
\left[H-O-C=CH_2 \rightleftharpoons \right] \longrightarrow CH_3COOC=CH_2
\end{cases}
$$

乙烯酮遇光分解为卡宾(Carbene)。

$$H_2C=C=O \xrightarrow{h\nu} \overset{..}{C}H_2 + CO$$

卡宾的结构有两种,显然三线态较为稳定。

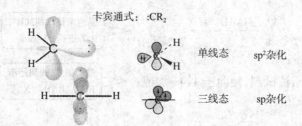

卡宾通式::CR$_2$ 单线态　sp^{2}杂化　三线态　sp杂化

卡宾高度活泼,可以插入 C—H、C—C、O—H 中形成三元环状化合物。

环丙烷是很不稳定的,一般方法很难合成,采用卡宾环化是非常不错的方法。

7.9.2 α,β-不饱和醛酮的性质

α,β-不饱和醛酮的结构特点是碳碳双键与羰基共轭,具有烯烃、醛、酮和共轭二烯烃的性质,其特征反应是共轭加成。羰基是个极性键,导致与其共轭的 C=C 的 π 电子云向羰基转移,造成分子内正负相间的结构。

因此与亲核试剂加成时,亲电试剂就会对 β-C 加成,产生两种加成产物。

反应为 1,2-加成还是 1,4-加成取决于以下三个因素:

(1) 亲核试剂的强弱。弱的亲核试剂主要进行 1,4-加成,强的亲核试剂主要进行 1,2-加成。

(2) 反应温度。低温进行 1,2-加成,高温进行 1,4-加成。

> 请与 1,3-丁二烯的 1,2-加成与 1,4-加成对比

(3) 立体效应。羰基所连的基团大或试剂体积较大时,有利于 1,4-加成。

下面看一个具体的反应。

> 强的亲核试剂如 H⁻,R⁻等进行 1,2-加成

而对于弱的亲核试剂,倾向于 1,4-加成。

> 这类亲核试剂还有 RSH、RNH₂、X⁻等

同理,凡是能够与 C=C 共轭的吸电子的基团,都能够进行 1,4-加成,这些基团主要有羰基、硝基、氰基、酯基等,这就是著名的麦克尔(Michael)加成反应。

(Z 代表能和 C=C 共轭的基团)
Z=—CHO, —COR, —CN, —NO₂, —COOR 等

自测题 7-26 以下反应的名称为(   )。

A. Claisen 酯缩合　　　　　　　B. Reformatsky 反应

C. Michael 加成　　　　　　　　D. Knovenagel 缩合

答案　C

7.10　羧酸的制备小结

（1）烃类化合物氧化

$$CH_3CH_2CH_2CH_3 + O_2 \xrightarrow[90\sim100℃]{醋酸钴} CH_3COOH + \cdots$$
$$57\%$$

（2）有 α-H 的芳香烃氧化

（图：甲苯 + O_2 $\xrightarrow[165℃]{钴盐或锰盐}$ 苯甲酸）

（3）烯烃或者炔烃氧化

$$R^1C = CR^2 \xrightarrow{KMnO_4} R^1COOH + R^2COOH$$

（4）伯醇或醛的氧化反应

（5）甲基酮碘仿反应，制备少一个碳原子的羧酸

$$(CH_3)_3CCH_2\overset{\overset{O}{\|}}{C}CH_3 \xrightarrow[②H_3O^+]{①I_2,NaOH} (CH_3)_3CCH_2COOH + CHI_3$$

（6）格氏试剂与 CO_2 作用，制备增加一个碳原子的羧酸

$$(CH_3)_3C-MgBr + CO_2 \longrightarrow (CH_3)_3C-\underset{\underset{OMgBr}{|}}{C}=O \xrightarrow{H_3O^+} (CH_3)_3C-COOH$$

（7）Kolbe-Schmitt 反应，制备增加一个碳原子的酚酸（主要制备水杨酸）

（图：苯酚钠 + CO_2 $\xrightarrow[0.5\ MPa]{150\sim160℃}$ 邻羟基苯甲酸钠 $\xrightarrow{H_3O^+}$ 水杨酸）

（8）通过水解反应制备：腈、酰卤、酸酐、酯、酰胺等化合物的水解

本章要求必须掌握的内容如下：

1. 醇、酚、醚、醛、酮、羧酸及其衍生物的命名和化学性质

2. 用格氏试剂法合成醇和羧酸

3. 醛酮的亲核加成机理、羧酸衍生物亲核加成-消除反应机理

4. 碳正离子的重排机理

5. 乙酰乙酸乙酯以及丙二酸二乙酯在有机合成上的应用

6. 特征反应如碘仿反应、银镜反应、Aldol 缩合反应、欧芬脑尔氧化反应、羰基还

原等的条件

7. 一些以人名命名的试剂(如 Tollens 试剂、Lucas 试剂)的组成

建议学习方法

根据编者个人经验,每学完一个章节,都要及时总结,并把化合物的转换关系绘制成路线图,按照路线图,结合具体的化合物进行反应条件、试剂名称、产物构型等内容填空。除了已经给出的线路图外,笔者建议读者将其他内容绘图。

可以参考的线路:

1. 烯烃→卤代烃→格氏试剂→醇→醛→羧酸→羧酸衍生物→醇。

2. 烷烃→卤代烃→醇→羧酸→羧酸衍生物→醇。

这样的路线可以写无限多。请读者完成下述路线后继续延伸,把你能想到的反应都这样"网"起来。

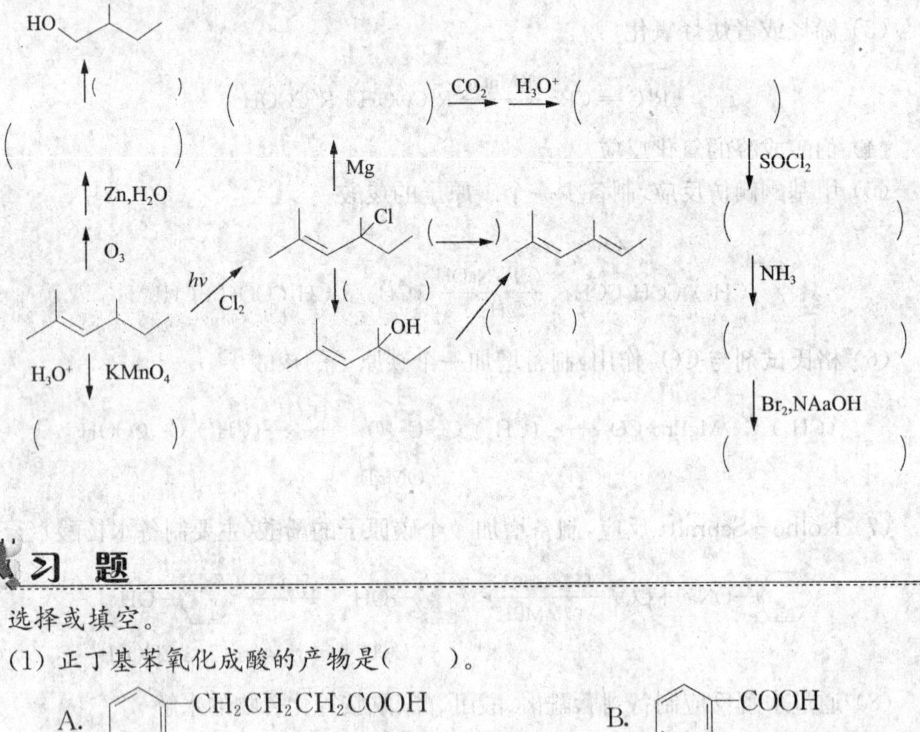

习 题

1. 选择或填空。

(1) 正丁基苯氧化成酸的产物是( )。

A. 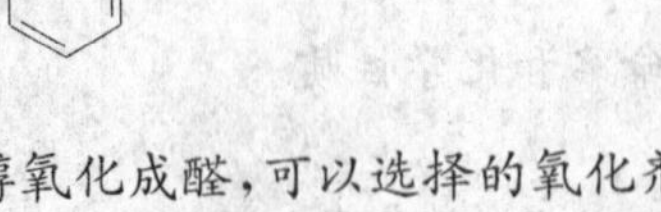 —CH₂CH₂CH₂COOH

B. 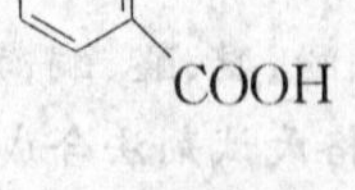 —COOH

C. 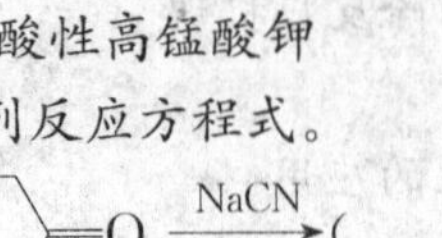 —CH₂COOH

D.

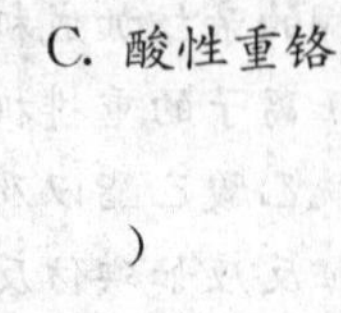

(2) 把醇氧化成醛,可以选择的氧化剂是( )。

A. 酸性高锰酸钾　　　　B. PCC 氧化剂　　　　C. 酸性重铬酸钾

2. 完成下列反应方程式。

(1) O $\xrightarrow{NaCN}$ ( ) $\xrightarrow{H_3O^+}$ ( )

(2) ⬡—CHO + CH₃CH₂CHO $\xrightarrow{\text{NaOH}}$ (   ) $\xrightarrow{\triangle}$ (   )

(3) ⬡—CHO + HCHO $\xrightarrow{\text{NaOH}}$ (   ) + (   )

(4) （烯基）—COOH $\xrightarrow{\text{LiAlH}_4}$ (   ) $\xrightarrow{\text{PCC}}$ (   )

(5) （异丙基）—COOH $\xrightarrow{\text{SOCl}_2}$ (   ) $\xrightarrow{\text{CH}_3\text{NH}_2}$ (   )

(6) ⬡—CONH₂ $\xrightarrow[\triangle]{\text{Br}+\text{NaOH}}$ (   )

3. 根据题意推测结构。

(1) 化合物 A,B 分子式均为 $C_4H_6O_4$,它们均可溶于 NaOH 溶液,与碳酸钠作用放出 CO_2。A 加热失水成酸酐 $C_4H_4O_3$,B 加热放出 CO_2,生成含有 3 个碳原子的羧酸。请写出 A,B 的可能结构。

提示 与 Na_2CO_3 反应放出气体,说明化合物是有机羧酸或者酸酐(不可能是酰卤,因为结构式中没有卤素);加热脱水成酐,说明 A 是羧酸;B 脱羧,说明 B 中两个羧基处于 β 位。

(2) 根据所给 ¹HNMR 数据,推测分子式为 $C_5H_{10}O$ 的醛、酮异构体的对应结构。

(a) 2 个单峰;

(b) δ:1.02(二重峰,6H),2.12(单峰,3H),2.22(七重峰,1H)

(c) δ:1.05(三重峰,6H),2.47(四重峰,4H)

提示 峰的个数代表 H 的种类,2 个单峰,说明只有两种 H,其结构只有可能是叔丁基的甲醛;峰的裂分与相邻的 H 个数有关,裂分数目＝相邻 H 的个数＋1。因此可以推断出(b)情况下化合物的结构:七重峰是因为边上有两个甲基,而两个甲基有 6 个 H,只有两重峰,说明是个异丙基结构,另外有个甲基,在羰基另一边,是单峰;同理推断出(c)情况。

4. 完成下列合成题。

(1) 由乙烯合成正丁醚(无机试剂和 C4 以下的有机物可任选)。

提示 先想办法制备丁醇。乙烯两个 C,分子翻一番就是四个 C,乙醛的缩合反应就是,把巴豆醛还原就可以了。

(2) 以 C4 以下的有机物为原料,经丙二酸二乙酯法合成下面的化合物。

提示 仔细分析,丙二酸二乙酯法最后留下的是乙酸,还原后得到醇,其余部分是引入的基团。所以应该先引入异丙基,后引入乙基。

引入 → （结构式 OH） ← 引入

(3) 由溴苯合成苯乙酸。

提示 增加两个 C,考虑环氧乙烷与格氏试剂反应,然后氧化即可。

有机含氮化合物的性质

学习目标

要求掌握：硝基化合物的制备方法，硝基对于芳香烃性质的影响；胺类化合物的碱性比较；胺类化合物的生产方法；重氮盐的制备以及合成应用；季铵碱的合成以及 Hofmann 降解反应

要求理解：相转移催化，偶氮化合物与染料

引 言

在人类已知的有机化合物中，除 C、H、O 三种元素外，N 是第四种常见元素。含氮有机化合物主要是指分子中氮原子和碳原子直接相连的化合物（C—N、C＝N、C≡N），有的还有 N—N、N＝N、N≡N、N—O、N＝O 及 N—H 键等，可以看成是烃分子中的一个或几个氢原子被含氮的官能团所取代的衍生物。这类化合物种类多，广泛存在于自然界中，与生命活动和人类日常生活息息相关。常见的含氮有机化合物如表 8-1 所示。

表 8-1 常见有机含氮化合物

化合物	官能团	举例
硝酸酯	—ONO_2	$CH_3CH_2ONO_2$
亚硝酸酯	—ONO	CH_3CH_2ONO
硝基化合物	—NO_2	CH_3NO_2
亚硝基化合物	—NO	C_6H_5NO
腈	—CN	CH_3CN
胺	—NH_2	CH_3NH_2
酰胺	—$CONH_2$	CH_3CONH_2
季铵	$-\overset{\mid}{\underset{\mid}{N^+}}-$	$(CH_3)_3N\ Br$
氨基酸	—NH_2,—COOH	$(NH_2)CH_2COOH$
重氮	$-\overset{+}{N}\!=\!N$	ArN_2Cl
偶氮	—N＝N—	Ar—N＝N—Ar

除了表 8-1 中列出的含氮化合物以外,肟、蛋白质、绝大部分的生物碱等也属于含氮有机化合物,分别作为杂环、生命有机化合物阐述。本章主要讨论硝基化合物、胺以及重氮和偶氮化合物。

8.1 硝基化合物的性质和制备

8.1.1 硝基化合物的分类、结构和物理性质

1. 硝基化合物的分类

硝基化合物是含有一个或多个硝基($-NO_2$)的有机化合物,分为脂肪族硝基化合物 RNO_2 和芳香族硝基化合物 $ArNO_2$。可以作如下分类:

按烃基不同 $\begin{cases} \text{脂肪族硝基化合物,如 } CH_3NO_2 \\ \text{芳香族硝基化合物,如 } \end{cases}$

按硝基数目 $\begin{cases} \text{一硝基化合物} \\ \text{多硝基化合物,如} \end{cases}$ (Trinitrotoluene,缩写为 TNT)

按硝基所连碳原子类型 $\begin{cases} 1°\text{硝基化合物,如 1-硝基丁烷} \\ 2°\text{硝基化合物,如 2-硝基丁烷} \\ 3°\text{硝基化合物,如 2-甲基-2-硝基丙烷} \end{cases}$

2. 硝基化合物的结构

硝基中的两个氮氧键一个是氮氧双键,另一个是配位键(共用电子对由氮原子提供)。因此这两种不同的氮氧键的键长应该是不同的,但是经电子衍射试验测定发现,硝基中的两个氮氧键的键长相同,均为 0.121 nm。这说明两个氮氧键是完全等同的,原因在于三个原子形成了 $p-\pi$ 共轭体系,发生了电子的离域,它的真实结构可用两个相等的路易斯结构的共振杂化式叠加表示:

硝基是一个强吸电子基团,因此硝基化合物都有较高的偶极矩,导致硝基化合物分子间作用力增强,熔点沸点升高。例如,CH_3NO_2 的偶极矩为 3.4D,熔点为 $-28.6℃$,沸点为 $101.2℃$,比相对分子质量相当的卤代烃、酮、酯等都高。

3. 硝基化合物的物理性质

有机分子中引入硝基后,常带有颜色,如硝基染料萘酚黄-S 等。有些硝基化合

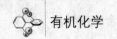

物能产生特殊的香味,如在叔丁苯的多硝基化合物中,有些具有类似麝香的香味,可以用作化妆品的定香剂,如葵子麝香、二甲苯麝香等。

> 注意:有香味的未必对人体有好处

二甲苯麝香　　　　　　　葵子麝香　　　　　　　酮麝香

硝基化合物常用作溶剂、中间原料及火箭燃料等。大部分硝基化合物都有一定的毒性,有些能诱发癌症,如某些硝基呋喃类药物,使用时应注意防护。单硝基化合物具有淡淡的苦杏仁味道,多硝基化合物往往具有强烈的香味,一般为浅黄色液体或固体。多硝基化合物受热易分解而发生爆炸,如 TNT 炸药、2,4,6-三硝基苯酚(俗称苦味酸),储存与运输时要特别小心。

要注意:硝基化合物有毒,而且能透过皮肤被人体吸收,与血液中的血红素作用,诱发疾病。

硝基化合物的相对密度大于 1,不溶于水,即使是相对分子质量较低的一硝基烷烃,在水中的溶解度也很小,但是易溶于醇和醚,并能溶于浓 H_2SO_4 中而形成镁盐。脂肪族硝基化合物是较好的有机溶剂,如硝基甲烷、硝基乙烷、硝基丙烷是油漆、染料、蜡等的良好溶剂,还可以作为高级燃料。常见硝基化合物的物理常数见表 8-2。

表 8-2　常见硝基化合物的物理常数

化合物	结构式	熔点/℃	沸点/℃
硝基甲烷	CH_3NO_2	−28.5	100.8
1-硝基丙烷	$CH_3CH_2CH_2NO_2$	−108	131.5
2-硝基丙烷	$(CH_3)_2CHNO_2$	−93	120
硝基苯	$C_6H_5NO_2$	5.7	210.8
1,3-二硝基苯	$1,3-C_6H_4(NO_2)_2$	89.6	167(1.87 kPa)
2,4,6-三硝基甲苯	$2,4,6-(CH_3)C_6H_2(NO_2)_3$	81.8	280(爆炸点)
2,4,6-三硝基苯酚	$2,4,6-C_6H_2(OH)(NO_2)_3$	122.5	300(爆炸点)

8.1.2　硝基化合物的制备

硝基化合物在自然界存在很少,脂肪族硝基化合物可通过烷烃气相硝化制得,或由简单的硝基烷烃反应得到。芳香族硝基化合物是由硝酸或硝酸和硫酸的混合酸硝化芳烃制得。在工业上有重要用途的主要是芳香族硝基化合物,如苦味酸、TNT、三硝基间苯二酚、1,3,5-三硝基苯(简称 TNB)等都是烈性炸药,除了用于军事工业外,还广泛应用于采矿、筑路、爆破等行业,产量与消耗量都很大。

8.1.3 硝基化合物的化学性质

1. 硝基化合物的酸性

脂肪族硝基化合物最显著的化学性质是酸性,伯硝基烷、仲硝基烷可以溶解于 NaOH 溶液中。这是含有 α-H 的硝基化合物存在互变异构现象的结果。

$$\underset{\text{硝基式}}{R-\underset{H}{\overset{H}{C}}-N\overset{O}{\underset{O}{\cdots}}} \rightleftharpoons \underset{\text{假酸式}}{R-CH=N\overset{OH}{\underset{O}{}}} \xrightarrow{NaOH} R-CH=N\overset{O^-Na^+}{\underset{O}{}} + H_2O$$

这是因为伯硝基烷或仲硝基烷的 α-H 与硝基之间的超共轭效应以及硝基的强吸电子诱导效应使 α-H 较为活泼,可以转移到硝基的氧原子上,形成假酸式异构体,从而产生硝基式与假酸式之间的互变异构现象(类似于酮式与烯醇式的互变异构)。几种常见硝基化合物的 pK_a 值如下。

	CH_3NO_2	$CH_3CH_2NO_2$	$(CH_3)_2CHNO_2$	$CH_2(NO_2)_2$	$CH(NO_2)_3$
pK_a	11	9	8	4	强酸

因此,具有 α-H 的硝基烷能与碱作用生成盐,从而溶于碱溶液中。叔硝基化合物没有 α-H,故不能形成假酸式,也就不能溶于碱溶液中。

2. α-H 的缩合反应

(1) 与羰基化合物的缩合

含有 α-H 的硝基化合物,与羟醛缩合、Claisen 缩合反应类似,活泼的 α-H 可与羰基化合物作用,这在有机合成中有着重要的用途。

$$C_6H_5CHO + CH_3NO_2 \xrightarrow{OH^-} \xrightarrow{\triangle} C_6H_5CH=CHNO_2$$

$$C_6H_5COOC_2H_5 + CH_3NO_2 \xrightarrow{C_2H_5O^-} C_6H_5COCH_2NO_2 + C_2H_5OH$$

其缩合过程是:硝基烷在碱的作用下脱去 α-H 形成碳负离子,碳负离子再与羰基化合物发生缩合反应。

$$R-CH_2-NO_2 + R'-\overset{O}{\underset{H(R'')}{C}} \xrightarrow{OH^-} R'-\underset{H(R'')}{\overset{\boxed{OH\;H}}{C}}-\underset{R}{\overset{}{C}}-NO_2 \xrightarrow[\triangle]{-H_2O} R'-\underset{H(R'')}{\overset{}{C}}=\underset{R}{\overset{}{C}}-NO_2$$

(2) 与亚硝酸的反应

伯硝基烷或仲硝基烷可以与亚硝酸起反应,生成蓝色结晶。

$$R-CH_2-NO_2 + HONO \longrightarrow R-\underset{NO}{\overset{}{C}H}-NO_2 \xrightarrow{NaOH} [R-\underset{NO}{\overset{}{C}}-NO_2]^-Na^+$$
$$\quad\quad\quad\quad\quad\quad\quad\text{蓝色结晶}\quad\quad\quad\quad\quad\quad\text{溶于 NaOH,红色溶液}$$

$$R_2-CH_2-NO_2 + HONO \longrightarrow R_2-\underset{NO}{\overset{}{C}}-NO_2 \xrightarrow{NaOH} \text{不溶于 NaOH,蓝色}$$
$$\quad\quad\quad\quad\quad\quad\quad\quad\quad\text{蓝色结晶}$$

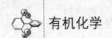

叔硝基烷与亚硝酸不起反应。此性质可用于区别伯、仲、叔三类硝基化合物。

（3）硝基化合物的还原

硝基化合物可以被还原。常用的还原剂有 H_2/Pt、Fe/HCl、Zn/HCl、$SnCl_2/HCl$、$LiAlH_4$ 等，还原的最终产物都是相应的胺。脂肪族硝基化合物的还原产物较简单，而芳香族硝基化合物的还原产物较复杂，随着还原条件的不同产物也各不相同。

现代工业采用催化氢化法，常用的催化剂有 Cu、Ni 或 Pt 等，可连续化生产，对环境污染小。

在浓盐酸存在的条件下，用 Sn、Fe、$SnCl_2$ 等进行还原，得到苯胺。该还原方法简便，对其他基团没有影响，但后处理较困难，对环境污染大。

中性介质条件下可得到 N-羟基苯胺（又称苯胲），碱性介质中用金属锌还原，可得到偶氮苯或氢化偶氮苯。不同的还原产物之间可以通过氧化-还原反应相互转化，所有这些还原中间产物，经过在强烈的还原条件下进一步还原，都可以得到苯胺。

多硝基化合物使用碱金属的硫化物或多硫化物如（NH_4HS，$NaHS$ 或（NH_4）$_2S$ 等）还原，可以选择性地只还原其中的一个硝基为氨基。例如：

还原邻位

还原对位

该还原反应的位置效应目前还没有完备的理论解释，只能根据经验预测反应产物。

自测题 8-1 完成以下反应式。

提示 羟基邻位硝基还原

（4）硝基对苯环邻位、对位基团的影响

硝基是强的致钝基团，硝基苯在较剧烈的条件下，可以发生硝化、卤代和磺化等反应，但是反应条件较为苛刻。

硝基苯不能发生 Friedel-Crafts 烷基化和酰基化反应。 硝基不仅使芳环上的亲电取代反应较难进行，而且通过吸电子的共轭、诱导效应，对其邻位、对位的取代基产生显著影响，使邻位、对位的卤原子活性增大，易被亲核试剂取代，发生亲核取代反应。氯苯与 NaOH 溶液在 200℃ 下、长时间搅拌也不能水解得到苯酚；但在苯环上

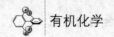

引入硝基后氯原子变得活泼,水解反应得以发生,硝基愈多水解反应愈容易发生。

由于同样的原因,硝基使苯环上的羟基或羧基,特别是处于邻位或对位的羟基氢原子质子化倾向增强,即酸性增强。硝基对苯甲酸酸性的影响如下:

COOH	COOH NO₂	COOH	COOH

pKₐ   4.17   2.21   3.40   3.49

硝基越多,对苯环电子云密度降低影响越大,导致酸性增强;另一方面,间位只有诱导效应,没有共轭效应,因而在一取代化合物中,邻位、对位的影响超过间位;邻位的硝基具有"挤出效应",因此比对位硝基取代的酸性大。

自测题 8-2 将下列化合物按酸性由强到弱的顺序排列。

提示 硝基越多,酸性越强,三取代的酸性大于二取代,大于一取代。

8.2 胺的合成与性质

8.2.1 胺的分类、结构与物理性质

1. 胺的分类

胺类化合物根据氮原子上连接的烃基数目分为伯胺、仲胺、叔胺、季铵,其中季铵是离子化合物。

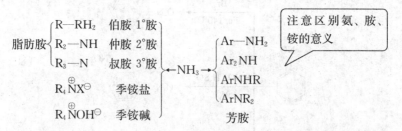

季铵盐是 NH_4^+ 的四个 H 都被烃基取代后形成的季铵阳离子的盐,具有通式 $[R_4N]^+X^-$。其中,四个烃基可以相同,也可以不相同,X^- 多为卤素阴离子。

注意 伯、仲、叔胺与伯、仲、叔醇的含义是不同的。伯、仲、叔醇指的是羟基与伯、仲、叔碳原子相连;而伯、仲、叔胺则是指氮原子上所连的烃基的数目,与烃基本身的结构无关。例如,叔丁醇 $(CH_3)_3COH$ 和叔丁胺 $(CH_3)_3CNH_2$ 中的烃基都是叔丁基,但是前者是叔醇,后者是伯胺。

许多季铵盐是性能优良的杀菌剂和表面活性剂。因为大多数芳香胺都有毒性,

许多属于致癌物质,例如,2-萘胺、联苯胺等,因此在接触胺类化合物时要注意安全,避免接触皮肤和经口鼻吸入或食入。

2. 胺的结构

在胺类化合物中,氮原子与碳原子相似,采用 sp³ 杂化方式成键,与碳原子不同的是,氮原子的一个 sp³ 轨道被自身的一对电子占据,只能与其他原子或基团形成三个 σ 键。胺分子中,N 原子是以不等性 sp³ 杂化成键的,其构型呈棱锥形见图 8-1。

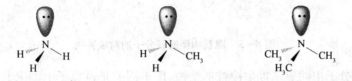

图 8-1　氨、胺的结构示意图

若 N 原子上连有三个不同基团,就是手性分子,理论上应存在对映体,能够分离出左旋体和右旋体。

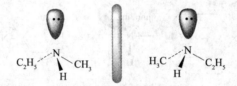

图 8-2　想象中的对映异构

但是很遗憾,实际上一直未能实现拆分,因为胺分子在两种构型之间快速翻转,简单胺的构型转化只需要 25 kJ/mol 的能量,翻转速度太快(图 8-3),因此简单胺无法拆分。

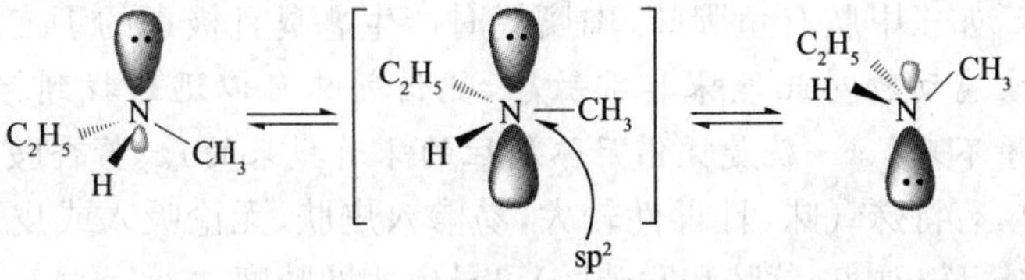

图 8-3　胺分子的快速翻转

📚**阅读材料:**既然胺分子的翻转导致手性分子无法拆分,那么把孤对电子占据的轨道成键,变为季铵盐,手性铵是不是可以拆分? 事实证明,此法可行。

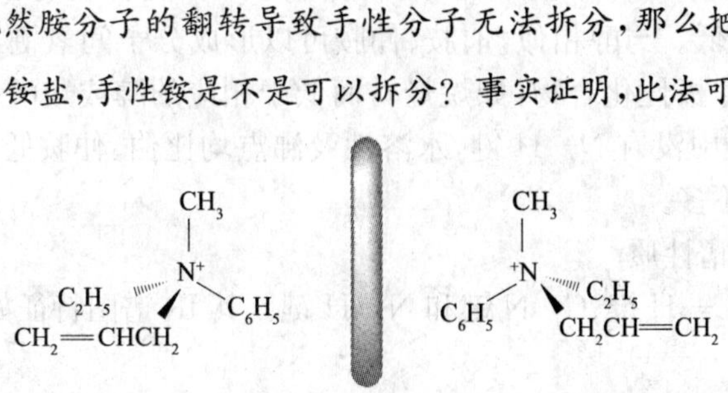

图 8-4　季铵分子的对映异构

或者用"绳索"捆绑住氨分子中的三个基团,限制翻转,是不是也能拆分?事实证明也可以实现。

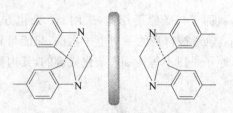

图 8 – 5　限制构型的胺分子的对映异构

芳香胺分子中的氨基也是棱锥形结构,所不同的是氮原子上的未共用电子对所处的轨道可以与芳环的 π 电子轨道发生部分重叠,形成共轭体系,氮上孤对电子发生了离域,见图 8 – 6。

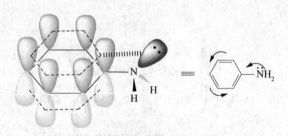

图 8 – 6　苯胺的结构示意图

3. 胺的物理性质

（1）胺的气味

常温下,甲胺、二甲胺、三甲胺和乙胺为气体,其他胺为液体或固体。许多胺类有难闻的气味,如三甲胺有鱼腥味,肉腐烂时产生恶臭且极毒的丁二胺(腐胺)及戊二胺(尸胺),食腐动物对此气味非常敏感,凭借气味可以迅速找到尸源(俗话说夜"猫子进宅无事不来"——就是凭借尸体腐烂的味道找来的)。芳香胺为高沸点液体或低熔点固体,有特殊气味,且毒性较大,易渗入皮肤,无论吸入或皮肤接触都能引起中毒。有些芳胺(如 β-萘胺和联苯胺)可导致恶性肿瘤。

（2）胺的溶解性、熔点和沸点

低级胺能与水形成分子间氢键,因而易溶于水。随着胺的相对分子质量的增大,溶解度逐渐降低。与醇相似,伯胺、仲胺可以形成分子间氢键,其沸点高于相对分子质量相近的非极性化合物(如烷烃),而低于相应的醇或羧酸(因氮的电负性比氧小)。叔胺分子中没有 N—H 键,水溶性及沸点均比伯、仲胺低,而与相对分子质量相近的烷烃差不多。

（3）胺的 IR 谱性质

胺分子中有 C—H 键、C—N 键和 N—H 键。其 IR 谱图特征如下。

$$\text{伸缩振动}\begin{cases} \text{C—N}:1\,350\sim1\,000\ cm^{-1}\text{有伸缩吸收峰。} \\[2pt] \text{N—H}:3\,500\sim3\,270\ cm^{-1}\begin{cases}\text{伯胺,双峰(强度由中到弱)}\\[2pt]\text{仲胺,单峰}\begin{cases}\text{脂肪仲胺,强度较弱}\\\text{芳仲胺,较强,峰形尖锐}\end{cases}\end{cases} \\[2pt] \text{C—H}\begin{cases}\text{脂肪胺},1\,100\ cm^{-1}\text{,指纹区}\\\text{芳胺},1\,350\sim1\,250\ cm^{-1}\text{,指纹区}\end{cases} \end{cases}$$

8.2.2　胺的化学性质

仔细观察胺的结构,便可以推测出主要化学性质。

官能团: —NH₂

- 碱性
- 对烃基的影响
- 亲核性

1. 胺的碱性

与氨相似,所有的胺都是弱碱,其水溶液呈弱碱性,能与多数酸作用生成盐。

$$R\overset{..}{-}NH_2 + HCl \longrightarrow R-\overset{+}{N}H_3\bar{C}l$$

$$R\overset{..}{-}NH_2 + HOSO_3H \longrightarrow R-\overset{+}{N}H_3OSO_3H$$

有机化合物的碱性大小用解离常数 K_b 或解离常数的负对数 pK_b 来表示:

$$R\overset{..}{-}NH_2 + H_2O \overset{K_b}{\rightleftharpoons} R-\overset{+}{N}H_3 + OH^-$$

$$K_b = \frac{[R-\overset{+}{N}H_3][OH^-]}{[RNH_2]} \qquad pK_b = -\lg K_b$$

（1）脂肪胺的碱性

对于脂肪胺而言,烃基是供电子基团,导致 N 原子上电子云密度变大,碱性增强。在气相或非水溶液中,脂肪胺的碱性取决于氮原子上的电子密度,烷基越多,氮原子上电子密度越高,因此脂肪胺碱性大小的次序为:3°胺＞2°胺＞1°胺＞NH₃。

溶剂化效应是指铵正离子与水的溶剂化作用(胺的氮原子上的氢与水形成氢键的作用)。显然,胺的氮原子上的氢越多,溶剂化作用越大,胺正离子越稳定,胺的碱性越强。

溶剂化效应:1°胺＞2°胺＞3°胺
空间效应:1°胺＞2°胺＞3°胺
电子效应:3°胺＞2°胺＞1°胺

在水溶液中,碱性的强弱取决于电子效应、溶剂化效应的综合效应。因此在水中脂肪胺的碱性大小次序为:2°胺＞1°胺＞ 3°胺＞NH₃。

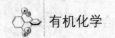

（2）芳香胺的碱性

芳香胺的碱性比氨弱。这是由于苯胺中氮原子上的未共用电子对与苯环的 π 电子云形成共轭体系,电子离域的结果使氮原子上的电子云部分移向苯环,从而降低了氮原子上的电子云密度,即碱性降低。共轭体系越大,碱性越弱。

$$\text{NH}_2\text{-苯} \quad > \quad \text{(Ph)}_2\text{NH} \quad > \quad \text{(Ph)}_3\text{N}$$

$$\text{p}K_b \qquad 9.30 \qquad\qquad 13.80 \qquad\qquad 中性$$

芳香胺的碱性甚至不能用石蕊试纸检验。综上所述,NH_3、脂肪胺、芳香胺的碱性大小如下:

$$\begin{array}{cccc} NH_3 & PhNH_2 & (Ph)_2NH & (Ph)_3N \\ \text{p}K_b \quad 4.75 & 9.38 & 13.21 & 中性 \end{array}$$

苯胺的碱性虽弱,但仍可与强酸形成不稳定的盐。

$$\text{苯}-\text{NH}_2 \xrightarrow{\text{HCl}} [\text{苯}-\text{NH}_3\text{Cl}] \quad 或 \quad \text{苯}-\text{NH}_2 \cdot \text{HCl}$$

由于铵盐是弱碱盐,遇到强碱就会分解,胺重新游离出来。利用该性质,可以很方便地分离胺。如:

$$\begin{array}{l} \text{CH}_3(\text{CH}_2)_{10}\text{CH}_3 \\ \qquad 十二烷 \\ \text{CH}_3(\text{CH}_2)_9\text{NH}_2 \\ \qquad 癸胺 \end{array} \Bigg\} \xrightarrow{\text{HCl}} \begin{array}{l} 有机层:\text{CH}_3(\text{CH}_2)_{10}\text{CH}_3 \\ 水\quad层:\text{CH}_3(\text{CH}_2)_9\text{NH}_3^+\text{Cl}^- \xrightarrow{\text{NaOH}} \text{CH}_3(\text{CH}_2)_9\text{NH}_2 \end{array}$$

自测题 8-3 比较下列化合物的碱性大小。

（六个结构式:对羟基苯胺、对甲基苯胺、苯胺、对氯苯胺、对硝基苯胺、2,4-二硝基苯胺）

解题分析

取代基对芳胺碱性的影响,与其对酚的酸性的影响刚好相反。在芳胺分子中,当取代基处于氨基的对位或间位时,供电子基团使碱性增大,而吸电子基团使碱性降低。

答案

（六个结构式:对羟基苯胺、对甲基苯胺、苯胺、对氯苯胺、对硝基苯胺、2,4-二硝基苯胺）

$$\text{p}K_b \qquad 8.50 \qquad 8.90 \qquad 9.30 \qquad 10.02 \qquad 13.0 \qquad 13.82$$

自测题 8 - 4 用化学方法分离下列化合物。

$$CH_3(CH_2)_3NO_2 \qquad (CH_3)_3CNO_2 \qquad CH_3CH_2CH_2NH_2$$

解题分析

伯胺能够溶解在酸中,含有 α - H 的硝基化合物能够溶解在碱中。不溶解的固体就是硝基叔丁烷。

2. 胺的烷基化反应

胺的氮原子可提供电子对,是一种路易斯碱,能与卤代烃或醇发生亲核取代反应,在胺的氮原子上引入羟基,称为胺的烷基化反应。

$$\ddot{N}H_3 + RBr \longrightarrow R\overset{+}{N}H_3 \xrightarrow{OH^-} R-NH_2 \xrightarrow{RBr} R_2\overset{+}{N}H_2$$

伯胺

$$\downarrow OH^-$$

$$R_4\overset{+}{N}Br \xleftarrow{RBr} R_3-N \xleftarrow{OH^-} R_3\overset{+}{N}H \xleftarrow{RBr} R_2-NH$$

季铵盐   叔胺   仲胺

脂肪胺与卤代烃的反应通常会生成多取代的胺,产物是混合物,给分离、提纯带来了困难。因此不适宜用来制备胺。如果控制反应条件,使用过量的氨,则主要制得伯胺;使用过量的卤代烃,则主要制得叔胺和季铵盐。

说明 工业上卤代烃的价格远远高于醇,因此烷基化反应往往使用醇为原料生产。引入甲基时,更多使用的是硫酸二甲酯,虽然有毒,但价格低廉。

$$\text{（苯胺 NH}_2\text{）} \xrightarrow[\text{H}_2\text{SO}_4]{\text{CH}_3\text{OH}} \text{（N,N-二甲基苯胺）}$$

3. 胺的酰基化反应

伯胺或仲胺与酰卤、酸酐等酰基化试剂作用,氨基上的氢原子被酰基化取代而生成 N -取代或 N,N -二取代酰胺,称为胺的酰基化反应。叔胺的氮原子上没有氢原子,不能发生酰基化反应。

由于酰卤反应生成 HCl,需消耗胺,因此胺必须过量。羧酸的酰化活性较弱,反应中必须除去生成的水。

酰基化反应主要有以下应用。

A. 酰胺是具有一定熔点的固体,在强酸或强碱的水溶液中加热可水解为原来的胺。因此伯胺、仲胺、叔胺的混合物在醚溶液中经乙酰化反应,再加稀盐酸,可从中分离出叔胺,或把叔胺与伯胺、仲胺区别开来。除甲酰胺外,所有的酰胺都是具有一定熔点的固体。通过测定酰胺的熔点,并与已知的酰胺比较,可以推测出原来的胺,可用来鉴别伯胺或仲胺。

B. 在有机合成上也常用来保护氨基。先把芳胺酰化,把氨基保护起来,再进行其他反应,然后使酰胺水解再变为原来的胺。

【例 8-1】 由苯胺合成对硝基苯胺。

解题分析

苯胺非常活泼,容易被硝酸氧化,因此必须引入乙酰基降低活性。硝化完成后再水解脱除乙酰基。

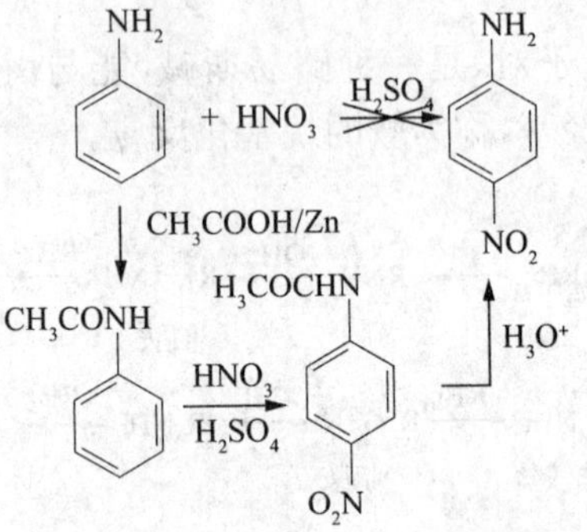

阅读材料:酰基化反应在药物合成上有很大用处,特别是精神卫生类药品合成。

举例如下:

巴比妥

苯巴比妥

4. 胺的磺酰化反应——兴斯堡(Hinsberg)反应

脂肪族或芳香族 1°胺和 2°胺在碱性条件下,与芳磺酰氯(如苯磺酰氯、对甲苯磺酰氯)作用,生成相应的磺酰胺。叔胺 N 上没有 H 原子,故不发生磺酰化反应。

具体操作:在氢氧化钠或氢氧化钾的碱溶液中,用苯磺酸酰氯、对甲苯磺酰氯或2,4-二硝基苯磺酰氯与伯胺或仲胺反应,生成相应的芳磺酰胺。磺酰基是强吸电子基,导致伯胺生成的苯磺酰胺氮上的氢呈一定的酸性,能与氢氧化钠作用生成水溶性盐而溶于碱溶液中。仲胺生成的苯磺酰胺氮上没有氢,不能与碱作用生成盐,因而不溶于碱,而呈固体析出。叔胺不发生磺酰化反应,但可溶于酸。

利用这个性质可以鉴别或分离伯、仲、叔胺(图 8-7)。该反应被称为兴斯堡(Hinsberg)反应。

磺酰化混合物经水汽蒸馏可分离出不反应的叔胺,沉淀经过滤可分离出仲胺的苯磺酰胺,滤液经酸化后可得到伯胺的苯磺酰胺。伯胺和仲胺的苯磺酰胺在酸的作用下,可水解得到原来的胺,由此可实现胺的分离。

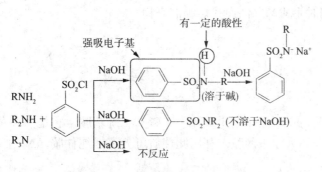

图 8 - 7　三种胺的 Hinsberg 反应

自测题 8 - 5　选择或填空。

(1) 鉴别 1°胺、2°胺、3°胺常用的试剂是（　　）。

A. Sarret 试剂　　　B. Br₂/CCl₄　　　C. Tollens 试剂　　　D. 苯磺酰氯/NaOH

(2) 芳环上的 - NH₂ 应该选择下列哪种方法进行保护？（　　）

A. 与硫酸成盐　　B. 烷基化　　C. 酰基化　　　　D. 重氮化

(3) 按碱性由强到弱的顺序排列下列化合物。（　　）

A. CH₃NH₂　　　B. CH₃CONH₂　C. (CH₃)₂NH　　　D. NH₃

提示　酰胺是弱碱,且很弱

(4) 比较下列化合物的碱性,最强和最弱的分别是（　　）和（　　）。

$$\underset{①}{\text{C}_6\text{H}_5\text{—NMe}_2} \qquad \underset{②}{(\text{C}_2\text{H}_5)_3\text{N}} \qquad \underset{③}{\text{C}_6\text{H}_5\text{—NH}_2}$$

(5) 将下列化合物按碱性从大到小的顺序排列。（　　）

① (CH₃CH₂)₂NH　　　　　② C₆H₅—NH₂

③ [(CH₃CH₂)₄N]OH　　　④ H₃C—O—C₆H₄—NH₂

提示　季铵碱是强碱,同 NaOH;甲氧基是供电子基

(6) 按酸性由强到弱的顺序排列下列化合物。（　　）

A. 邻-Cl-C₆H₄-NH₃⁺　　B. 邻-CH₃O-C₆H₄-NH₃⁺　　C. 邻-O₂N-C₆H₄-NH₃⁺

D. C₆H₅-NH₃⁺　　　　E. 邻-C₆H₄-NH₃⁺

提示　先比较碱性,再把次序反过来

答案　(1)D;(2)C;(3)C＞A＞D＞B;(4) ②,③;(5) ③＞ ①＞ ④ ＞②;

(6) C＞A＞D＞E＞B

5. 胺与亚硝酸的反应

脂肪族伯胺与亚硝酸反应,生成重氮盐,脂肪族重氮盐极不稳定,立即分解放出

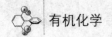

氮气(定量),同时生成醇、烯、卤代烃等混合物。

$$CH_3CH_2CH_2NH_2 \xrightarrow[HCl]{NaNO_2} CH_3CH_2CH_2N_2Cl \longrightarrow CH_3CH_2CH_2^{\oplus} + N_2$$

脂肪族仲胺与亚硝酸作用生成 N-亚硝基二烷基胺。它是一种黄色油状液体,与稀酸共热可分解为原来的胺。利用此性质可分离提纯仲胺。N-亚硝基二烷基胺具有致癌毒性。

$$R_2NH + HNO_2 \longrightarrow R_2N-NO + H_2O$$

N-亚硝基二烷基铵(黄色油状液体)

$$\downarrow 稀盐酸$$

$$R_2NH$$

脂肪族叔胺常温下一般不与亚硝酸反应。

芳香族重氮盐在低温下有一定程度的稳定性。芳香族伯胺在低温下的强酸性水溶液中与亚硝酸反应可生成芳基重氮盐,这个反应称为重氮化反应。芳香族重氮盐在低温($<5℃$)和强酸存在下可保持稳定,升高温度则分解放出氮气。例如:

具体操作:将芳伯胺溶解在过量无机酸中,在 $0\sim5℃$ 的温度下均匀搅拌,并慢慢加入亚硝酸钠溶液,反应中无机酸是过量的,一般用量在 $2.5\sim3.0$ mol,保持足够的酸性能够防止重氮盐与未反应的芳胺发生偶合反应。一般的重氮盐在 $5℃$ 以上不稳定,容易放出氮气而分解,而且固态的重氮盐非常容易爆炸,因此通常不将它分离出来,而是直接进行下一步反应。氟硼酸重氮盐在室温下稳定,可以分离出来。反应终点可以用淀粉碘化钾试纸检测,过量的亚硝酸会促进重氮盐分解,常用尿素除去。

$$H_2N-\overset{\overset{\displaystyle O}{\|}}{C}-NH_2 + HNO_2 \longrightarrow N_2\uparrow + CO_2\uparrow + H_2O$$

仲胺与亚硝酸反应,得到难溶于水的黄色油状物或固体 N-亚硝基胺,有强烈的致癌作用。

叔胺氮原子上无氢原子,因此脂肪族叔胺与亚硝酸不反应;芳香族叔胺发生环上亲电取代反应,产物为绿色晶体。

由于伯胺、仲胺、叔胺与亚硝酸反应的产物和现象不同,因此可以用来鉴别这三种胺。

6. 苯胺芳环上的取代反应

氨基作为供电子基团,使苯环活化,有利于发生亲电取代反应。

(1) 卤化

苯胺与氯或溴反应得到多取代产物。例如,在苯胺的水溶液中滴加溴水,立即生成 2,4,6-三溴苯胺白色沉淀。此反应可用于苯胺的定性和定量分析。

这个反应是不是很熟悉? 苯酚与溴水的反应与此类似

如果要制备苯胺的一溴化物,可使苯胺先乙酰化以降低氨基的活化能力,然后再溴化、水解即可得到对溴苯;或者先用浓硫酸使苯胺生成盐,—NH_2 转变为—NH_3^+(间位定位基),再溴化、中和,则可制得间溴苯胺。

—NH_3^+ 是吸电子基团, 间位定位基

(2) 硝化

芳伯胺直接硝化易被硝酸氧化,必须先把氨基保护起来(乙酰化或成盐),然后再进行硝化。制备对硝基苯胺时:用乙酸作溶剂。

制备邻硝基苯胺时,把上述反应的溶剂换成乙酐;制备间硝基苯胺时与间溴基苯胺制备方法一致。

(3) 磺化

芳香族伯胺在高温下磺化,苯胺与浓 H_2SO_4 作用,首先生成苯胺硫酸氢盐,后者在 $180\sim190℃$ 下烘焙,则转化为对氨基苯磺酸。

内盐

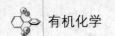

分子中同时含有氨基和磺酸基,通常以内盐的形式存在。

(4) 傅克(Friedel - Crafts)反应

芳香族伯胺用乙酰基保护后,可顺利地进行烷基化或酰基化反应。

$$\text{NHCOCH}_3 \xrightarrow[\text{CS}_2]{\text{CH}_3\text{COCl/AlCl}_3} \text{NHCOCH}_3 \cdots \text{COCH}_3$$

8.2.3 胺的制备

先总结前面已经学过的制备胺的方法

(1) 硝基化合物的还原

硝基苯在酸性条件下用金属还原剂(如铁、锡、锌等)还原,产物为苯胺。二硝基化合物可用选择性还原剂(如硫化铵、硫氢化铵或硫氢化钠等)只还原一个硝基而得到硝基胺。

(2) —C≡N、—N≡N 等含有重键的化合物的还原

醛、酮类羰基化合物与氨或者氨的衍生物反应得到含碳氮重键的化合物(亚胺、肟、腙、缩氨脲),还原后可以得到伯胺。酰胺使用强还原剂 $LiAlH_4$ 还原也可以得到伯胺、仲胺或者叔胺。

1°胺
$$\text{RCONH}_2 \xrightarrow[\text{②H}_2\text{O}]{\text{①LiAlH}_4} \text{RCH}_2\text{NH}_2$$

1°胺
$$\underset{R'}{\overset{R}{C}}\!\!=\!\!O \xrightarrow{\text{NH}_2\text{OH}} \underset{R'}{\overset{R}{C}}\!\!=\!\!\text{N}-\text{OH} \xrightarrow{\text{Na/EtOH}} \underset{R'}{\overset{R}{CH}}\!\!-\!\!\text{NH}_2$$

2°胺
$$\text{C}_6\text{H}_5\text{CON(CH}_3)_2 \xrightarrow[\text{②H}_2\text{O}]{\text{①LiAlH}_4} \text{C}_6\text{H}_5\text{CH}_2\text{N(CH}_3)_2$$

说明 腈类化合物彻底还原也可以得到伯胺,这是合成多一个碳原子的伯胺的好方法。

$$\text{CH}_3\text{CH}_2\text{CH}_2\text{CH}_2\text{Br} \xrightarrow{\text{NaCN}} \text{CH}_3\text{CH}_2\text{CH}_2\text{CH}_2\text{CN} \xrightarrow{\text{LiAlH}_4} \xrightarrow{\text{H}_2\text{O}} \text{CH}_3\text{CH}_2\text{CH}_2\text{CH}_2\text{CH}_2\text{NH}_2$$

(3) 醛或酮的还原胺化

工业上,NH_3 的价格比其衍生物要便宜得多,所以醛或酮直接催化氨化还原得到伯胺或者仲胺可节约成本。

$$\underset{\text{CH}_3}{\overset{O}{\underset{\|}{C_6H_5-C}}} +\text{NH}_3 \xrightarrow{\text{H}_2/\text{Ni}} \underset{\text{CH}_3}{\overset{\text{NH}_2}{C_6H_5-CH}}$$

(4) Hofmann 降解反应制备胺

利用酰胺与次卤酸盐共热,生成比原来酰胺少一个碳的伯胺,这种反应称为 Hofmann 降解反应。

本章要求掌握的新的制备胺的反应有以下两种。

（1）刘卡特反应：醛、酮与甲酸铵在高温作用下生成胺。

一级或二级胺在甲醛和甲酸的作用下生成三级胺，即 N 原子上引入甲基。

$$PhCH_2CH_2NH_2 + 2HCHO + 2HCOOH \longrightarrow PhCH_2CH_2N(CH_3)_2$$

（2）加布瑞尔（Gabriel）合成法

这是一种制备伯胺的好方法，是人工合成氨基酸的有效方法。

具体操作：邻苯二甲酰亚胺与氢氧化钾的乙醇溶液作用转变为邻苯二甲酰亚胺盐，此盐和卤代烷反应生成 N-烷基邻苯二甲酰亚胺，然后在酸性或碱性条件下水解得到伯胺和邻苯二甲酸，这是制备纯净的伯胺的一种方法。

自测题 8-6 以苯胺为原料合成：（1）对溴苯胺；（2）邻硝基苯胺。

8.3 季铵盐和季铵碱

8.3.1 季铵盐

通常季铵盐均为白色晶体，熔点较高，易溶于水而难溶于非极性溶剂。具有类似无机盐的性质。季铵盐可用叔胺和卤代烷来制备。季铵盐对热敏感，受热分解为叔胺和卤代烃。含有较长碳链的季铵盐是性能优良的阳离子表面活性剂，也是常用的具有杀菌能力的消毒剂。例如，溴化三甲基十二烷基胺$[CH_3(CH_2)_{11}N(CH_3)_3]^+Br^-$是一种优良的阳离子表面活性剂，还具有较强的消毒、杀菌作用。

新洁尔灭   消毒净

阅读材料：表面活性剂是指一些在较低浓度下能显著降低液体表面张力或两相界面张力的物质。从分子构造上看，它们都是由水溶性的亲水基和油溶性的憎水基两部分组成，是一类既亲油又亲水的两亲分子。表面活性剂一端是非极性的碳氢链（烃基），与水的亲和力极小，常称为疏水基；另一端则是极性基团（如—OH、—COOH、—NH₂、—SO₃H、R₄N⁺等），与水有很强的亲和力，故称为亲水基。常用的表面活性剂分为溶解于水并能解离的离子型表面活性剂，以及溶于水但不解离，整个分子起表面活性作用的非离子型表面活性剂两大类。季铵盐中，长链的烃基是疏水基，四取代的铵离子是亲水基，其有效部分是阳离子，因此季铵盐属于阳离子表面活性剂。表面活性剂在日化、医药、食品、建筑和采油工业等行业被广泛使用。

季铵盐还是有机合成反应中常用的相转移催化剂（Phase Transfer Catalyst，简称 PTC），例如，氯化三乙基苄基铵[(C₂H₅)₃NCH₂C₆H₅]⁺Cl⁻（简称 TEBA）和氯化正四丁基铵[(C₄H₉)₄N]⁺Cl⁻（简称 TBA）等。在两相反应中，PTC 可以穿越两相界面，把反应物由一相转移到另一相中进行反应。例如，油水两相中的反应，PTC 把反应物中的负离子从水相中转移到油相中，再把油相中反应产生的负离子带回水相。PTC 就是这样重复地起着"运输"负离子的作用，使两相反应能够顺利进行，缩短反应时间，提高反应产率。

某实验教材中安排了一个卡宾实验——7,7-二氯双环[4.1.0]庚烷的合成。其中二氯卡宾：CCl₂ 的产生需要 NaOH 与 HCCl₃ 反应。问题是，NaOH 溶解在水里，HCCl₃ 在水里不溶解，水油两相壁垒森严，犹如"阴阳相隔"。此时，相转移催化剂如同信使，不断在两相间穿梭，TEBA 把 OH⁻ 带入油相，立刻从 HCCl₃ 剥夺一分子的HCl，HCCl₃ 被剥夺了 HCl 后成了二氯卡宾：CCl₂，立刻与油相里面的大量的环己烯加成得到产物。另一方面，OH⁻ 与 HCl 反应生成一分子 H₂O 以及 Cl⁻，TEBA 带上Cl⁻ 重新回到水相，周而复始，不辞劳苦。直到一种原料耗尽，反应才停止。其工作原理见图 8-8。

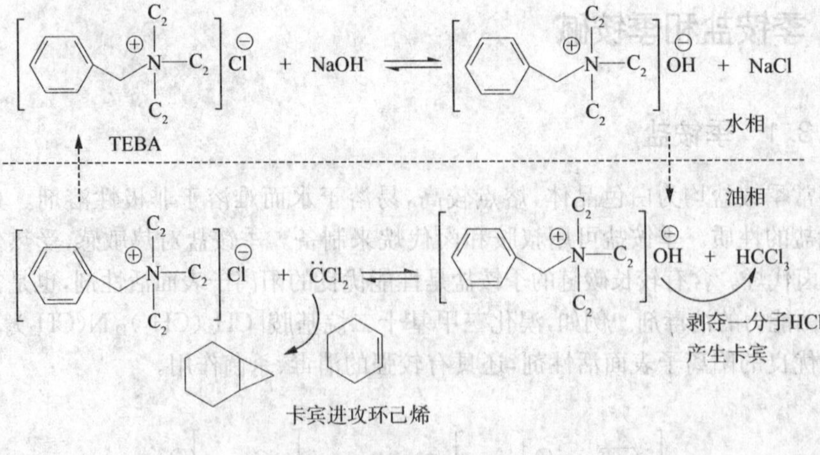

图 8-8 相转移催化剂工作原理图

由此看来，季铵盐真是"活雷锋"，此反应能进行的关键原因在于产物的能量比原料低，是能量因素在起作用。

除季铵盐外,季鏻盐、聚乙二醇和冠醚也可以作相转移催化剂。冠醚的作用是络合金属正离子,从而把负离子也"拖入"有机相中。

8.3.2 季铵碱

1. 季铵碱的制备

季胺碱是强碱,与氢氧化钾或氢氧化钠相当。制备季铵碱的方法是,用湿的氧化银与季铵盐作用,反应生成卤化银沉淀而使平衡向正向进行。

$$[Me_4\overset{\oplus}{N}]\overset{\ominus}{I} \xrightarrow[\text{H}_2\text{O}]{\text{Ag}_2\text{O}} [Me_4\overset{\oplus}{N}]\overset{\ominus}{O}H + AgI$$

也可以在 KOH 的醇溶液中进行,生成的 KX 在醇中难溶,使平衡进行到底。

$$[Me_4\overset{\oplus}{N}]\overset{\ominus}{I} \xrightarrow[\text{醇}]{\text{KOH}} [Me_4\overset{\oplus}{N}]\overset{\ominus}{O}H + KI$$

季铵碱易潮解,易溶于水。

2. 季铵碱的加热分解反应

无 β-H 的季铵碱在加热下分解生成叔胺和醇,这是一个 S_N2 反应。

$$(CH_3)_3\overset{+}{N}\text{---}CH_3 \quad \overset{-}{O}H \longrightarrow (CH_3)_3N + CH_3OH$$

当 β-C 上有 H 原子时,加热分解经过 E2 历程生成叔胺、烯烃和水。

$$(CH_3)_3\overset{+}{N}CH_2CH_2\overset{-}{O}H \xrightarrow{\triangle} CH_2=CH_2 + (CH_3)_3N + H_2O$$
$$\qquad\qquad\qquad\qquad\qquad \text{烯烃} \qquad\quad \text{叔胺}$$

如果季铵碱分子中含有多个 β-H,受热分解则得到多种烯烃。季铵碱的消除反应取向与 β-H 的酸性和空间效应有关,即当分子中有两种或两种以上不同的 β-H 可以被消除时,主要生成取代基少的烯烃,这种规律称为 Hofmann 规则。换句话说,从含氢多的 β-C 上消除,与卤代烃、醇的消除规律(查氏规则)刚好相反。

$$CH_3CH_2\text{---}\underset{\underset{\overset{|}{+}N(CH_3)_3}{}}{\overset{\alpha}{C}H}\text{---}\overset{\beta}{C}H_3 \quad OH^- \xrightarrow{\triangle} \begin{cases} CH_3CH_2CH=CH_2 \\ \quad\text{主要产物} \\ CH_3CH=CHCH_3 \\ \quad\text{次要产物} \end{cases} + (CH_3)_3N$$

(β'、α、β 标注于碳链上)

酸性:β-H $>\beta'$-H　　空间效应:进攻 β-H 空间位阻小

这是因为:季铵碱的热分解是按 E_2 历程进行的,由于氮原子带正电荷,它的诱导效应影响到 β-C,使 β-H 的酸性增加,容易受到碱性试剂的进攻。如果 β-C 上连有供电子基团,则可降低 β-H 的酸性,β-H 也就不易被碱性试剂进攻。另一方面,季铵碱热分解时,要求被消除的 H 和氮基团处于对位交叉且在同一平面上,能形成对位交叉式的氢越多,且与氮基团处于邻位交叉的基团的体积越小,越有利于消除反应的发生。

由此可见,当空间效应与 β-H 的酸性效应不一致的时候,Hofmann 规则就失去判断价值了。例如,当 β-C 上连有苯基、乙烯基、羰基、氰基等吸电子基团时,霍夫曼

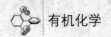

规则不再适用。此时以酸性因素为主导(消除反应的推动力来自碱,哪个 β-H 的酸性大,哪个 β-H 就容易消除)。

$$\left[\begin{array}{c} \overset{\alpha}{CH_2}-\overset{\beta}{CH_2}-\overset{O}{\underset{\|}{C}}-CH_3 \\ (CH_3)_2^+\overset{}{N}-\overset{\alpha'}{CH_2}-\overset{\beta'}{CH_2}-CH_3 \end{array}\right]\bar{O}H \xrightarrow{\triangle} CH_2{=}CH_2-\overset{O}{\underset{\|}{C}}-CH_3 + (CH_3)_2NCH_2CH_3$$

酸性: β-H > β'-H(起决定作用)   空间位阻: β-H > β'-H

由于季铵碱的热消除具有一定的取向,因此通过测定消除产物烯烃的结构,可以推测原来胺的结构。例如,根据消耗的碘甲烷的量(摩尔)可推知胺的类型,根据消除产物烯烃的结构即可推知 R 的骨架。

【例 8-5】 某化合物的分子式为 $C_6H_{13}N$,使用 MeI 进行烷基化反应,用 Ag_2O 处理后得到含 N 烯烃,再次用 MeI 进行烷基化反应,用 Ag_2O 处理得到不含 N 的 2-甲基-1,4-戊二烯,请推断其结构。

解题分析

需要两次 Hofmann 消除才能得到不含 N 的烯烃,说明氮原子在环内。因此其结构如下:

自测题 8-7 完成反应,并指出主要产物。

提示 考虑产物的热力学稳定性。
答案

8.4 重氮和偶氮化合物

重氮和偶氮化合物分子中都含有—N=N—官能团,官能团两端都与烃基相连的称为偶氮化合物;只有一端与烃基相连,而另一端与其他基团相连的称为重氮化合物。重氮化合物不稳定,易爆炸,必须低温存放于溶剂中。芳香族重氮化合物主要用来合成偶氮化合物,偶氮基—N≡N—是一个发色基团,因此,许多偶氮化合物是常用的染料(偶氮染料),偶氮染料是合成染料中品种最多的一种。此外,脂肪族偶氮化合物在光照或者加热的情况下容易分解释放出 N_2 并产生自由基。因此,这类偶氮化合物是产生自由基的重要来源,可用作自由基引发剂。图 8-9 列出了几种比较重要的重氮盐。

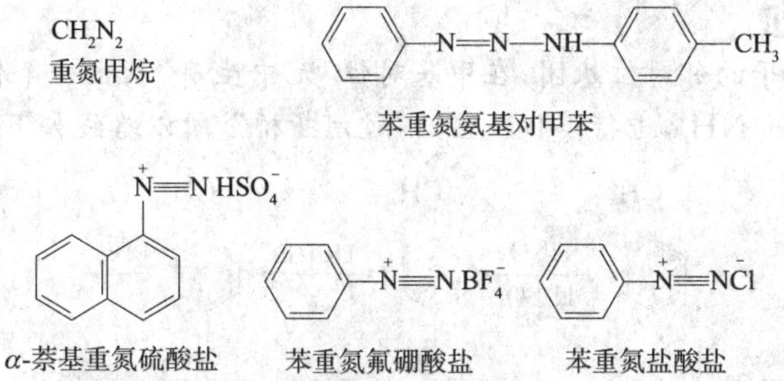

CH₂N₂
重氮甲烷

苯重氮氨基对甲苯

α-萘基重氮硫酸盐 苯重氮氟硼酸盐 苯重氮盐酸盐

图 8-9 比较重要的重氮盐

8.4.1 芳香族重氮盐的性质

重氮盐具有以下特征。

(1)重氮正离子的结构如下

重氮盐具有盐的典型性质,正离子中的 C—N—N 键呈线型结构,构成共轭体系,见图 8-10。

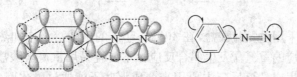

图 8-10 重氮盐的共轭结构

(2)干燥的重氮盐不稳定,在后续合成反应中无需分离;

(3)当苯环上有吸电子基存在时,重氮盐的稳定性增加;

(4)硫酸盐比盐酸盐稳定,氟硼酸盐在高温下才分解;

(5)重氮盐易溶于水,而不溶于有机溶剂。

重氮盐是一个非常活泼的化合物,可发生多种反应,在有机合成上非常有用。其主要反应可以归纳为保留氮和放出氮两类反应。

8.4.2 芳香族重氮盐的化学性质

1. 放出氮的反应——重氮基被取代的反应

(1)被 H 原子取代,也就是重氮盐的还原反应

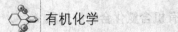

能够作为还原剂的主要有亚磷酸（H_3PO_2）、乙醇（C_2H_5OH）以及甲醛。

$$\text{Ph—} \overset{\oplus}{N_2} HSO_4^{\ominus} \xrightarrow{H_3PO_2} \text{Ph} + N_2$$

说明 利用该反应制取苯？不可能，苯什么价格？白菜价！应该学会技巧性地利用该反应。

【例8-6】 由甲苯合成3,5-二溴甲苯。

解题分析

甲基是供电子的邻对位基团，在甲基对位"无中生有"长出一个供电子效应比甲基还要强的基团—NH_2，进行溴代反应后"过河拆桥"，所以路线如下：

$$\text{（反应式）} \xrightarrow{HNO_3 \atop H_2SO_4} \xrightarrow{HCl/Fe} \xrightarrow{Br_2}$$

无中生有

$$\xrightarrow{NaNO_2 \atop H_2SO_4, <5℃} \xrightarrow{H_3PO_2}$$

借鸡下蛋 御磨杀驴

（2）被羟基取代（水解反应）

当重氮盐的酸性水溶液被加热时，发生水解反应生成酚并放出氮气。

$$\text{Ph—}NH_2 \xrightarrow{NaNO_2+H_2SO_4 \atop 0\sim5℃} \text{Ph—}\overset{\oplus}{N_2} \xrightarrow{H_2O \atop \triangle} \text{Ph—}OH + N_2\uparrow + H_2SO_4$$

反应中一般采用重氮硫酸盐，在 $40\%\sim50\%$ 的硫酸溶液中加热，这样可以避免生成的酚与未反应的重氮盐发生偶合反应。不要轻易用重氮盐酸盐，主要是为了避免副产物氯苯的生成。该反应主要用来合成那些不能通过磺化碱融反应制备的酚以及没有异构体的酚。

说明 利用该反应制备苯酚是不合适的，作为反定位规则合成技巧，必须学会巧妙设计，请看例题。

【例8-7】 以苯为原料合成3-溴苯酚

解题分析

羟基与溴都是邻对位定位基，如何实现间位？记住含氮的间位定位基有—NO_2和—NH_3^+，就选其中一个吧。路线如下：先硝化，用—NO_2引入—Br，然后还原为—NH_2，最后把氨基转换为—OH。

$$\text{（反应式）} \xrightarrow{HNO_3} \xrightarrow{Br_2} \xrightarrow{Fe/HCl} \xrightarrow{NaNO_2 \atop HCl} \xrightarrow{H_2O}$$

（3）被卤素、氰基取代

重氮盐的水溶液与碘化钾一起加热,则重氮基被碘原子取代,生成碘化苯,并放出氮气。

$$\text{C}_6\text{H}_5\text{—N}_2\text{Cl} + \text{KI} \xrightarrow{\triangle} \text{C}_6\text{H}_5\text{—I} + \text{N}_2\uparrow + \text{KCl}$$

采用传统的亲电取代反应在苯环上引入碘是很困难的,所以此反应是将碘原子引进苯环的好方法。

如果要使重氮基转化为 Cl 或 Br,则需在 CuCl 的浓 HCl 或 CuBr 的浓 HBr 存在下,与相应的重氮盐溶液一起共热,从而得到氯化物或溴化物,这个反应称为**桑德迈尔(Sandmeyer)反应**。

$$\text{C}_6\text{H}_5\text{—N}_2\text{Cl} \xrightarrow{\text{CuCl}+\text{HCl}} \text{C}_6\text{H}_5\text{—Cl} + \text{N}_2\uparrow$$

桑德迈尔反应

$$\text{C}_6\text{H}_5\text{—N}_2\text{Br} \xrightarrow{\text{CuBr}+\text{HBr}} \text{C}_6\text{H}_5\text{—Br} + \text{N}_2\uparrow$$

$$\text{C}_6\text{H}_5\text{—N}_2\text{Cl} \xrightarrow{\text{CuCN}+\text{KCN}} \text{C}_6\text{H}_5\text{—CN} + \text{N}_2\uparrow$$

如果改用铜粉作催化剂,也能得到相应的产物,但产率较低,称为伽特曼(Gattermann)反应。

若要使重氮基被氟原子取代,则应使用氟硼酸(HBF_4)或氟磷酸(HPF_4)。这是将氟原子引入苯环的常用方法,又称为**希曼(Schiemann)反应**。

$$\text{C}_6\text{H}_5\text{—N}_2^{\oplus} \xrightarrow{\text{HBF}_4} \text{C}_6\text{H}_5\text{—N}_2\text{BF}_4 \xrightarrow{\triangle} \text{C}_6\text{H}_5\text{—F}$$

现在通常用重氮氟磷酸盐代替重氮氟硼酸盐,由于磷酸盐溶解度小,因而收率较高。

$$\text{（邻溴重氮盐）} \xrightarrow{\text{HPF}_6} \text{（邻溴重氮氟磷酸盐）} \xrightarrow{165℃} \text{（邻溴氟苯）}$$

自测题 8-8 由苯合成 1,3,5-三溴苯

解题分析

如果从苯直接溴代,则无法制得 1,3,5-三溴苯。若采用下面的路线则很容易实现:"无中生有",在任何两个溴中间,"生出"一个邻对位定位基—NH_2,我们知道,—NH_2 与—OH 都能得到三溴代产物,但是—OH 不容易去掉,而—NH_2 容易去掉,"吃柿子挑软的捏",所以"搞定"—NH_2 就可以了。

无中生有　　　　　借氨上位

$$\text{（反应图式：苯 } \xrightarrow[\text{H}_2\text{SO}_4]{\text{HNO}_3} \text{硝基苯} \xrightarrow{\text{Fe+HCl}} \text{苯胺} \xrightarrow{\text{Br}_2/\text{H}_2\text{O}} \text{2,4,6-三溴苯胺}$$

$$\xrightarrow[0\sim5\,^{\circ}\text{C}]{\text{NaNO}_2+\text{HCl}} \text{重氮盐} \xrightarrow{\text{H}_3\text{PO}_2+\text{H}_2\text{O}} \text{1,3,5-三溴苯}$$

过河拆桥

利用桑德迈尔反应在苯环上引入—CN 是非常重要的,氰基可转化为羧基、氨甲基等基团。

【例 8-8】 由甲苯合成对甲基苄胺。

解题分析

很明显,产品比原料底物多了一个 C,那么什么样的基团既有 C 又可以得到 NH_2 呢? 只有—CN 还原才行。所以明确了路线:苄胺→苯腈→重氮苯→苯胺→硝基苯,这样的逆推方式是解决有机合成的经典模式。

本题合成路线如下:

$$\text{甲苯} \xrightarrow[\text{②Fe+HCl}]{\text{①HNO}_3/\text{H}_2\text{SO}_4} \text{对甲基苯胺} \xrightarrow[0\sim5\,^{\circ}\text{C}]{\text{NaNO}_3/\text{HCl}} \text{重氮盐} \xrightarrow{\text{CuCN/KCN}} \text{对甲基苯腈} \xrightarrow{\text{H}_2/\text{Ni}} \text{对甲基苄胺}$$

2. 保留氮的反应

(1) 还原反应

重氮盐可被氯化亚锡、锡和盐酸、锌和乙酸、亚硫酸钠、亚硫酸氢钠等还原成苯肼。

$$\text{苯重氮盐} \xrightarrow{\text{SnCl}_2+\text{HCl}} \text{—NHNH}_2 \cdot \text{HCl} \xrightarrow{\text{NaOH}} \text{—NHNH}_2$$

注意　Na_2SO_3 不还原硝基;若用 $SnCl_2$,则硝基也会被还原。

如果用较强的还原剂(如锌和盐酸)还原,则生成苯胺。

(2) 偶联反应

重氮盐正离子作为亲电试剂,可与连有强供电子基的芳香族化合物(如酚、芳胺等)发生亲电取代反应,生成偶氮化合物的反应称为偶联反应。它是制备偶氮染料的基本反应。参与偶联反应的重氮盐称为重氮组分,与其偶合的酚或者胺称为偶联组分。

（结构图）

$$
\begin{array}{c}
\text{重氮组分} \quad\quad\quad \text{偶联组分}
\end{array}
$$

其反应机理为：

（反应机理图）

$$G = OH、NH_2、NHR、NR_2$$

A. 与酚偶联

重氮盐与酚在弱碱性条件下（pH＝8～10）发生偶联反应得到偶氮化合物，反应主要发生在羟基的对位，只有在对位被占据时才发生在羟基邻位。

（反应式：苯基-N₂Cl + 苯酚 →(pH=8) 偶氮化合物，橙色）

反应介质对偶联反应影响很大：在弱碱性条件下酚生成酚盐负离子，供电子效应进一步增强，使苯环活化，有利于重氮阳离子的进攻；碱性太大（pH不能大于10）会使重氮盐转变为不活泼的苯基重氮酸或重氮酸盐离子，失去亲电性。

（反应式：可偶合　不偶合　不偶合）

重氮盐与 α-萘酚偶合时，发生在4位，如果4位被占，则发生在2位；与 β-萘酚偶合时，发生在1位。

B. 与胺偶联

与胺偶合的反应需在弱酸性（pH＝5～7）介质中进行。若酸性太强（pH＜5），胺形成铵盐而失去活性；若在碱性介质中进行，因胺不溶于碱而难以反应。

（反应式：NaO₃S-苯基-N₂⁺ + 苯基-N(CH₃)₂ →(CH₃COOH) 甲基橙）

由此可见，在进行偶联反应时，要考虑到多种因素，选择最适宜的反应条件，才能收到预期的效果。例如，染料中间体H酸在不同的pH值下，偶合的位置不同。

（结构图：pH=5～7　pH=8～10，H酸结构）

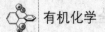

阅读材料：偶氮染料苏丹红

偶氮基两端连接芳基的有机化合物是纺织品服装在印染工艺中应用最广泛的一类合成染料,用于多种天然和合成纤维的染色和印花,也用于油漆、塑料、橡胶等的着色。在特殊条件下,它能分解产生 20 多种致癌芳香胺,经过活化作用改变人体的 DNA 结构引起病变和诱发癌症。因此国内外相关监管机构相继发布了不少偶氮染料禁令。

苏丹红系列染料,因其颜色鲜艳,广泛用于如溶剂、油、蜡、汽油的增色以及鞋、地板等的增光等,是一种工业染料,个别商家为了产品染色而非法添加在辣椒酱、辣椒粉、番茄酱等食品调味剂中,进一步污染了下游食品(如香肠、泡面、熟肉、馅饼等近 400 种食品),更有甚者在动物饲料中添加苏丹红,炮制了大量有毒的"红心蛋"。现有实验证明,苏丹红类染料是三级致癌物,没有任何辣味的红红的辣椒油、辣酱、辣椒粉都有可能是"涉红"食品!为此,国家质量监督检验检测局与国家标准化管理委员会于 2005 年 3 月 29 日发布 GB/T 19681—2005,专门制定了针对食品中染料苏丹红的分析检验技术规范。但从目前的局面看,在保卫食品安全的道路上,我们的"长征"才刚刚开始。

苏丹红Ⅰ号　　　　　苏丹红Ⅱ号　　　　　　　　苏丹红Ⅲ号

自测题 8-9 指出下列化合物中的重氮组分和偶联组分。

O_2N————$N=N$————OH　　　————$N=N$————NH_2

解题分析

一般来说,苯环上含有供电子基团的是偶联组分,有吸电子基团的是重氮组分。

答案

重氮组合　　　　　　　偶联组分

阅读材料：重氮甲烷的性质

重氮甲烷的分子式是 CH_2N_2,它的结构比较特别,根据物理方法检测,它是一个线型分子,但是没有一个结构式能比较完满地表示它的结构。

重氮甲烷很难用甲胺和亚硝酸直接反应制得,最常用且便捷的制备重氮甲烷的方法是,使 N-亚硝基-N-甲基-对甲苯磺酰胺在碱作用下分解,即:

$$\text{CH}_3-\overset{\overset{\displaystyle O}{\|}}{\underset{\underset{\displaystyle O}{\|}}{S}}-\overset{\displaystyle N}{\underset{\displaystyle NO}{|}}-H \xrightarrow{\text{NaOH}} \overset{\overset{\displaystyle O}{\|}}{\underset{\underset{\displaystyle O}{\|}}{S}}-\text{ONa} + \text{CH}_2\text{N}_2$$

重氮甲烷是黄色气体,剧毒且容易爆炸,所以在制备及使用时,要特别注意安全。它易溶于乙醚,并且比较稳定,在合成上常使用它的乙醚溶液。重氮甲烷是最理想的甲基化剂,它能溶于有机溶剂,反应速度快,不需要催化剂,分解成 N_2,无分离问题,产率很高。

重氮甲烷非常活泼,能够发生多种类型的反应,在有机合成上是一个重要的卡宾试剂,插入反应通常发生在 C—H 之间,在 C—O 或 C—X 之间更容易,而 C—C 之间不能发生。

$$\underset{\underset{\displaystyle OH}{|}}{\text{CH}_3\text{CHCH}_3} \xrightarrow[h\nu]{\text{CH}_2\text{N}_2} \underset{\text{插入C—O间}}{(\text{CH}_3)_2\text{CHCH}_2\text{OH}} + \underset{\text{插入C—H间}}{(\text{CH}_3)_3\text{COH}} + \underset{\text{插入O—H间}}{(\text{CH}_3)_2\text{CHOCH}_3}$$

又如

$$\underset{}{\text{Ph}-\overset{\overset{\displaystyle O}{\|}}{C}-\text{Cl}} \xrightarrow{\text{CH}_2\text{N}_2} \text{Ph}-\overset{\overset{\displaystyle O}{\|}}{C}-\text{CH}_2\text{Cl} + \text{N}_2$$

CH_2N_2 目前在精细化工、药品合成方面有着重要应用。

8.5* 腈与异腈

腈类化合物可以看成是 HCN 分子中的氢原子被烃基取代的结果。氰基是一个极性基团,其结构与羰基相似。

$$\underset{sp \quad sp}{-C \equiv N:} \qquad \underset{sp^2}{\overset{\displaystyle >}{C} = O}$$

由于腈类的高度极化,分子间的引力大,因此它们的沸点比相对分子质量相近的烃、醚、醛、酮、胺都高,而与醇相近,但比羧酸低。

分子中含有—NC 的是异腈(说明:腈是根据碳原子个数命名的,如 CH_3CN 称为乙腈,而异腈是按照烷基碳原子个数命名的,称为烷基胩,如 CH_3NC 称为甲基胩),通式为 $R-N \equiv C$。卤代烃腈解是制备腈类化合物的通用方法,而异腈则通过伯胺与卡宾反应制得。

$$\text{RX} + \text{NaCN} \longrightarrow \text{RCN}$$
$$\text{RNH}_2 + \text{HCCl}_3 + \text{KOH} \longrightarrow \text{RNC}$$

工业上利用烯烃的氨氧化法大量生产丙烯腈,反应如下:

$$\text{CH}_3\text{CH} = \text{CH}_2 + \frac{3}{2}\text{O}_2 + \text{NH}_3 \longrightarrow \text{CH}_2 = \text{CHCN} + 3\text{H}_2\text{O}$$

杜邦公司开发了利用 HCN 与 1,3-丁二烯合成己二腈,反应如下:

$$\text{(结构式)} + HCN \longrightarrow NC\text{—}(\text{链})\text{—}CN$$

苯甲腈一般由苯甲酰胺脱水制备,反应如下:

$$\text{(苯甲酰胺结构式)} \xrightarrow{\text{脱水剂}} \text{(苯甲腈结构式)}$$

腈可以水解得到羧酸,醇解得到酯,还原得到伯胺。

腈类化合物在工业上有着重要的应用,乙腈是强极性非质子溶剂;丙烯腈聚合后得到聚丙烯腈,经过纺丝后得到聚丙烯腈纤维,我国称为腈纶,国外则称为"奥纶"、"开司米纶"。腈纶具有柔软、膨松、易染、色泽鲜艳、耐光、抗菌、不怕虫蛀等优点,根据不同的用途要求可分为纯纺或天然纤维混纺,其纺织品被广泛地用于服装等领域。腈纶还可与羊毛混纺成毛线,或织成毛毯、地毯等,还可与棉、人造纤维、其他合成纤维混纺,织成各种衣料和室内用品。

异腈的显著特点是有特殊强烈的恶臭味道,具有强烈的催泪性,与水作用生成伯胺和甲酸,氧化生成异氰酸酯。

本章要求必须掌握的内容如下:

1. 要求掌握硝基烷烃的酸性、硝基对苯环上基团的影响;
2. 胺类化合物制备方法,特别是加布瑞尔法合成伯胺,胺类化合物的酰基化反应,必须掌握兴斯堡反应;
3. 能够利用重氮盐反应合成反定位规则的化合物。

习 题

1. 选择题。

(1) Gabriel 合成法适合制备( )。

    A. 伯胺   B. 仲胺   C. 叔胺

(2) 下列重氮离子进行偶联反应,( )的活性最大。

    A. $NO_2\text{—}(\text{苯环})\text{—}\overset{+}{N}\text{=}N$ B. $MeO\text{—}(\text{苯环})\text{—}\overset{+}{N}\text{=}N$ C. $(\text{苯环})\text{—}\overset{+}{N}\text{=}N$

(3) 苯酚与重氮盐的偶联反应应在( )溶液中进行。

    A. 强酸性   B. 中性   C. 强碱性   D. 弱碱性

2. 用简便的化学方法鉴别:A. 邻甲苯胺 B. N-甲基苯胺 C. N,N-二甲基苯胺。

提示 兴斯堡法。

3. 完成下列反应。

(1) $(C_2H_5)_2NH \xrightarrow{ClCH_2CH_2OH} (\qquad) \xrightarrow{O_2N\text{—}(\text{苯环})\text{—}COCl} (\qquad)$

(2) $H_3CO\text{—}(\text{苯环})\text{—}NHCH_3 + CH_3COCl \longrightarrow (\qquad)$

(3) ⬡—NH₂ + HCl + NaNO₂ $\xrightarrow{0\sim5℃}$ (　　　　) ⬡—N(CH₃)₂ ⟶ (　　　　)

(4) ⬡ $\xrightarrow[H_2SO_4]{HNO_3}$ (　　) $\xrightarrow{Fe+HCl}$ (　　) ⬡—SO₂Cl ⟶ (　　　　)

(5) ⬡—CONH₂ $\xrightarrow[\triangle]{Br+NaOH}$ (　　) $\xrightarrow[0\sim5℃]{HCl+NaNO_2}$ (　　　　)

$\xrightarrow{CuCN,KCN}$ (　　) $\xrightarrow{H_3O^+}$ (　　　　)

(6) (CH₃)₂NC₂H₅ + CH₃CH₂I ⟶ (　　　) $\xrightarrow{AgOH}$

(　　　　) $\xrightarrow{\triangle}$ (　　　　) + (　　　　)

(7) Et—O—⬡—NH₂ $\xrightarrow[0\sim5℃]{HCl+NaNO_2}$ (　　　　)

⬇

(OH naphthalene SO₃H)

(　　　　)

4. 完成下列合成与转化。

(1) 由甲苯合成 3,4-二溴甲苯(无机试剂和其他有机试剂可任选)。

(2) 由甲苯合成对甲基苄胺(无机试剂和其他有机试剂可任选)。

(3) 以邻苯二甲酸酐为原料合成异丙胺。

(4) ⬡—CH₃ ⟶ （结构式：COOH-苯-N=N-苯-OH/CH₃）

5. 根据题意推测结构。

(1) 某化合物的分子式为 $C_6H_{13}N$,与过量的碘甲烷作用生成盐(只消耗 1mol 碘甲烷)后用氢氧化银处理并加热,将所得的碱性产物再次与过量的碘甲烷作用后用氢氧化银处理并加热,得到 1,4-戊二烯和三甲胺。试推测该化合物的结构。

提示 参考例 8-5。

(2) 某化合物的分子式为 $C_6H_3BrClNO_2$,请根据下列反应确定分子的结构。

C₆H₃（NO₂/Cl/Br） $\xrightarrow{HCl,Fe}$ $\xrightarrow{NaNO_2,HCl}$ $\xrightarrow{H_3PO_2}$ （Br-苯-Cl 对位结构）

⬇ NaOH,H₂O

C₆H₃（NO₂/Cl/Br）

提示 溴与氯处于对位,水解时溴消失了,说明溴在硝基的什么位置?

9

杂环化合物的性质

学习目标

要求掌握的内容：五元、六元杂环化合物的结构特征，杂环的亲电取代反应，芳香性大小判断，碱性比较

要求理解的基础理论：非苯芳烃的芳香性

引言

　　杂环化合物是指具有环状结构的一类化合物，环上的原子除碳原子外，还至少含有一个杂原子，杂原子包括 O、S、N 等。杂环化合物数量繁多，在人们的现实生活中有着极其重要的地位。**绝大多数药物和半数以上的其他有机化合物为杂环化合物。**碳水化合物、吗啡、黄连素、异烟肼、喜树碱、维生素等分子中都含有杂环；中草药的有效成分生物碱大多是杂环化合物；动植物体内起重要生理作用的血红素、叶绿素、核酸的碱基都是含氮杂环；一些植物色素、植物染料、合成染料都含有杂环，在维持生命活动和人类日常生活中起到不可替代的作用。

　　依据其化学性质，杂环化合物可分为脂杂环和芳香杂环。前者如内酯、内酰胺、环醚等，其化学性质与同类开链化合物相似；后者在结构上符合休克尔规则，化学性质具有芳香性。**这是因为，环为平面构型，环内 π 电子数符合 $4n+2$ 规则，具有一定的芳香性。**常见的杂环化合物见表 9—1。本章重点讲述五元杂环呋喃、噻吩、吡咯，六元杂环吡啶以及苯并杂环喹啉。

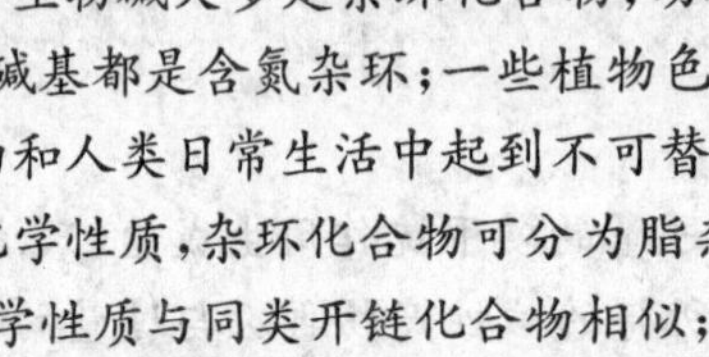

叶绿素 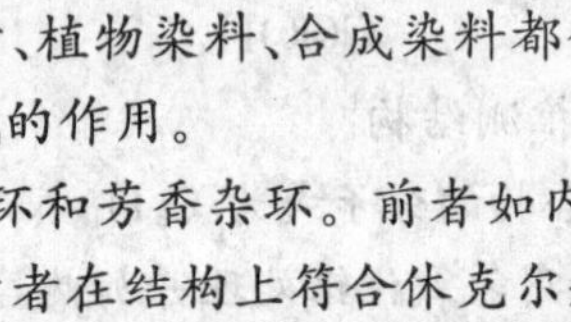　　　　　　　　　喜树碱

表 9-1 常见的杂环化合物

杂环分类	举例
三元杂环	 环氧丙烷　　环硫丙烷　　环氮丙烷
四元杂环	 环氧丁烷　　三亚甲亚胺
五元杂环	 呋喃　　　噻吩　　　吡咯 咪唑　　　　噁唑　　　　噻唑
六元杂环	 吡啶　　　　嘧啶
稠合杂环	 吲哚　　　喹啉　　　苯并呋喃　　苯并噻唑

9.1　三元、四元杂环化合物的性质

小环杂环的性质与小环环烷烃性质类似,即由于小环的角张力比较大,三元、四元杂环容易发生开环反应。三元杂环性质活泼,在酸性及碱性条件下都可以发生开环反应。

四元杂环不如三元杂环的性质活泼,在酸性条件下容易开环。

$$\text{（环丁醚）} + CH_3CH_2OH \xrightarrow{H^+} \text{O} \diagdown \text{OH}$$

而碱性条件下开环较为困难，如：

$$\text{（环丁醚）} + \text{PhCH}_2S^- \xrightarrow[100℃]{CH_3OH} \text{Ph-S} \diagdown \text{OH}$$

利用小环的活性，可以制备一系列的 β-内酰胺类抗生素，如青霉素的活性核心就在于容易打开的四元环。

RCNH
S
CH₃
CH₃
N
COOH

青霉素G疗效最好，R为苄基

📚 **阅读材料：** 青霉素抗菌作用原理：革兰氏阳性菌细胞壁主要由黏肽构成，合成黏肽的前体物需在转肽酶的作用下，才能交互联结形成网络状结构包绕着整个细菌，青霉素的化学结构与合成黏肽的前体物的结构部分相似，竞争地与转肽酶结合，使该酶的活性降低，黏肽合成发生障碍，造成细胞壁缺损，导致菌体死亡。

9.2　五元杂环化合物

9.2.1　结构与芳香性

五元杂环化合物呋喃、噻吩、吡咯的结构有以下共同点：分子中所有的原子共平面，每个碳原子提供一个电子的 p 轨道；杂原子的 p 轨道上有两个电子，五个原子的 p 轨道垂直于原子所在平面并组成一个闭合的环状共轭的大 π 键，电子数目为 6，符合休克尔规则，具有芳香性。

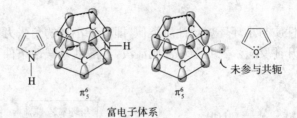

图 9-1　五元芳香杂环结构示意图

这种 5 中心 6 电子的平面共轭结构，属于富电子体系，因此可以预期，其发生亲电取代反应的活性大于苯环。由于杂原子不同，其芳香性程度也有差别。从离域能看，它们没有苯稳定，这些五元杂环化合物的芳香性比苯差。其芳香性次序是：

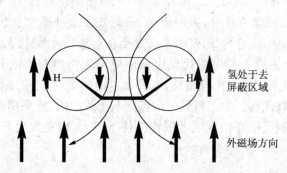

离域能/(kJ/mol)   150.5   117   88   67

阅读材料：芳香性判据。 在化学性质上表现为易进行亲电取代反应,不易进行
加成反应和氧化反应,这种性质称为芳香性。芳香性判据除了休克尔规则外,还可
以从环上氢原子在核磁条件下的化学位移值判断。在苯分子中,环中离域的 π 电子
可按两个方向任意流动,但在垂直于苯环平面的外加磁场作用下,只按一个方向流
动,因此在苯环平面上下且平行苯环产生环电流。后者产生垂直于苯环平面的感应
磁场,其方向在苯环内与外加磁场相反,在环外与外加磁场相同。即在环上下的一
定区域内是屏蔽区,在环周围的一定区域内是去屏蔽区。这样 π 电子对环内质子产
生屏蔽效应,对环外质子产生去屏蔽效应。

H ←氢处于去
屏蔽区域

←外磁场方向

由于苯环上的质子都处在环的外部,因此 π 电子云对于苯环上的质子产生去屏
蔽效应,较弱的磁场强度导致苯环上质子的化学位移移向低场。这是芳环上质子的
特征,五元杂环的氢的化学位移都处于低场。

δ 6.22   δ 6.24   δ 6.99   δ 6.43
δ 6.68   δ 7.29   δ 7.18   δ 6.28

9.2.2 亲电取代反应

1. 亲电取代反应活性比较

由结构可知,杂环上的 5 个原子共享 6 个 π 电子,电子云密度比苯环大,发生亲
电取代反应的速度也比苯快得多,尤其是发生在 α 位,相当于在苯环上引入了氨基、羟
基、巯基等活化基团,杂原子吸电子诱导次序为 O > N > S,给电子共轭次序为 N >
O > S。因此,N 贡献电子最多,O 其次,S 最少,因此进行亲电取代反应的活性顺
序为:

N–H > O > S > 苯

电子云密度越大,
越容易发生亲电取
代反应

自测题 9 - 1 选择或判断。

(1) 下列化合物中,亲电取代反应活性最大的是( )。

A. 吡咯　　B. 吡啶　　C. 苯　　D. 噻吩

(2) 下列芳香性大小排列顺序是否正确?( )

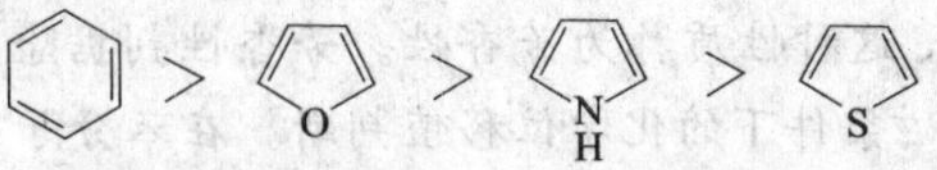

提示 比较芳香性大小,实际上是比较分子的稳定程度。亲电取代反应活性比较,是比较反应难易程度,一般来说,不稳定的分子的反应活性是比较大的。

答案 (1)A；(2)不正确

2. 卤代、硝化、磺化反应

五元杂环化合物,可以看成是苯环上有—OH、—SH、—NH$_2$ 等供电子基团,一方面使亲电取代反应容易进行,另一方面,亲电反应发生在哪里? 当然是邻对位! 别忘了它们是五元环,没有对位,所以取代发生在杂原子的邻位,也就是 α-位。

五元杂环化合物进行亲电取代反应需要使用较为温和的试剂或反应条件,此外,吡咯、呋喃对酸及氧化剂比较敏感,选择试剂时需要注意；五元杂环与卤素反应剧烈,易得到多卤取代物。为了得到一卤代(Cl,Br)产物,要采用低温、溶剂稀释等温和条件,同时控制反应在中性或者碱性条件下进行,以免发生开环反应。具体反应如下。

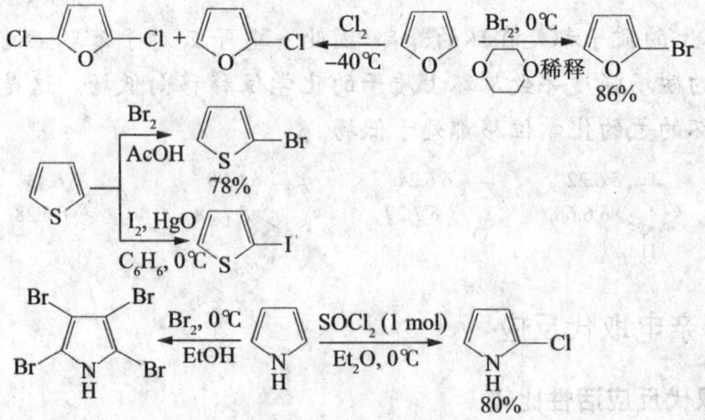

呋喃、噻吩和吡咯易氧化,一般不用硝酸直接硝化。通常用比较温和的非质子硝化试剂(如硝酸乙酰酯),反应在低温下进行。硝酸乙酰酯用以下反应制备:

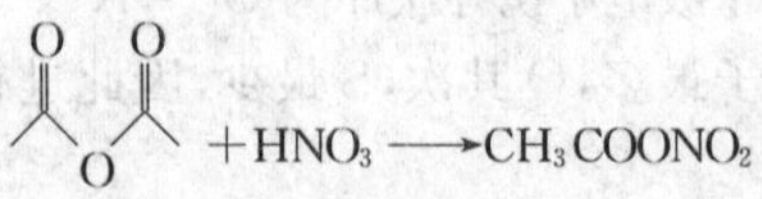

噻吩和吡咯的硝化反应如下:

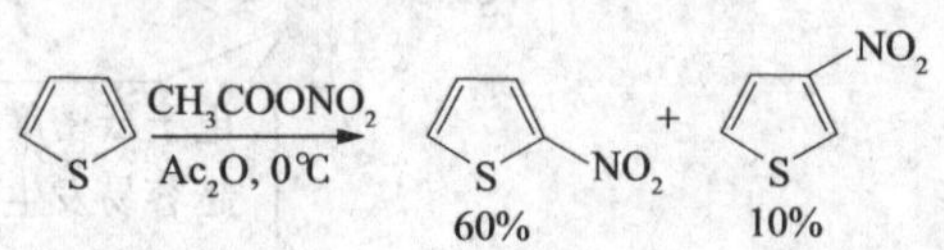

磺化反应同样如此,对于不太稳定的吡咯、呋喃,必须用温和的磺化试剂磺化。常用的磺化试剂是吡啶与三氧化硫的加合化合物,制备方法如下:

呋喃的磺化需要室温反应 3 天。

吡咯需要加热才能反应。

噻吩比较稳定,可以直接磺化,也可以用温和的磺化试剂磺化。

自测题 9－2　如何用简便的方法除去苯中少量的噻吩?

提示　想想苯环的磺化反应是什么条件?发烟浓硫酸,加热回流。噻吩磺化,什么条件?室温进行,而且磺化产物是离子化合物,可溶解于硫酸中,因此,操作如下:往苯中加入约 $\frac{1}{7}$ 体积的浓硫酸,振荡分层,弃去下层,重复直到酸层无色或呈淡黄色,再依次用水、Na_2CO_3 水洗,干燥后蒸馏即可。

3. 杂环的傅克反应

与苯相比较,呋喃、噻吩傅克酰基化反应同样容易进行。

而对于吡咯,酰基化反应可以发生在 C 上,也可以发生在 N 上。

请思考:N 上的烷基化、酰基化反应前面已经讲过,回忆一下乙酰苯胺是如何合

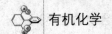

成的？胺的性质中,酰基化反应如何操作？

以金属钠处理吡咯,得到吡咯钠,这是个离子化合物,N 变为负离子,亲核性大大提高,发生 S_N 反应得到 N-酰基化产物。

自测题 9 - 3 完成下列反应。

提示 分别是溴代、磺化、硝化、酰基化反应。
答案

4. 五元杂环化合物亲电取代反应的定位规律

从上面的反应可以总结出杂原子的定位效应:取代基进入杂原子的 α-位。当 α 位上有取代基时,吡咯、噻吩的定位效应一致,情况如下。

说明 G 是邻对位基团时,取代基进入另一个 α 位;G 是间位定位基时,取代基进入 β 位,也就是 4 位。

当 β 位上有取代基时,五元杂环的定位效应一致,情况如下。

说明 G 是邻对位基团时，取代基进入 2 位；G 是间位定位基时，取代基进入 5 位。

9.2.3 五元杂环化合物的类二烯烃性质

呋喃为无色液体，难溶于水而易溶于有机溶剂，沸点为 32℃，遇盐酸浸泡的松木片呈绿色。尽管呋喃在较温和的条件下就可以发生亲电取代反应，但因其芳香性较弱，呋喃及其衍生物非常容易进行 Diles‑Alder 反应和一般的亲电加成反应，体现出共轭二烯的性质。

吡咯在催化剂存在下也可以发生 Diles‑Alder 反应，但是产物不稳定，很快分解。

噻吩基本上不发生双烯加成，即使在个别情况下生成也是一个不稳定的中间体，直接脱硫转化为别的产物。

说明 这是制备邻苯二腈的好方法。

9.2.4 吡咯的酸碱性

吡咯为无色油状液体，沸点为 131℃，微溶于水，易溶于有机溶剂，遇盐酸松木片呈红色。由于氮上的未共用电子对参与了共轭体系，难以与 H^+ 结合，因此吡咯的碱性非常弱,不仅比一般的仲胺要弱得多,甚至比苯胺还要弱很多(二苯胺 $pK_b=$ 3.278,苯胺 $pK_b=9.28$,吡咯 $pK_b=13.6$),几乎可以认为没有碱性。然而由于氮原子的吸电子作用,使得吡咯会显示出一定的酸性,其酸性介于乙醇和苯酚之间,在强碱(如 Na、K、NaOH)作用下可成盐。

$$\underset{pK_a\approx17.5}{\text{吡咯}} \xrightarrow[\text{或浓NaOH}]{\text{Na或K}} \text{吡咯钾盐}$$

这种盐非常容易水解。吡咯加氢饱和后,碱性会加大。

可以看成脂肪胺

$$pK_b \quad 13.6 \qquad 2.7 \qquad 3.6$$

说明 呋喃中的氧原子也因参与形成大 π 键而失去了醚的弱碱性,不易生成镁盐。噻吩中的硫原子不能与质子结合,因此也不显碱性。对于吡咯这样的化合物,芳香 C 与 N 都可以发生反应,要注意反应条件的区别,并及时总结。

9.2.5 五元杂环的还原反应

吡咯、呋喃、噻吩容易被还原,产物为饱和环系化合物。呋喃在 Ni 催化下,易于加氢生成四氢呋喃(Tetrahydrofuran,简写为 THF),是优良的溶剂和有机合成中间体。

$$\text{吡咯} \xrightarrow[\text{Pd}]{H_2} \underset{\text{四氢吡咯}}{\text{四氢吡咯}}$$

$$\text{呋喃} \xrightarrow[]{H_2/Ni} \underset{\text{四氢呋喃}}{\text{四氢呋喃}} \xrightarrow[140℃]{HCl} Cl(CH_2)_4Cl \xrightarrow{NaCN} NC(CH_2)_4CN$$

噻吩不能使用 H_2/Pd，因为催化剂容易中毒，一般使用 Na/C_2H_5OH 作为催化剂。

$$\underset{S}{\ce{}} \xrightarrow[Na]{C_2H_5OH} \underset{S}{\ce{}}$$

噻吩和吡咯还可用化学还原法（如 Na 与醇，Zn 与乙酸）局部还原为二氢化物。

9.2.6* 呋喃、噻吩、吡咯的制备方法

1. 实验室制备

（1）帕尔-诺尔（Paal - Knorr）合成法

$$\xrightarrow[\text{TsOH,甲苯,}\triangle]{H_2SO_4—H_2O, HAc} \underset{O}{\ce{}}$$

$$\xrightarrow{P_2S_5, 170℃} \underset{S}{\ce{}} \quad (\sim 40\%)$$

$$\xrightarrow[\ce{(NH_4)_2CO_3}, 100℃]{\text{①}NH_2R \text{②}HN_3} \underset{\overset{|}{H}}{N}$$

此法适合实验室少量合成。

2. 诺尔合成法

$$\underset{EtOOC}{\overset{R}{\ce{}}}\ce{=O} \xrightarrow{HNO_2} \underset{EtOOC}{\overset{R}{\ce{}}}\underset{NOH}{\overset{O}{\ce{}}} \xrightarrow{Zn—HOAc} \underset{EtOOC}{\overset{R}{\ce{}}}\underset{NH_2}{\overset{O}{\ce{}}}$$

$$\underset{EtOOC}{\overset{R}{\ce{}}}\underset{NH_2}{\overset{O}{\ce{}}} + \underset{O}{\overset{COOEt}{\ce{}}}\ce{R} \longrightarrow \underset{EtOOC\quad \overset{|}{N}\quad R}{\overset{R\qquad COOEt}{\ce{}}}$$

工业上三种化合物的相互转化（有氧化铝存在的情况下）如下。

$$\underset{\overset{|}{H}}{N} \xrightleftharpoons[NH_3]{H_2O} \underset{O}{\ce{}}$$

$$NH_3 \quad H_2S \qquad H_2O \quad H_2S$$

$$\underset{S}{\ce{}}$$

可见，制备了呋喃，就可以利用上述转化关系制备噻吩与吡咯。而呋喃可由农副产品如甘蔗杂渣、花生壳、高粱秆、棉子壳等用稀酸加热蒸煮制取糠醛，再由糠醛分解得到。

$$(C_5H_8O_4)_n \xrightarrow{\text{酸解}} \underset{\overset{CHO}{|}}{(CHOH)_3} \xrightarrow{\text{脱水}} \underset{O}{\overset{CHO}{\ce{}}} \xrightarrow[400℃]{Zn—Cr_2O_3—MnO_2} \underset{O}{\ce{}}$$

戊聚糖 　　　　　　戊醛糖

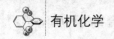

9.2.7　糠醛的化学性质

2-呋喃甲醛,又名糠醛,无色液体,具有与苯甲醛类似的气味。熔点 $-38.7℃$,沸点 $161.7℃$,相对密度 (d_4^{20}) 为 $1.159\ 4$ 。糠醛在空气中容易变黑,在 $20℃$ 可形成 8.3% 的水溶液,溶于乙醇、乙醚等有机溶剂。糠醛经氧化生成 2-呋喃甲酸;经还原生成呋喃甲醇。它与苯甲醛相似,可以发生交叉醇醛缩合反应、Cannizzaro 反应、Perkin 反应。

自测题 9-4　完成下列反应。

$$\text{—CHO} + CH_3CHO \longrightarrow$$

参考交叉缩合 $\xrightarrow[\text{浓}]{NaOH}$

Cannizzaro 反应 $\xrightarrow{(CH_3CO)_2O}$

提示　考虑苯甲醛的类似反应,就可以"照葫芦画瓢"。

答案

$$\text{—CHO} + CH_3CHO \left\{ \begin{array}{l} \longrightarrow \text{—CH}_2\text{=CHCHO} \\[6pt] \xrightarrow[\text{浓}]{NaOH} \text{—CH}_2OH + CH_3COONa \\[6pt] \xrightarrow{(CH_3CO)_2O} \text{—CH}_2\text{=CHCOOH} \end{array} \right.$$

9.2.8*　吡咯的重要衍生物

最重要的吡咯衍生物是含有四个吡咯环和四个次甲基 $(—CH=)$ 交替相连组成的大环化合物。其取代物称为卟啉族化合物。卟啉族化合物广泛分布于自然界中。血红素、叶绿素都是含吡咯环的卟啉族化合物。

卟啉　　　　　　血红素

在血红素中,吡咯环络合的是 Fe,叶绿素中吡咯环络合的是 Mg。血红素的功能是运载输送氧气,叶绿素是植物光合作用的能源。1964 年,Woodward 用 55 步合成了叶绿素。1965 年接着合成了 VB_{12} ,用 11 年时间完成了全合成。Woodward 一生人工合成了 20 多种结构复杂的有机化合物,是当之无愧的有机合成大师,1965 年获诺贝尔化学奖。

合成大师 Woodward (1917—1979)

(20岁获博士学位，30岁当教授，
48岁获诺贝尔化学奖)

VB_{12}结构式

9.3 六元杂环化合物的性质

9.3.1 吡啶的结构

六元杂环广泛存在于自然界中,代表物为吡啶。

维生素B_6 烟碱,尼古丁   抗结核药,异烟肼   止痛药,阿托品

与五元杂环相似,吡啶的成环原子共平面,N 是 sp^2 杂化,6 个平行的 p 轨道组成一个闭合的共轭大 π 键;与五元杂环不同的是,每个原子只提供一个 p 电子参与共轭,所以吡啶是个等电子 π_6^6 体系,氮原子的 1 个 sp^2 杂化轨道上有一对电子。

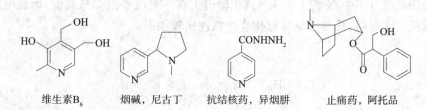

孤电子对在sp^2杂化轨道上

未参与共轭

等电子体系

图 9 - 2　吡啶的结构

吡啶环的键长也发生了较大程度的平均化,C—C 键长为 0.140 nm,C═C 键长

为 0.139 nm；C—C 键虽与苯相似，但 C—N 键变化很大，因此，其芳香性也比苯差。由于 N 的电负性比 C 强，环上电子云密度比苯低，吡啶的亲电取代反应活性相当于硝基苯。吡啶和苯虽然都属等电子体系，但因氮原子的电负性较大，从而使环上的电子云密度降低，故其亲电取代反应性能不但比苯差，且亲电取代反应发生在电子云密度较高的 β 位。这一特性与硝基苯类似。综上所述，五元、六元杂环化合物虽然都具有芳香性，但其环上的电子云的密度是不同的，其亲电取代反应顺序为：

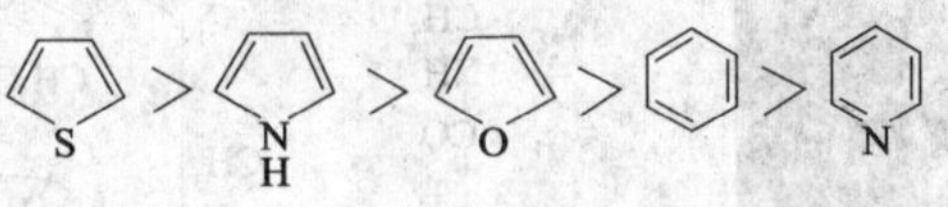

9.3.2 吡啶的化学性质

根据吡啶的结构，处于 N 原子邻对位（即 α、γ 位）的 C 带有部分正电荷，有利于亲核试剂的进攻，而处于间位的 C 带有部分负电荷，有利于亲电试剂的进攻，而 N 原子上的孤对电子，作为 Lewis 碱，有利于成盐。

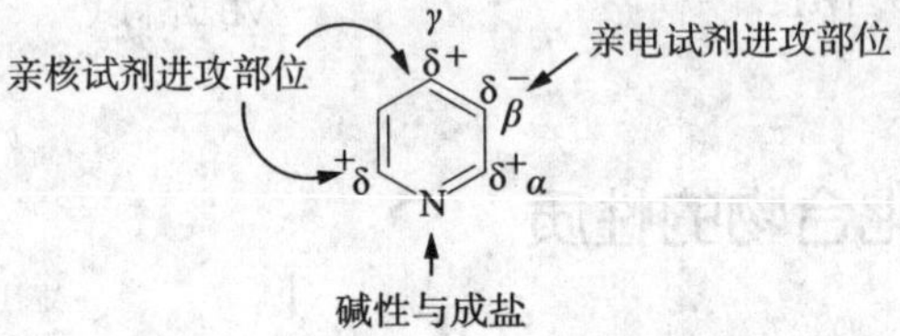

图 9-3 吡啶的结构与化学性质

1. 碱性与成盐

由于吡啶分子中 N 的 1 个 sp^2 杂化轨道上有一对电子未参与共轭，因此吡啶的碱性远远大于吡咯，几种常见含氮化合物碱性比较如下。

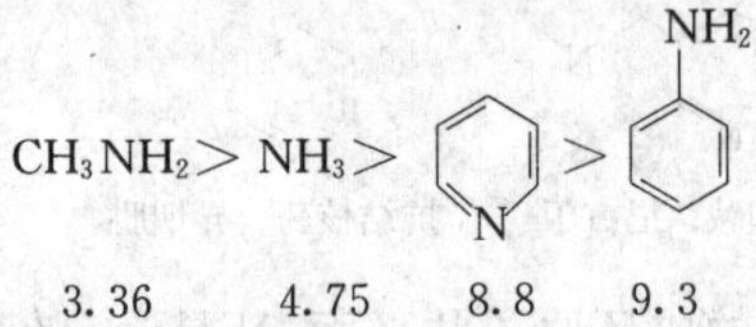

pK_b 3.36 4.75 8.8 9.3

吡啶环上有供电子基时将使碱性增强，反之则减小。

吡啶遇酸成盐，因此吡啶在有机合成中作为缚酸剂广泛使用。吡啶盐酸盐可以用氨水分解。

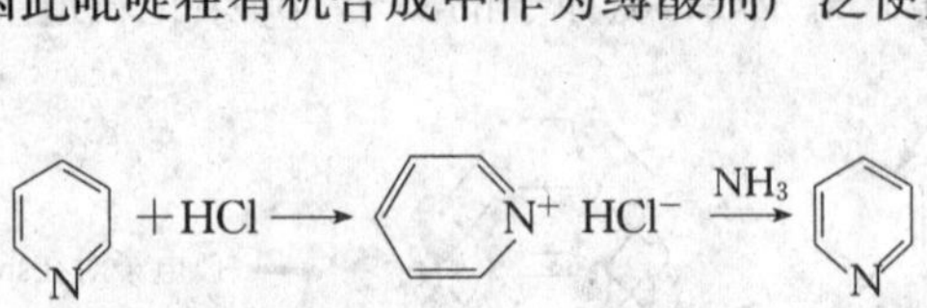

自测题 9-5 比较下列物质的酸性大小。

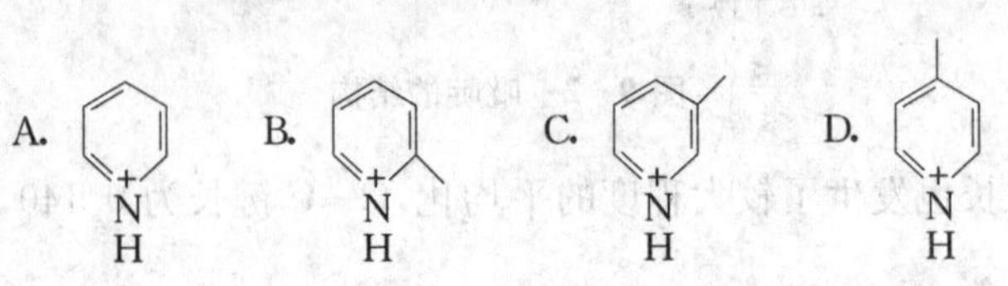

提示 酸性与碱性是一对矛盾,因此比较其共轭碱的碱性大小即可。其共轭碱分别为

A. B. C. D.

显然,B、C、D 的环上有甲基,甲基是供电子的,碱性都大于 A;接着考虑位置的影响,间位的影响最小,对位的效应应该大于邻位,所以碱性大小为 D>B>C>A。因此其共轭酸的酸性大小为:D<B<C<A。

同理可知,使用广义的酸——Lewis 酸反应,如非质子的硝化试剂、磺化试剂,或用卤素、卤代烷、酰氯与吡啶环进行反应,也同样形成相应的吡啶盐。

吡啶盐不仅是可以用于温和的磺化、硝化、卤化、烷基化、酰基化的试剂,还可以利用吡啶环上的 N–的烷基化反应制备醛。

2. 亲电取代反应

吡啶环上的 N–为吸电子基,故吡啶环和硝基苯相似,属于缺电子的芳杂环。其亲电取代反应很不活泼,反应条件要求很高,不发生傅克烷基化和酰基化反应。需在较强的条件下才可发生亲电取代反应,且发生在 β 位,相当于硝基苯的间位取代。

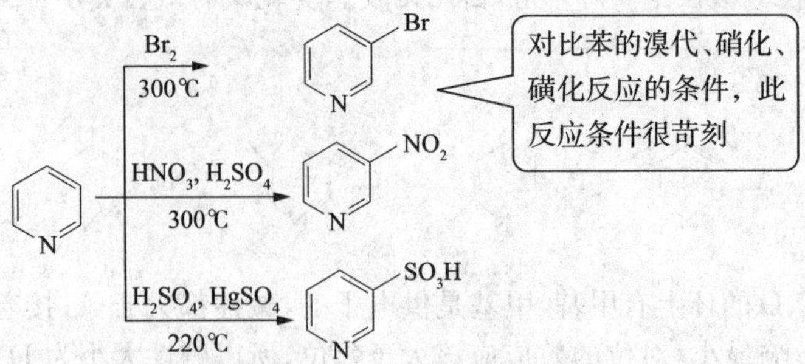

对比苯的溴代、硝化、磺化反应的条件，此反应条件很苛刻

可见，反应条件比苯环要苛刻。当吡啶环上连有供电子基团时，将有利于亲电取代反应的发生；反之，就更加难以进行亲电取代反应。

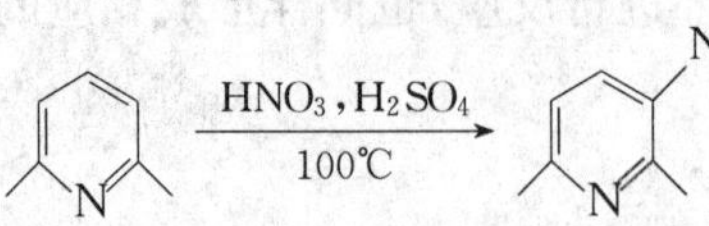

吡啶亲电取代反应特点：

1. 不能发生傅克烷基化、酰基化反应。

2. 硝化、磺化、卤化必须在强烈条件下才能发生；

3. 吡啶环上有给电子基团时，反应活性增高；

因此，吡啶 N -可以看作是一个间位定位基。

3. 亲核取代反应

亲电与亲核也是一对矛盾，当亲电反应困难时，亲核反应相对较容易。由于吡啶环上的电荷密度降低，且分布不均，故可发生亲核取代反应。例如：

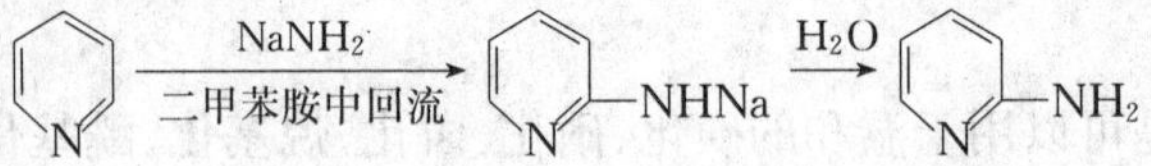

强碱 NH_2^- 取代了吡啶 N 邻位的 $\alpha - H$，该反应又称为齐齐巴宾(Chichibabin)反应，利用该反应在吡啶的 α 位引入苯基。

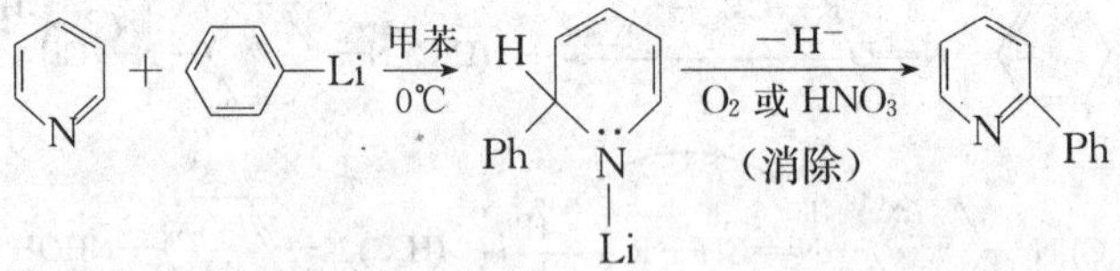

说明 1. 负氢不易离去，一般需要一个氧化剂作为负氢的接受体；2. 亲核取代优先发生在 α 位，若 α 位上有取代基，则反应在 γ 位。

4. 侧链 $\alpha - H$ 反应

吡啶的 2、4、6-位烷基的 $\alpha - H$ 与羰基的 $\alpha - H$ 相似(也就是吡啶的邻对位的烷基上的 $\alpha - H$)，能够发生一系列的 $\alpha - H$ 反应。

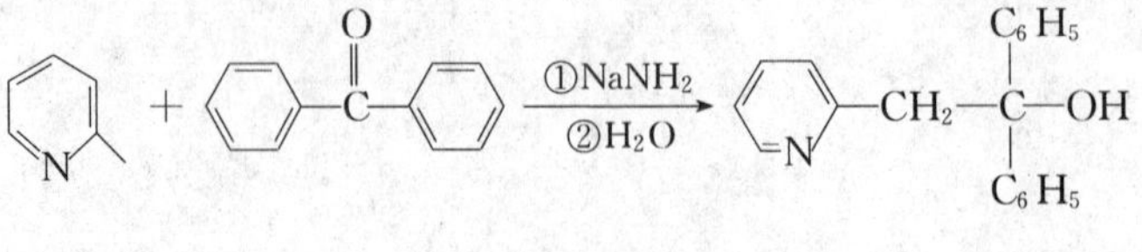

反应发生在邻对位的α-H上。

当与 N 相连的基团为烷基时,因为 N 带有正电荷,使其侧链的 α - H 更活泼。

羟醛缩合型反应

与烷基苯性质相似,侧链烃基被氧化成羧酸。请注意,不管侧链有几个碳原子,氧化产物都为甲酸。

β-吡啶甲酸(烟酸)　　　烟酰胺

α-吡啶甲酸

3-吡啶甲酸(烟酸)及其衍生物烟酰胺都是维生素,用于治疗癞皮病。

吡啶易被过氧化物(如过氧乙酸、过氧化氢等)氧化生成氧化吡啶。

氧化吡啶又称为吡啶 N-氧化物,在合成上用途很广泛。

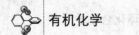

说明 从动态的角度看,与氮相连的氧可以看作是一个电子储存库。

1. 需要时,氧能提供电子,使整个环上的电荷密度增高,利于亲电取代;
2. 不需要时,氧不提供电子,整个环系相当于吡啶盐,易于亲核取代;
3. 吡啶的 N-氧化物作为亲核试剂,可以将卤代烃变成醛。

自测题 9-6 完成下列反应。

(1) (吡啶结构图) $\xrightarrow[\text{ZnCl}_2]{\text{PhCHO}}$ ( )

(2) (吡啶结构图) $\xrightarrow[\text{或 KMnO}_4]{\text{O}_2,\text{V}_2\text{O}_5/\text{硅酸}}$ ( ) $\xrightarrow{\text{NH}_2\text{NH}_2 \cdot \text{H}_2\text{O}}$ ( )

(3) (吡啶结构图) $\xrightarrow[\text{ZnCl}_2]{\text{CH}_3\text{CHO}}$ ( ) $\xrightarrow{\text{H}_2/\text{Ni}}$ ( )

 $\xrightarrow{4\text{Cl}_2}$ ( )

📖题🔍分析

(1)是典型的 α-H 缩合反应。(2)是氧化反应,然后生成羧酸衍生物反应,该反应用于制备雷米封(异烟肼),发明于 1952 年,救治了大量的肺结核病人。(3)是类似于甲基酮的卤仿反应,是制备毒芹碱的一种方法。

答案

(1) (吡啶结构图,4位为 CH₃) $\xrightarrow[\text{ZnCl}_2]{\text{PhCHO}}$ (吡啶结构图,4位为 CH=CHC₆H₅)

(2) (吡啶结构图,4位为 CH₃) $\xrightarrow[\text{或 KMnO}_4]{\text{O}_2,\text{V}_2\text{O}_5/\text{硅酸}}$ (吡啶结构图,4位为 COOH) $\xrightarrow{\text{NH}_2\text{NH}_2 \cdot \text{H}_2\text{O}}$ (吡啶结构图,4位为 CONHNH₂)
雷米封

(3) (吡啶结构图,2位为 CH₃) $\xrightarrow[\text{ZnCl}_2]{\text{CH}_3\text{CHO}}$ (吡啶结构图,2位为 CH=CHCH₃) $\xrightarrow{\text{H}_2/\text{Ni}}$ (六氢吡啶结构图,2位为 CH₂CH₂CH₃)
毒芹碱

 $\xrightarrow{4\text{Cl}_2}$ (吡啶结构图,2位为 Cl,6位为 CCl₃)

[补充材料] 吡啶还原反应。吡啶比苯易于还原,用钠加乙醇、催化加氢均可使吡啶还原为六氢吡啶。六氢吡啶又称哌啶、胡椒啶,是无色又具有特殊臭味的液体,沸点 106℃,熔点 −7℃,易溶于水。它的性质与脂肪族胺相似,碱性比吡啶大,常用作溶剂和有机合成原料。

9.3.3 吡啶的合成方法

吡啶的工业制法可由糠醇与氨共热(500℃)制得,也可用乙炔制备。

1. 韩奇合成法

由两分子 β-羰基酸酯、一分子醛、一分子氨经缩合反应制备吡啶同系物的方法称为韩奇合成法。

$$RCCH_2COOR' + NH_3 + R''CHO \xrightarrow{\text{碱}} \xrightarrow{HAc} \xrightarrow{HNO_3}$$

$$R'OOC \cdots COOR' \xrightarrow[OH^-]{H_2O} \xrightarrow[\triangle]{H^+} \text{（吡啶环）}$$

2. β-二羰基化合物与氰乙酰胺合成法

3. β-二羰基化合物和 β-氨基-α,β-不饱和羰基化合物合成法

9.4* 稠合杂环性质

9.4.1 吲哚的性质

吲哚是白色晶体，熔点 52.5℃。吲哚的极稀溶液有香味，用作香料，浓的吲哚溶液有粪臭味。吲哚环的衍生物广泛存在于动植物体内，与人类的生命、生活密切相关。

色氨酸
构成蛋白质的重要成分

β-甲基吲哚（粪臭素）
很稀时有茉莉香味

又如5-羟基色胺，普遍存在于动物体内，又名血清素，在大脑皮层质及神经突触内含量很高，它也是一种抑制性神经递质，是一种参与神经思维的物质。坐禅、丹田呼吸、嚼口香糖以及一些有规律的相对简单的活动都可以促进5-羟基色胺的分泌。这个机理可以解释坐禅为什么可以"愈心"，有助于身体健康。

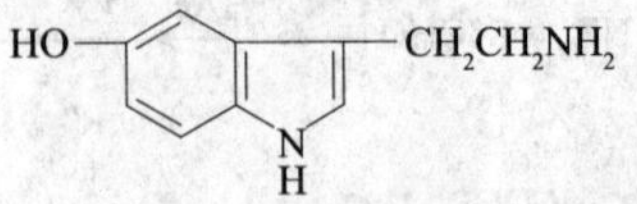
HO
CH2CH2NH2
N
H

5-羟基色胺

所谓脑白金，其实就是吲哚的衍生物——蜕皮激素。

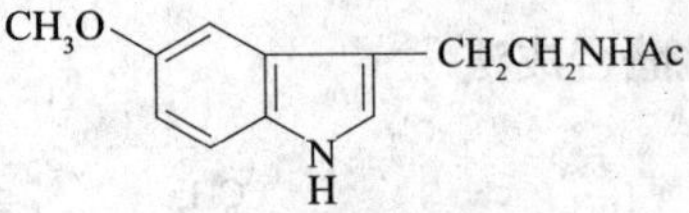
CH3O
CH2CH2NHAc
N
H

Melatonine
脑白金

吲哚乙酸是一种用于调节植物成长的激素。少量能调节植物生长，大量则杀伤植物。如在侧链多一个—CH_2—就失去生理效能。

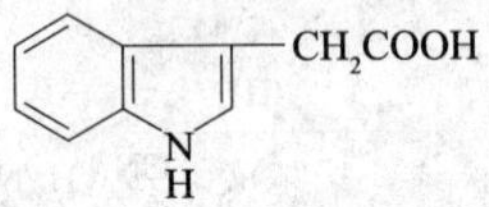
CH2COOH
N
H

β-吲哚乙酸

吲哚的性质与吡咯相似，也可发生亲电取代反应，取代基进入β位。

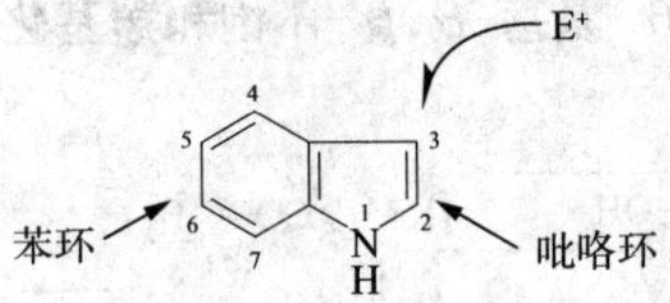
E+
4
3
5
6
1
2
7
苯环
N
H
吡咯环

具体反应如下：

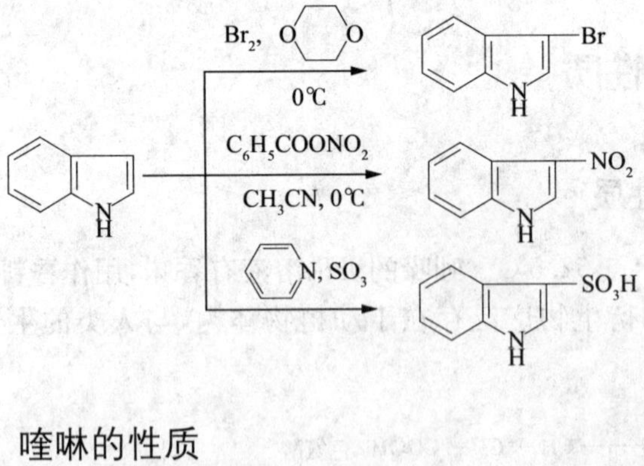
Br2,
O
O
0℃
Br
3-溴吲哚
70%
C6H5COONO2
CH3CN, 0℃
NO2
3-硝基吲哚
35%
N, SO3
SO3H
β-吲哚磺酸
N
H

9.4.2 喹啉的性质

喹啉存在于煤焦油中，常温下为无色油状液体，放置时会逐渐变成黄色，沸点238.05℃，有恶臭味，难溶于水，但是能与大多数有机溶剂混溶，是一种高沸点溶剂。与吡啶相似，具有弱碱性($pK_b = 9.15$)。喹啉的许多衍生物在医药上具有重要意义，特别是抗疟类药物。喹啉的衍生物在自然界存在很多，如奎宁、氯喹、罂粟碱、吗啡等，很多都是重要的生物碱。

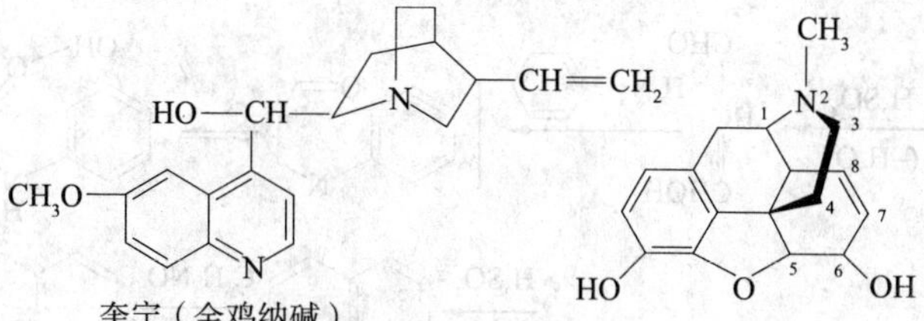
奎宁（金鸡纳碱）
存在于金鸡纳树皮中，有抗疟疾疗效

吗啡

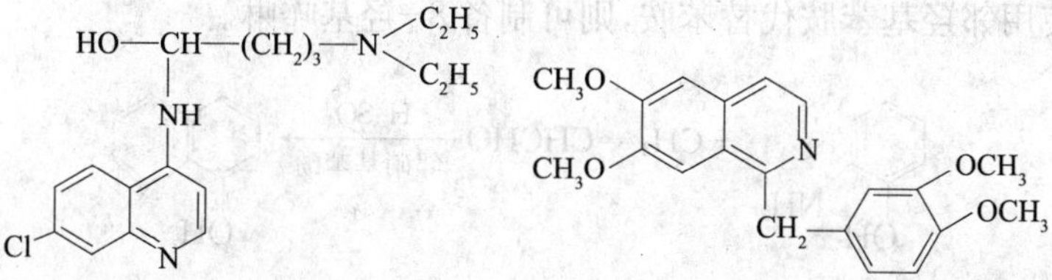
氯喹（合成抗疟疾药）

罂粟碱

吗啡含有一个被还原的异喹啉环，是鸦片的提取物，其盐酸盐是很强的镇痛药物，但是容易上瘾，临床上用来解除晚期癌症病人的痛苦。

喹啉的性质与α-硝基萘相似，如图 9-4 所示，活化环有利于亲电取代反应的发生，且主要发生在 5、8 位。钝化环有利于亲核取代反应的发生，且主要发生在 2 位。

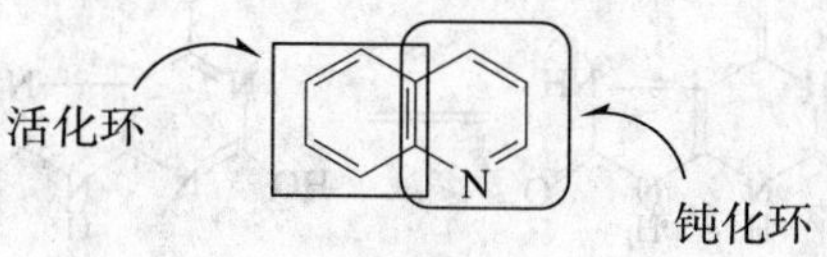

图 9-4　喹啉的结构与化学性质

喹啉的具体化学反应如下。

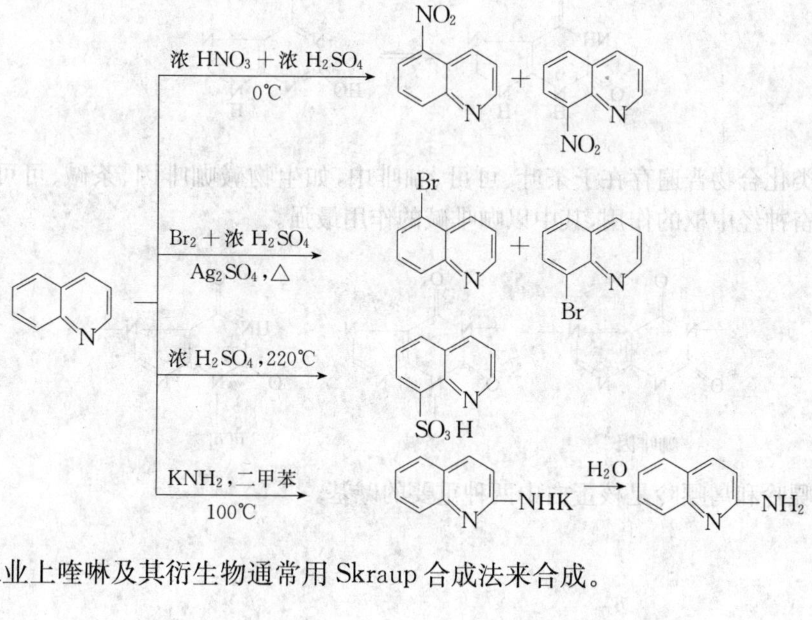

工业上喹啉及其衍生物通常用 Skraup 合成法来合成。

如果使用邻羟基苯胺代替苯胺,则可制备8-羟基喹啉。

9.4.3 嘌呤的性质

嘌呤为无色晶体,熔点为 $216 \sim 217^{\circ}C$,易溶于水,其水溶液呈中性,但能与酸或碱成盐。纯嘌呤环在自然界中不存在,嘌呤的衍生物广泛存在于动植物体内。

尿酸 存在于鸟类及爬虫类的排泄物中,含量很多,人尿中也含少量。

黄嘌呤 存在于茶叶及动植物组织和人尿中。

这类化合物普遍存在于茶叶、可可、咖啡中,如生物碱咖啡因、茶碱、可可碱,它们有兴奋神经中枢的作用,其中以咖啡碱的作用最强。

咖啡因　　　　　　　茶碱　　　　　　　可可碱

腺嘌呤和鸟嘌呤是核蛋白中两种重要的碱基。

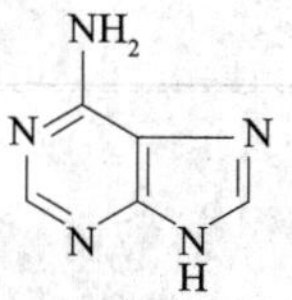

腺嘌呤（A） 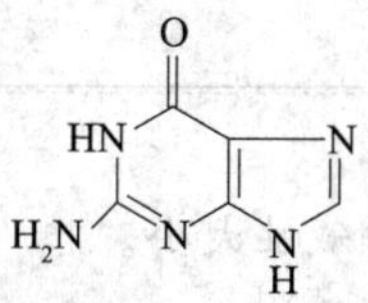　　　鸟嘌呤（G）

9.4.4　噻唑的性质

噻唑是含一个硫原子和一个氮原子的五元杂环,无色,有与吡啶类似的臭味的液体,沸点为117℃,与水互溶,有弱碱性,较为稳定。一些重要的天然产物及合成药物含有噻唑结构,如青霉素、维生素 B_1 等。青霉素是一类抗菌素的总称,已知的青霉素有一百多种,它们的结构很相似,均具有稠合在一起的四氢噻唑环和 β-内酰胺环。

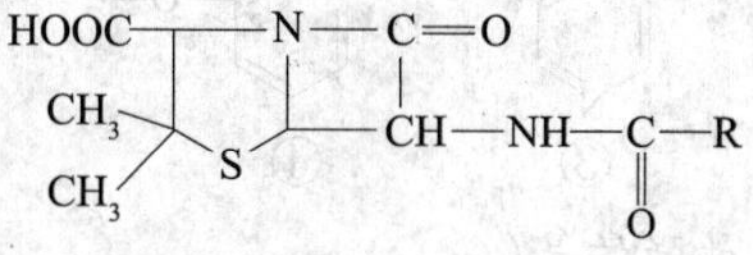

当 R=—CH₂—  时,为青霉素 G;

当 R=—CH₂—O—  时,为青霉素 V;

当 R=—CH=CH—CH₂—S—CH₃ 为青霉素 O。

青霉素具有强酸性($pK_a \approx 2.7$),在游离状态下不稳定(青霉素 O 例外),故常将它们变成钠盐、钾盐或有机碱盐用于临床。维生素 B_1(图 9-5)对糖类的新陈代谢有显著的影响,人体缺乏时会引起脚气病。

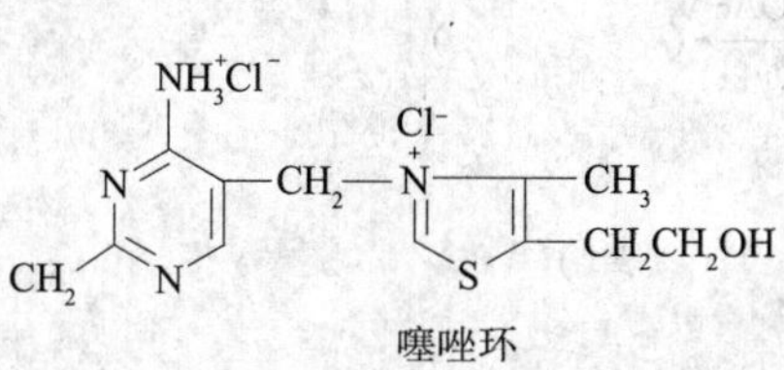

噻唑环

图 9-5　维生素 B_1(VB_1)的结构

本章要求必须掌握的内容如下:

1. 呋喃、噻吩、吡咯、吡啶的结构,及其芳香性;
2. 富电子体系的五元杂环化合物的亲电取代反应以及亲电取代反应的定位规律;
　　　　　　　　　　　　　　　　　　　　　　　　　　　　（与苯胺、苯酚相似）
3. 吡啶的碱性及原因;
4. 吡啶的亲电取代反应难以进行的原因:缺电子体系。
　　　　　　　　　　　　　　　　　　　　　　　　　　　　（与硝基苯相似）

习 题

1. 比较或选择题。

(1) 比较下列化合物的碱性大小。

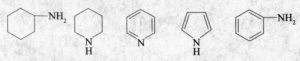

(2) 比较下列化合物的芳香性大小。

(3) 下列化合物发生硝化反应,速率最快以及最慢的分别是(　　)和(　　)。

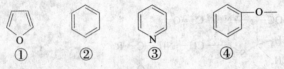

(4) 下列化合物中碱性最强的是(　　)。

    A. 苯胺   B. 吡咯   C. 吡啶

2. 完成下列反应。

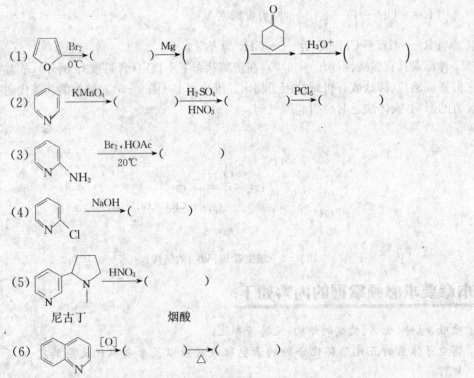

3. 用化学方法除去下列物质中的少量杂质。

(1) 甲苯中混有少量的吡啶。

(2) β-吡啶乙酸乙酯中混有少量的 β-吡啶乙酸。

10

生命有机化合物的性质

学习目标

要求掌握的内容：单糖、多糖、淀粉、纤维素的概念；葡萄糖的环式结构与变旋，葡萄糖的化学性质；氨基酸的两性、等电点；蛋白质的特征鉴别方法

要求理解的基础理论：蛋白质的四级结构；DNA 的螺旋结构

引　言

　　生命有机化学主要的研究对象是糖类、氨基酸、蛋白质与生命遗传物质，如脱氧核糖核酸(DNA)和核糖核酸(RNA)。它们是自然界存在最多、分布最广的一类重要的有机化合物，是生命的组成物质和维持物质。本章主要介绍糖类化合物的结构和性质，氨基酸的性质以及蛋白质的四级结构。

10.1　糖类化合物简介

　　糖类化合物是一切生物体维持生命活动所需能量的主要来源，是人类三大营养要素(糖类、脂肪和蛋白质)之一，它与蛋白质、脂肪同为生物界三大基础物质，为生物的生长、运动、繁殖提供主要能源，是人类生存发展必不可少的重要物质之一。

　　糖类化合物由碳、氢、氧三种元素组成，分子中 H 和 O 的比例通常为 2:1，与水分子中的比例一样，因此，糖可用通式 $C_m(H_2O)_n$ 表示，这类化合物也称为**碳水化合物**。逐渐发现有些化合物按其构造和性质应属于糖类化合物，可是组成并不符合 $C_m(H_2O)_n$ 通式，如鼠李糖($C_6H_{12}O_5$)、脱氧核糖($C_5H_{10}O_4$)等；而有些化合物如乙酸($C_2H_4O_2$)、乳酸($C_3H_6O_3$)等，其组成虽符合通式 $C_m(H_2O)_n$，但其结构与性质却与糖类化合物完全不同。所以，碳水化合物这个名称并不确切，但因使用已久，迄今仍在沿用。目前，普遍认为**糖类化合物是多羟基醛或多羟基酮以及水解后能生成多羟基醛或多羟基酮的化合物**。

　　糖类化合物可分为单糖、低聚糖、多糖等。

　　不能进一步水解为更小分子的多羟基醛(醛糖)或者酮(酮糖)称为单糖。按含碳原子的数目，单糖可分为丙糖、丁糖、戊糖和己糖等；根据分子中含醛基还是含酮

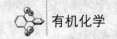

基,单糖又可分为醛糖和酮糖。自然界最主要的单糖是戊醛糖(如核糖)、己醛糖(如葡萄糖、半乳糖)和己酮糖(果糖)。单糖中以葡萄糖最为重要。

$$
\begin{array}{cccc}
\underset{\text{D-(+)-甘油醛}\atop\text{丙糖}}{\begin{array}{c}CHO\\ H\text{—}OH\\ CH_2OH\end{array}} &
\underset{\text{二羟基丙酮}\atop\text{丙糖}}{\begin{array}{c}CH_2OH\\ C=O\\ CH_2OH\end{array}} &
\underset{\text{D-(+)-葡萄糖}\atop\text{己糖}}{\begin{array}{c}CHO\\ H\text{—}OH\\ HO\text{—}H\\ H\text{—}OH\\ H\text{—}OH\\ CH_2OH\end{array}} &
\underset{\text{D-(−)-果糖}\atop\text{己糖}}{\begin{array}{c}CH_2OH\\ =O\\ HO\text{—}H\\ H\text{—}OH\\ H\text{—}OH\\ CH_2OH\end{array}}
\end{array}
$$

> 手持编号为1的碳原子让碳链自然下垂,把羟基分置碳链两侧,编号最大的碳原子上的羟基在右侧为D构型,在左侧为L构型。自然界所有单糖为D构型

由2~10个单糖分子缩合而成的糖类化合物叫做低聚糖,也叫寡糖。最重要的二糖是麦芽糖、蔗糖等。

蔗糖　　　　　　麦芽糖

水解后能产生较多个单糖分子的碳水化合物叫做多糖,也叫高聚糖,如淀粉、纤维素等。

上述糖类化合物主要由绿色植物经光合作用而形成,是光合作用的初期产物。没有糖类作为能源,所有的高等动物,包括人类,都不能生存。

10.1.1　葡萄糖结构的确定

人们很早就通过元素分析得知葡萄糖的分子式为 $C_6H_{12}O_6$,用 Na - Hg 还原得到己六醇,进一步还原得到正己烷。

$$
C_6H_{12}O_6 \xrightarrow[\text{(或 }C_2H_5OH+Na\text{)}]{Na-Hg} \text{己六醇} \xrightarrow{HI+P} CH_3(CH_2)_4CH_3
$$

葡萄糖乙酰化后得到五乙酸酯,说明葡萄糖内含有 5 个羟基;氧化后得到酸,与 NH_4OH 反应得到肟,说明是个羰基化合物;能够发生银镜反应,说明含有醛基。所以葡萄糖的结构如下:

$$
\underset{OH}{CH_2}\text{—}\underset{OH}{\overset{*}{CH}}\text{—}\underset{OH}{\overset{*}{CH}}\text{—}\underset{OH}{\overset{*}{CH}}\text{—}\underset{OH}{\overset{*}{CH}}\text{—}CHO
$$

分子中含有 4 个手性碳原子,理论上有 $16(2^4)$ 个旋光异构体,哪个是真正的葡萄糖呢? 经典的化学分析方法是按图 10-1 所示的方式进行的。

从已知构型的甘油醛出发,不断地与 HCN 加成反应增加碳原子,水解后得到两种酸。判断新的—OH 在手性碳的左边还是右边,可通过如图 10-2 所示的方法确定,把分子氧化后测量分子的旋光性。

德国化学家 Fischer 在这方面的研究贡献最为突出,为此荣获 1902 年的诺贝尔化学奖。经研究确定,葡萄糖具有如图 10-3 所示的构型。

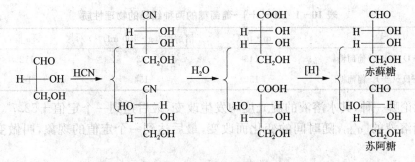

图 10-1　糖类结构化学分析法

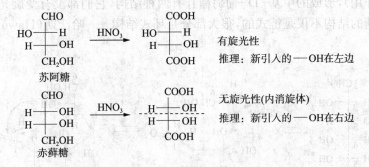

图 10-2　糖类结构确定法

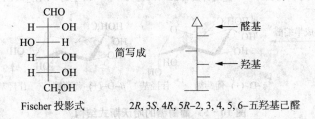

图 10-3　葡萄糖线性结构表示法

商业上习惯用 D/L 标记法：以离—CHO 最远的 C^* 上的—OH 与甘油醛比较，若与 D-甘油醛构型相同则为 D 型；与 L-甘油醛构型相同的则为 L 型。

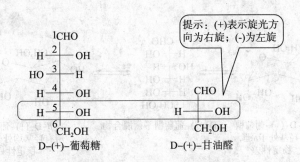

图 10-4　确定 D/L 构型

葡萄糖的开链式结构固然可以清楚地表明分子中各原子的结合次序、解释某些化学性质，然而它无法解释下面的事实：在 D-（＋）-葡萄糖中可分离出两种结晶形式，其物理性质见表 10-1。

表 10-1　D-(十)-葡萄糖的两种结晶的物理性质

	m·p/℃	溶解度/(g·100 mL^{-1})	$[\alpha]_D$
α-D-(+)-葡萄糖	146	82	112°
β-D-(+)-葡萄糖	150	154	19°

无论哪一种,其水溶液的旋光度均发生改变,最后达到一个定值+52.7°。像这种单糖溶液的$[\alpha]_D$,随时间的变化而改变,最后达到一个定值的现象,叫做**变旋光现象**。

不仅如此,在 HCl 存在下,葡萄糖与甲醇作用仅生成一分子加成产物(醛可以与两分子醇作用),形成的甲基-D-葡萄糖苷有两种结构,它们都没有变旋光现象。这说明葡萄糖的结构不仅是链式的,很大部分是环式结构——哈沃斯(Haworth)式(图10-5)。

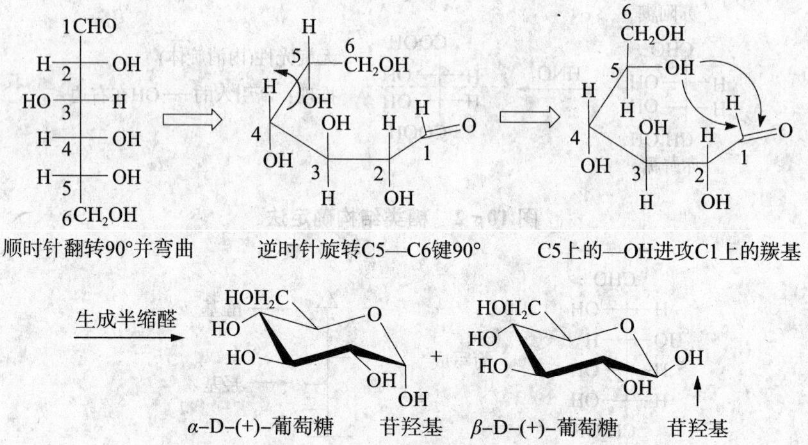

图 10-5　葡萄糖的哈沃斯式结构

C5 上的—OH 进攻 C1 上的羰基,可以从平面上、下进攻,得到两种环状结构,存在 α、β 两种形式,它们的旋光度不同,熔点为 146 ℃ 的结晶为 α 型,熔点为 150 ℃ 的结晶为 β 型。在溶液中,它们可以通过开链式结构发生转化(动态平衡),这就是所谓变旋现象的原因。

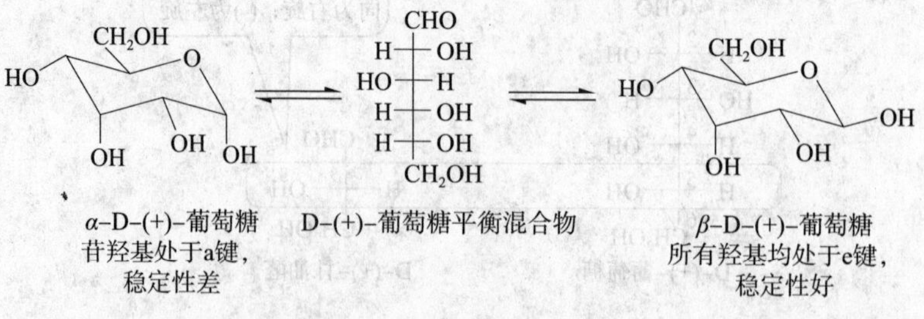

图 10-6　葡萄糖的互变平衡

说明　在上述平衡体系中,由于开链式结构量很少,游离的醛不能达到与 NaHSO$_3$ 形成沉淀的量。当与甲醇形成苷后(缩醛,不是半缩醛),不能发生环氧式结构与开链式结构的动态平衡,就没有变旋光现象。

所谓吡喃糖,指的是六元环状结构的糖;所谓呋喃糖,指的是五元环状结构的糖。

10.1.2 葡萄糖的化学性质

1. 葡萄糖的氧化与还原

由于含有醛基,葡萄糖具有还原性,可以被 Fehling 试剂或 Tollens 试剂氧化,得到葡萄糖酸,因此葡萄糖也被称为**还原糖**(果糖与其相似)。与溴水反应时,只有葡萄糖可以氧化,果糖不行。

$$
\begin{array}{ccc}
\text{CHO} & \text{COOH} & \text{CH}_2\text{OH} \\
\text{H——OH} & \text{H——OH} & \text{C}=\text{O} \\
\text{HO——H} & \xrightarrow{\text{Br}_2/\text{H}_2\text{O}} \text{HO——H} & \xleftarrow[\text{不反应}]{\text{Br}_2/\text{H}_2\text{O}} \text{HO——H} \\
\text{H——OH} & \text{H——OH} & \text{H——OH} \\
\text{H——OH} & \text{H——OH} & \text{H——OH} \\
\text{CH}_2\text{OH} & \text{CH}_2\text{OH} & \text{CH}_2\text{OH} \\
\text{D-葡萄糖} & \text{D-葡萄糖酸} & \text{D-果糖}
\end{array}
$$

说明 工业上使用葡萄糖作为还原剂进行银镜反应,为保温瓶胆镀银。与乙醛等醛类化合物相比,葡萄糖无毒无害,即使泄漏也不会污染环境。而且,凡是能够通过烯醇互变异构为醛基的糖,都可以发生银镜反应,如 D-果糖。

葡萄糖可以被 $NaBH_4$ 还原,得到山梨糖醇,工业上为了节约成本,常用催化加氢方法还原。

$$
\begin{array}{cc}
\text{CHO} & \text{CH}_2\text{OH} \\
\text{H——OH} & \text{H——OH} \\
\text{HO——H} & \xrightarrow{\text{NaBH}_4} \text{HO——H} \\
\text{H——OH} & \text{H——OH} \\
\text{H——OH} & \text{H——OH} \\
\text{CH}_2\text{OH} & \text{CH}_2\text{OH} \\
\text{D-葡萄糖} & \text{山梨糖醇}
\end{array}
$$

2. 成脎反应

醛糖或酮糖与苯肼作用,生成苯腙,当苯肼过量时,则生成一种不溶于水的黄色结晶,称为糖脎(相当于二腙)。

$$
\begin{array}{ccc}
\text{CHO} & \text{CH}=\text{NNHC}_6\text{H}_5 & \text{CH}=\text{NNHC}_6\text{H}_5 \\
\text{H——OH} & \text{H——OH} & \text{——NNHC}_6\text{H}_5 \\
\text{HO——H} & \xrightarrow{\text{C}_6\text{H}_5\text{NHNH}_2} \text{HO——H} & \xrightarrow{2\text{C}_6\text{H}_5\text{NHNH}_2} \text{HO——H} \\
\text{H——OH} & \text{H——OH} & \text{H——OH} \\
\text{H——OH} & \text{H——OH} & \text{H——OH} \\
\text{CH}_2\text{OH} & \text{CH}_2\text{OH} & \text{CH}_2\text{OH} \\
& \text{D-葡萄糖苯腙} & \text{D-葡萄糖脎}
\end{array}
$$

果糖同样可以发生成脎反应,产物与葡萄糖相同。一般来说,不同的糖生成不同的糖脎,即使生成相同的糖脎,其反应速度、析出脎的时间也不同。因此,可以用成脎反应来鉴别不同结构的糖。

思考 果糖的脎与葡萄糖的脎为什么一样?

3. 糖苷反应

葡萄糖环式结构中,由糖分子自身 C1 位上的醛基与 C5 位上的—OH 缩合产生的羟基称为苷羟基,与醇继续反应后的化合物称为糖苷。

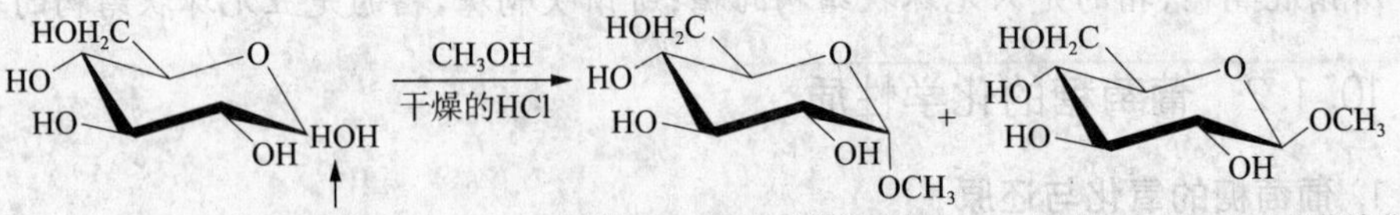

$\xrightarrow[\text{干燥的HCl}]{\text{CH}_3\text{OH}}$

苷羟基　　　　　　α-甲基-D-(+)-吡喃葡萄糖苷　　　　β-甲基-D-(+)-吡喃葡萄糖苷

　　成苷以后,苷羟基消失,故不能再转变为开链式,因此不能发生成脎反应,没有变旋现象,也不能被 Tollens 试剂、Fehling 试剂氧化。

　　糖苷是一种缩醛或缩酮,因此它对碱稳定。但在酸性条件下,易水解为原来的糖和醇。

4. 葡萄糖成醚、成酯反应

　　糖分子中的羟基,除苷羟基外,均为醇羟基,故在适当试剂作用下,可生成醚或酯。

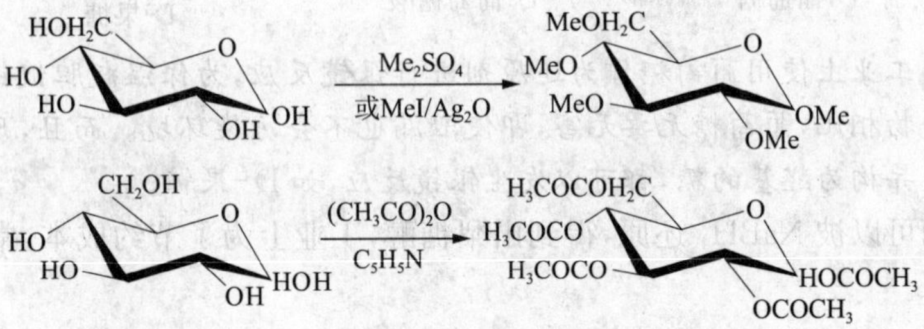

$\xrightarrow[\text{或MeI/Ag}_2\text{O}]{\text{Me}_2\text{SO}_4}$

$\xrightarrow[\text{C}_5\text{H}_5\text{N}]{(\text{CH}_3\text{CO})_2\text{O}}$

10.1.3　二糖的性质

　　二糖可以看成是两分子单糖的苷羟基彼此间失水或一分子单糖的苷羟基与另一分子单糖的醇羟基之间失水而形成的。

1. 蔗糖性质

　　将蔗糖水解,得到两分子单糖:一分子葡萄糖和一分子果糖。蔗糖没有变旋光现象,不能成脎,也不能还原 Tollens 试剂和 Fehling 试剂,其结构是葡萄糖的苷羟基和果糖的苷羟基彼此失水的结果。可见,蔗糖既是一个葡萄糖苷,也是一个果糖苷。

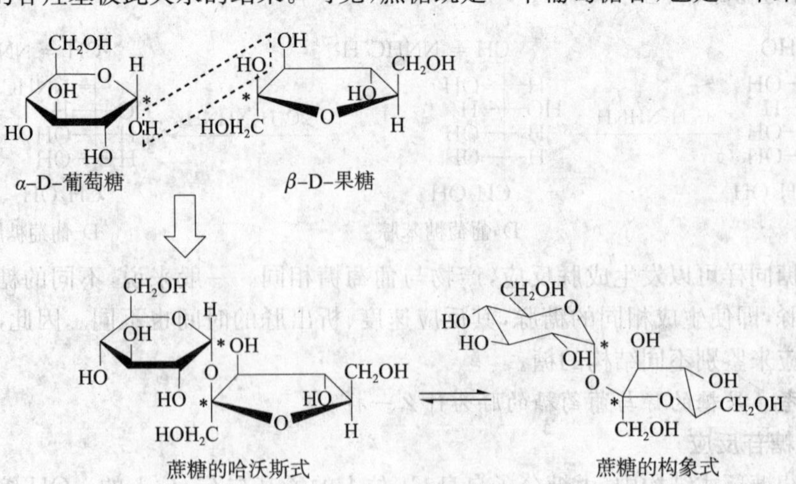

α-D-葡萄糖　　　　　　β-D-果糖

蔗糖的哈沃斯式　　　　　　　　　　　　蔗糖的构象式

图 10-7　蔗糖的结构

蔗糖的$[\alpha]_D=+66°$,但其水解后生成的葡萄糖和果糖的混合物却是左旋的,由于蔗糖水解时,比旋光度发生了由右旋向左旋的转化,因此蔗糖的水解反应又称为**转化反应**,生成的葡萄糖和果糖的混合物被称为**转化糖**。

阅读材料　蔗糖是人类食用糖的主要来源,广泛分布于植物体内,甜菜、甘蔗和水果中含量尤其高。它的甜味超过葡萄糖、麦芽糖,稍逊于果糖(蜂蜜中含有大量果糖,所以感觉特别甜)。工业生产时,将甘蔗或甜菜用机器压碎,收集糖汁,过滤后用石灰处理除去杂质,再用二氧化硫漂白;将经过处理的糖汁煮沸,抽去沉底的杂质,刮去浮到面上的泡沫,然后熄火待糖浆结晶成为蔗糖。以蔗糖为主要成分的食糖根据纯度**由高到低**分为:冰糖、白砂糖、绵白糖和赤砂糖(也称红糖或黑糖),蔗糖在甜菜和甘蔗中含量最丰富,平时使用的白糖、红糖都是蔗糖。

2. 麦芽糖的性质

麦芽糖水解得到两分子葡萄糖,有变旋光现象,能成脎,能还原 Tollens 试剂和 Fehling 试剂,证明它是一个还原糖,即分子中还有苷羟基存在。麦芽糖是由一分子 α-葡萄糖与另一分子葡萄糖 C4 上的羟基彼此缩合失水而成的,通常将这种形式的苷键称之为 1,4-苷键。

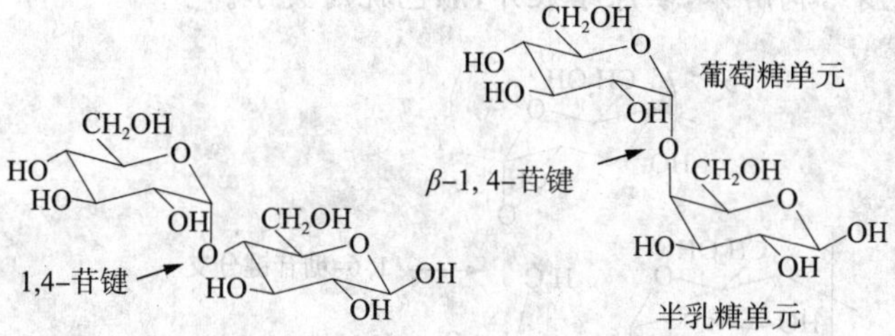

图 10-8　麦芽糖和乳糖的构象

3. 乳糖的性质

乳糖是还原糖,存在于哺乳动物的乳汁中。牛奶中含有 $4.6\%\sim4.7\%$ 的乳糖,人乳中含有 $6\%\sim8\%$,乳糖在食品业中主要作为婴儿食品原料。它能与 Tollens 试剂和 Fehling 试剂作用,也能与苯肼作用成腙或脎,在水中能发生变旋光现象。半乳糖与葡萄糖的差异仅是 C4 上羟基的构型不同。

4. 纤维二糖

纤维二糖是纤维素不完全水解的产物,也是还原糖,它能与 Tollens 试剂和 Fehling 试剂作用,也能与苯肼作用成腙或脎,在水中能发生变旋光现象。

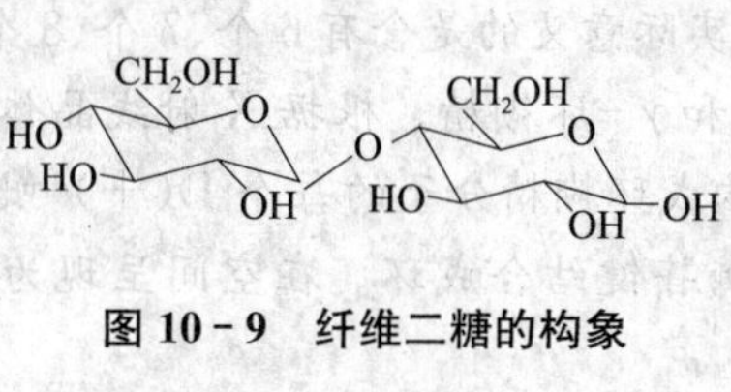

图 10-9　纤维二糖的构象

有机化学

10.1.4 多糖的性质

1. 淀粉的结构与性质

淀粉是由若干葡萄糖分子缩合而成的,按其结构可分为直链淀粉和支链淀粉。

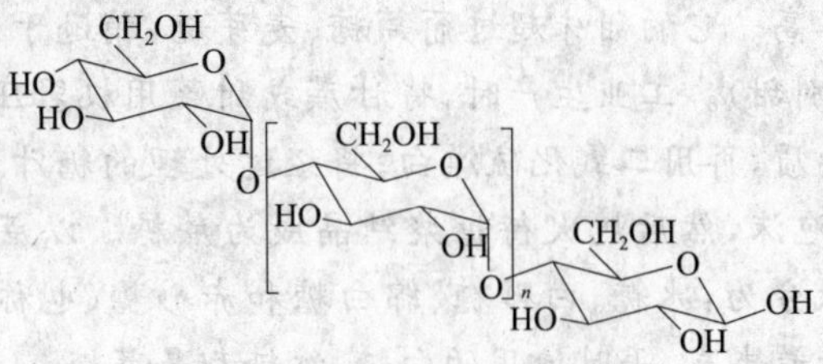

图 10-10 直链淀粉的构象

直链淀粉含有 1 000 个以上的葡萄糖结构单元,相对分子质量在 15 万~60 万。虽然直链淀粉属线型高聚物,但卷曲成螺旋状,犹如线圈一样紧密堆积在一起,水分子难以接近,故难溶于水。这种螺旋结构每盘旋一圈约含有 6 个葡萄糖结构单元,其孔穴刚好能够容纳碘分子,因此淀粉遇到碘变蓝色(直链)或者紫红色(支链)。但是加热后,这种线圈结构解体,碘原子散开,颜色就消失了。

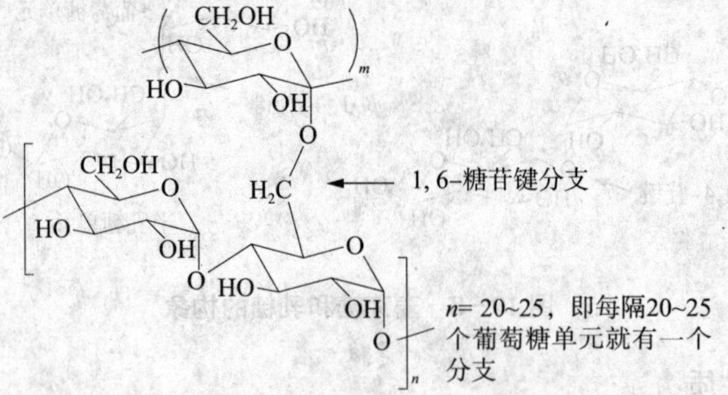

图 10-11 支链淀粉结构示意

支链淀粉的相对分子质量更大,在 100 万~600 万(典型的大分子)。因支链淀粉具有高度的分支,水分子易于接近而能少量溶于水,在热水中是糊状物。淀粉在酸催化下水解成糊精,进一步水解为麦芽糖,最后得到葡萄糖。

📚 **阅读材料** 环糊精(Cyclodexdrin,简称 CD),是由淀粉在芽孢杆菌产生的环糊精葡萄糖基转移酶的作用下水解形成的,是由 6~12 个葡萄糖单元组成的寡糖。研究得较多并且具有重要实际意义的是含有 6 个、7 个、8 个葡萄糖单元的分子,分别称为 α-环糊精、β-环糊精和 γ-环糊精。根据 X 射线晶体衍射、红外光谱和核磁共振波谱分析的结果,确定构成环糊精分子的每个 D(+)-吡喃葡萄糖都是椅式构象。各葡萄糖单元均以 1,4-糖苷键结合成环。在空间呈现为棱锥结构,中间含有孔洞(图 10-12)。

由于环糊精的外缘(Rim)亲水而内腔(Cavity)疏水,因而它能够像酶一样提供一个疏水的结合部位,作为主体(Host)包络各种适当的客体(Guest),如有机分子、

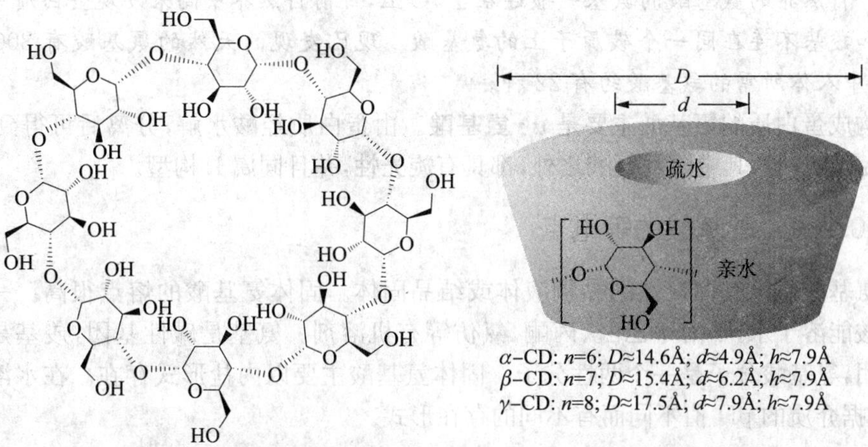

α–CD: n=6; D≈14.6Å; d≈4.9Å; h≈7.9Å
β–CD: n=7; D≈15.4Å; d≈6.2Å; h≈7.9Å
γ–CD: n=8; D≈17.5Å; d≈7.9Å; h≈7.9Å

γ–环糊精正面俯视图　　　　　γ–环糊精立体结构图

图 10 – 12　环糊精结构示意图

无机离子以及气体分子等,可以嵌入其空腔中进行位置选择反应。其内腔疏水而外部亲水的特性使其可依据范德瓦尔斯力、疏水相互作用力、主客体分子间的匹配作用等与许多有机和无机分子形成包合物及分子组装体系,成为化学和化工研究者感兴趣的研究对象。这种选择性的包络作用即通常所说的分子识别,其结果是形成主客体包络物(Host – Guest Complex)。环糊精是迄今所发现的类似于酶的理想宿主分子,并且其本身就有酶模型的特性。因此,在催化、分离、食品以及药物等领域中,环糊精受到了极大的重视并被广泛应用。由于环糊精在水中的溶解度和包络能力,改变环糊精的理化特性已成为化学修饰环糊精的重要目的之一。因此,关于环糊精的研究发展很快,已经成为一门新兴学科。

2. 纤维素的结构与性质

纤维素由葡萄糖以 $\beta-1,4$ 苷键连接而成。

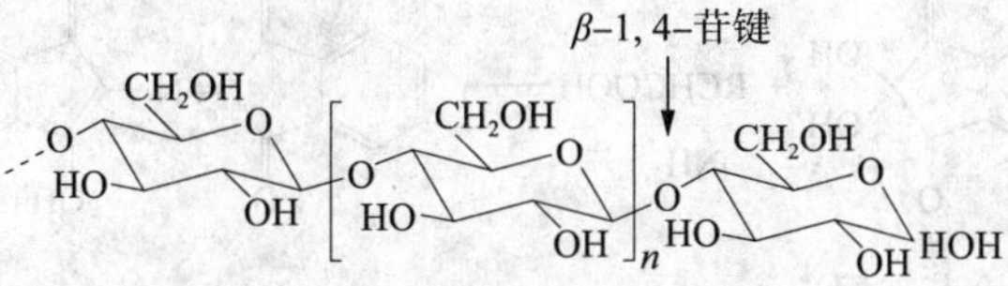

纤维素与淀粉的差异仅在于两个葡萄糖分子的连接方式不同,其相对分子质量比淀粉大得多,不溶于水,无还原性。纤维素水解后同样是葡萄糖,然而人类的消化系统内缺乏水解纤维素的酶,因此不能消化纤维,食草动物就有这样的酶,因此能够依靠食用纤维素存活下去。

10.2　氨基酸的性质

氨基酸是含有氨基和羧基的一类有机化合物的通称,是生物功能大分子蛋白质的基本组成单位,也是构成动物营养所需蛋白质的基本物质,与生物的生命活动有着密切的关系。它在抗体内具有特殊的生理功能,是生物体内不可缺少的营养成分

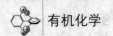

之一。自然界的氨基酸的氨基一般连在 $\alpha\text{-}C$ 上,目前自然界中尚未发现蛋白质中有氨基和羧基不连在同一个碳原子上的氨基酸。现已发现的天然的氨基酸有 300 多种,其中人体所需的氨基酸约有 22 种。

构成蛋白质的氨基酸主要是 **α-氨基酸**。由蛋白质经酸水解,分离后可得到 20 余种 α-氨基酸,其中除甘氨酸之外,都具有**旋光性**,并且同属 L 构型。

10.2.1 氨基酸的等电点

氨基酸是没有挥发性的黏稠液体或结晶固体。固体氨基酸的熔点很高。一般氨基酸能溶于水,不溶于乙醚、丙酮、氯仿等有机溶剂。氨基是碱性基团,羧基是酸性基团,氨基酸分子是一个两性分子。固体氨基酸主要以内盐形式存在。在水溶液中,根据介质的 pH 值不同而有不同的存在形式。

$$\underset{\substack{|\\ NH_2 \\ \text{负离子}}}{RCHCOO^-} \underset{OH^-}{\overset{H^+}{\rightleftharpoons}} \underset{\substack{|\\ \overset{+}{NH_3} \\ \text{偶极离子}}}{RCHCOO^-} \underset{OH^-}{\overset{H^+}{\rightleftharpoons}} \underset{\substack{|\\ \overset{+}{NH_3} \\ \text{正离子}}}{RCHCOOH}$$

由于氨基接受质子的能力和羧基离去质子的能力不等同,导致溶液中各个离子的不平衡。当溶液 pH 值调节到溶液中**正、负离子浓度恰好相等时**(此时溶液**不导电,偶极离子浓度最大**,氨基酸的**溶解度最小**),此时 pH 值为该氨基酸的**等电点 pI**。在等电点时,氨基酸溶解度最小,因此,可以利用不同氨基酸等电点的不同,分离氨基酸混合物。

10.2.2 氨基酸的化学性质

除了脯氨酸和羟基脯氨酸与水合茚三酮反应显**黄色**外,其他 α-氨基酸的水溶液与**水合茚三酮**反应,呈**蓝紫色**。这是氨基酸的反应特征。

$$\text{水合茚三酮} + \underset{\substack{|\\ NH_2}}{RCHCOOH} \longrightarrow$$

水合茚三酮

氨基酸最重要的性质就是缩合反应,α-氨基酸分子间的 —NH₂ 与 —COOH 羧基脱水,**通过酰胺键相连而成的化合物称为肽**,其中酰胺键又称为**肽键**。由两分子氨基酸组成的肽称为二肽,由多个氨基酸组成的肽称为多肽。两种氨基酸之间的两种不同的肽键连接方式如下:

$$\underset{\text{甘氨酰丙氨酸}}{H_2NCH_2CONHCHCOOH} \qquad \underset{\text{丙氨酰甘氨酸}}{NH_2CONHCH_2COOH}$$
$$\text{CH}_3 \qquad\qquad\qquad \text{CH}_3$$

蛋白质分子中各个基本单元氨基酸都是以肽键连接起来的,可以说蛋白质就是相对分子质量很大的多肽。多肽分子表示如下:

$$H_2N-CH-\overset{\overset{\displaystyle O}{\parallel}}{C}\left[HN-\overset{\displaystyle H}{\underset{\displaystyle C}{|}}-\overset{\overset{\displaystyle O}{\parallel}}{C}\right]NH-CH-COOH$$

$$\underset{\underset{\displaystyle N端}{\uparrow}}{R} \qquad\qquad \underset{\underset{\displaystyle C端}{\uparrow}}{R'}$$

10.2.3 氨基酸的一般合成方法

氨基酸主要来自蛋白质水解,工业上以羧酸为原料合成,通过 α - H 卤代后与氨反应制备。

$$CH_3CH_2COOH \xrightarrow{Br_2,\,P} CH_3\underset{\underset{\displaystyle Br}{|}}{CH}COOH \xrightarrow{NH_3} CH_3\underset{\underset{\displaystyle NH_2}{|}}{CH}COOH$$

该反应易生成仲、叔胺衍生物,且不易纯化,因此不适合生产纯净的氨基酸。纯净的氨基酸主要是通过 Gabrial 合成法生产的。

$$\text{邻苯二甲酰亚胺} \xrightarrow{KOH} \text{钾盐} \xrightarrow{BrCH(COOEt)_2} \text{N-CH(COOEt)}_2$$

$$\xrightarrow[\text{② EtBr}]{\text{① EtONa}} \text{N-C(COOEt)}_2\,(Et) \xrightarrow[\text{② H}^+]{\text{① OH}^-} CH_3CH_2\underset{\underset{\displaystyle NH_2}{|}}{CH}COOH + \begin{matrix}COOH\\COOH\end{matrix}$$

10.3 蛋白质的结构与性质

10.3.1 蛋白质的结构

一般认为相对分子质量大于 10 000 的多肽是蛋白质。蛋白质的结构非常复杂,存在四级结构。**多肽链中氨基酸的组成和氨基酸的排列顺序为蛋白质的一级结构。**

多肽链的主链由许多酰胺平面组成,平面之间以 α - C 相隔。而 C_α - C 键和 C_α - N 键是单键,可以自由旋转,其中 C_α - C 键旋转的角度称为 ψ,C_α - N 键旋转的角度称为 ϕ。ψ 和 ϕ 这一对两面角决定了相邻两个酰胺平面的相对位置,也就决定了肽链的构象。

多肽键在空间上**不同的折叠方式称为蛋白质的二级结构**。由于氢键和空间效应的影响,使多肽在空间形成一定的排列形式,二级结构的形式为 α -螺旋、β -折叠。

在两条相邻的肽链之间形成氢键,从而维持了肽链的空间螺旋结构。

在二级结构的基础上,**由螺旋或折叠的肽键再按一定空间取向盘绕交联成一定的形状称为三级结构**。一些简单的蛋白质只有三级结构。

1963 年,Kendrew 等通过鲸肌红蛋白的 X 射线衍射分析,测得了它的空间结构(图 10 - 15)。蛋白质的三级结构又称为**亚基,亚基间按一定方式缔合叫做蛋白质的四级结构**。以血红蛋白(Hemoglobin)为例说明蛋白质的四级结构,血红蛋白由四个

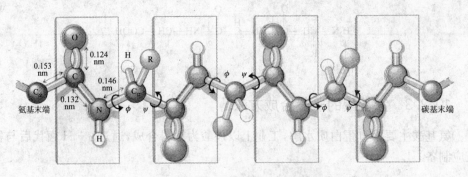

图 10 - 13 蛋白质一级结构示意图

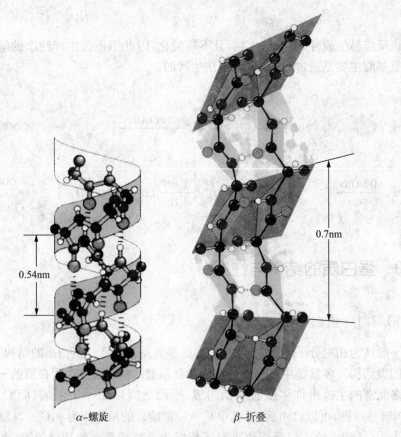

α-螺旋 β-折叠

图 10 - 14 蛋白质的二级结构示意图

亚基组成,2 个 α-亚基,2 个 β-亚基,每个亚基由一条多肽链与一个血红素辅基组成。4 个亚基以正四面体的方式排列,彼此之间以非共价键相连(主要是离子键、氢键),见图 10 - 16。

说明　血红蛋白之所以能够携带氧气,就是因为辅基的作用,通过 Fe(Ⅱ) 与 O_2 结合,随着动脉血流经全身,通过毛细血管网释放 O_2 并带 CO_2 回到肺部释放,完成气体交换过程。

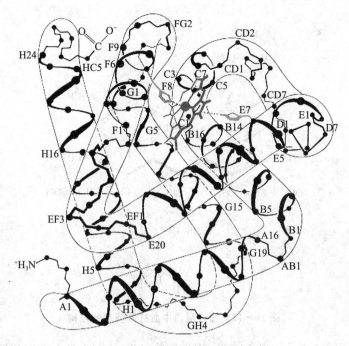

图 10 - 15 鲸肌红蛋白结构

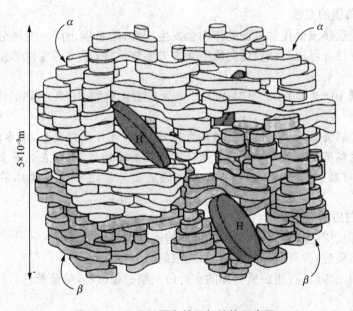

图 10 - 16 血红蛋白的四级结构示意图

10.3.2 蛋白质的性质

与氨基酸相似,蛋白质也有等电点。此外,由于蛋白质的相对分子质量巨大,在水中呈现胶体性质,不能通过半透膜。由于胶体不稳定,加入强电解质,就会产生盐析;加入能溶于水的有机溶剂或重金属离子,都会使蛋白质沉淀出来。

自测题 10 - 1 卤水为什么能"点"豆腐?

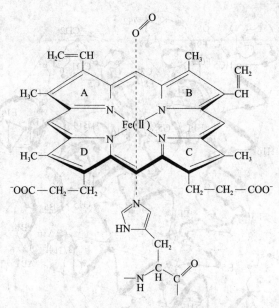

图 10-17　血红蛋白中血红素辅基的结构

答案　卤水中含有大量 $MgCl_2$、KCl 等无机盐,使大豆蛋白发生盐析而析出。注意,卤水不能直接食用的,会引发中毒。

1. 蛋白质的变性

蛋白质受热或受化学试剂的作用会发生变性,溶解度下降。变性分为可逆变性和不可逆变性。可逆变性后蛋白质不会失去生物活性;不可逆变性的蛋白质失去了生物活性。

自测题 10-2　在 38～42℃温度下孵蛋能孵出鸡雏,100℃煮熟的蛋不能孵出鸡雏,为什么?

答案　孵蛋器的温度使蛋白质发生可逆变性,进行生化反应,沸水温度太高,使蛋白质发生不可逆变性。同样的例子还有松花蛋的制作过程,在铅等重金属离子作用下,蛋白质凝固。所以,重金属对人体的主要危害之一就是破坏蛋白质的生理功能。

2. 蛋白质的变色反应

缩二脲反应:蛋白质与硫酸铜的碱性溶液反应,呈红紫色。

蛋白黄反应:含有芳环的蛋白质,遇浓硝酸会显黄色。

水合茚三酮反应:蛋白质与稀的水合茚三酮一起加热,呈蓝紫色。

10.4　生命遗传物质

1869 年,瑞士生理学家 F. Miescher 首次从细胞核中分离得到一种酸性物质,称做核酸(nucleic acid)。现已明确,核酸控制着生物遗传,支配着蛋白质合成,是构成生命的最基本物质。

10.4.1　核酸的组成

核酸由核苷与磷酸两部分组成。核苷又由核糖与杂环碱组成。组成核苷的戊糖有两种,即核糖和2-脱氧核糖。

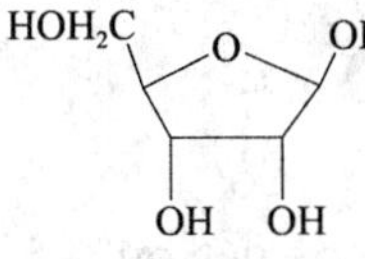

核糖 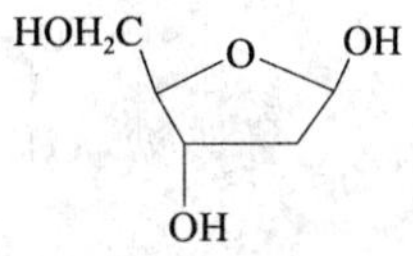　　　　　　脱氧核糖

核酸中的杂环碱主要有三种嘧啶和两种嘌呤。

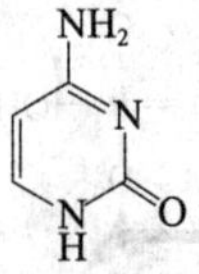

胞嘧啶 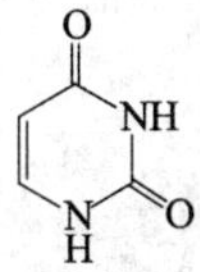　　　　　脲嘧啶 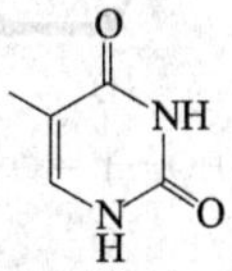　　　　　胸腺嘧啶

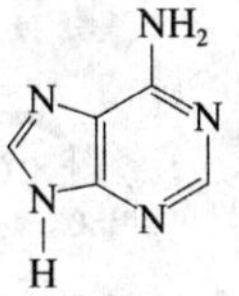

腺嘌呤 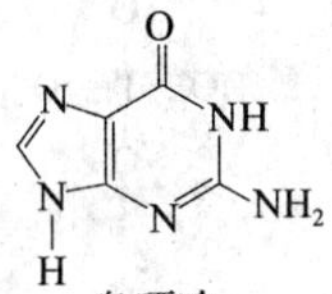　　　　　　鸟嘌呤

碱基与戊糖结合形成核苷。

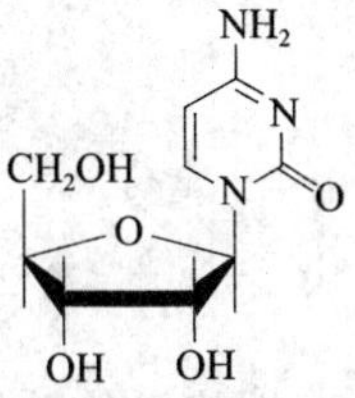

胞苷 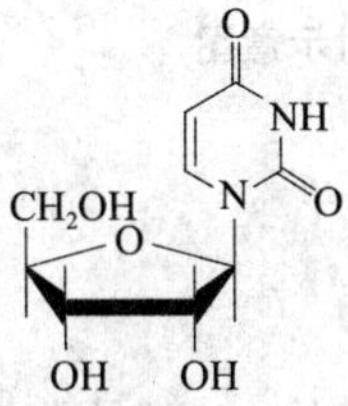　　　　　脲苷 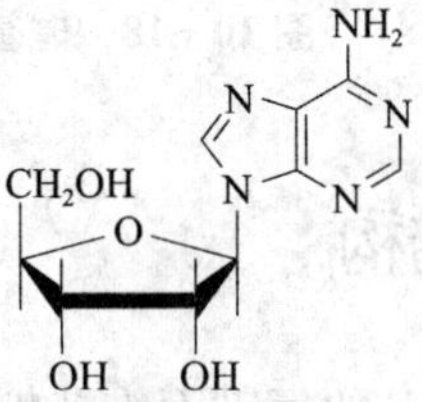　　　　　腺苷 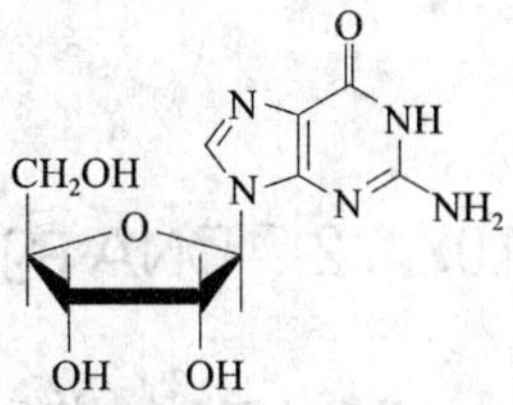　　　　　鸟苷

核苷的3位或5位的羟基和磷酸结合形成核苷酸。

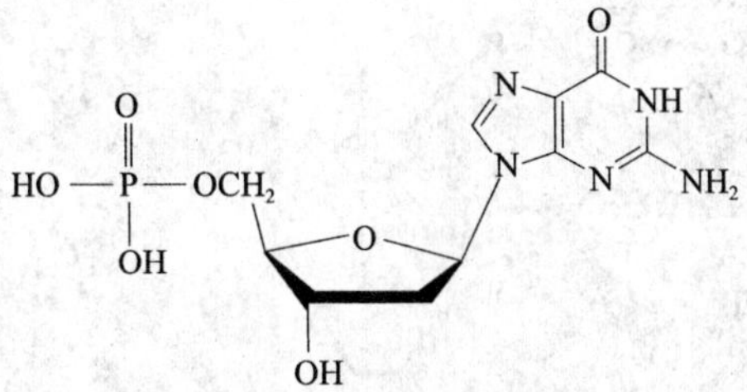

脱氧核糖腺苷-5-磷酸酯

　　核苷酸通过磷酸连接起来,形成 DNA 链,包含遗传信息的链的片段称为**遗传基因**,即碱基的排列次序。两条链按照碱基配对原则相互盘旋,就构成了遗传物质。在 DNA 分子结构中,由于碱基之间的氢键具有固定的数目且 DNA 两条链之间的距离保持不变,使得碱基配对必须遵循一定的规律,这就是 Adenine(A,腺嘌呤)一定与 Thymine(T,胸腺嘧啶)配对,Guanine(G,鸟嘌呤)一定与 Cytosine(C,胞嘧啶)配对,反之亦然。碱基间的这种对应关系叫做碱基互补配对原则,见图 10 - 18。

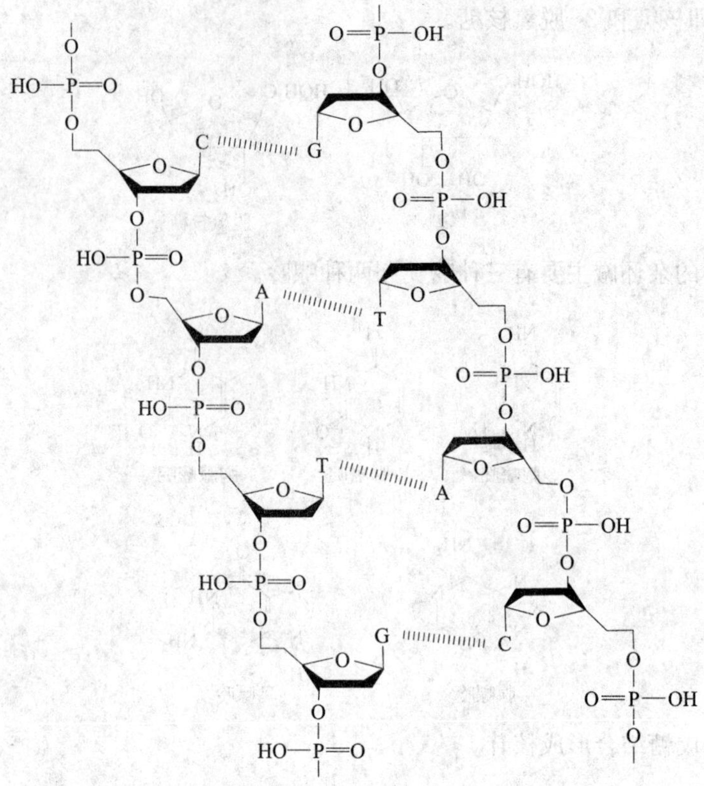

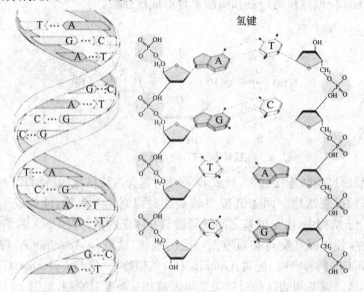

图 10-18　碱基配对示意图

10.4.2　DNA 的结构

两条 DNA 链依靠碱基的氢键而维持螺旋结构,一般是右旋的,双螺旋结构片段及其剖面图分别见图 10-19 和图 10-20。

图 10-19　双螺旋结构片段

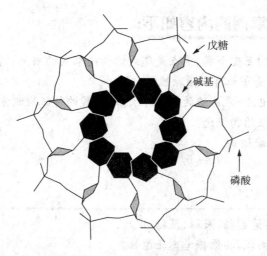

图 10 - 20 DNA 双螺旋结构的剖面

阅读材料：基因工程简介

DNA 上碱基的排列次序决定了生物的一切生命特征，因此通过基因拼接技术和 DNA 重组技术对生物特征进行改变就是基因工程。以分子遗传学为理论基础，以分子生物学和微生物学的现代方法为手段，将不同来源的基因，按预先设计的蓝图，在体外构建杂种 DNA 分子，然后导入活细胞以改变生物原有的遗传特性、获得新品种、生产新产品。基因工程技术为基因的结构和功能的研究提供了有力的手段。

基因工程是用人为的方法将所需要的某一供体生物的遗传物质——DNA 大分子提取出来，在离体条件下用适当的工具酶进行切割后，把它与作为载体的 DNA 分子连接起来，然后与载体一起导入某一更易生长、繁殖的受体细胞中，以让外源物质在其中"安家落户"，进行正常的复制和表达，从而获得新物种的一种崭新技术。迄今为止，基因工程还没有用于人体，但已在从细菌到家畜的几乎所有非人生命物体上做了实验，并取得了成功。事实上，所有用于治疗糖尿病的胰岛素都来自一种细菌，其 DNA 中被插入人类可产生胰岛素的基因，细菌便可自行复制胰岛素。基因工程技术使得许多植物具有抗病虫害和抗除草剂的能力。在美国，大约有一半的大豆和四分之一的玉米都是转基因的。目前，是否该在农业中采用转基因的动植物已成为人们争论的焦点。支持者认为，转基因的农产品更容易生长，也含有更多的营养（甚至药物），有助于减缓世界范围内的饥荒和疾病；而反对者则认为，在农产品中引入新的基因会产生副作用，尤其是会破坏环境。

基因工程将是继信息革命后人类迎来的又一个科学的春天，是当前世界各国竞争的前沿，尽管面临着伦理道德的问题（如克隆人问题），但是考虑到人类基因组蕴涵有人类生、老、病、死的绝大多数遗传信息，破译它将为疾病的诊断、新药物的研制和新疗法的探索带来一场革命。人类基因组图谱及初步分析结果的公布将对生命科学和生物技术的发展起到重要的推动作用。随着人类基因组研究工作的进一步深入，生命科学和生物技术将随着新的世纪进入新的纪元。但是，科学研究也要遵循公序良俗，也要讲究人伦道德，如果任由胡来，将导致人伦悲剧，如克隆人必须禁止。想象一下，面对一个由你克隆而来的另一个"你"，他（她）是你什么人？兄弟姐妹？还是儿子、女儿？更为恐怖的是不符合人伦的基因组合导致怪兽出现。

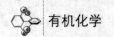

本章要求必须掌握的内容如下:

1. 葡萄糖的结构互变平衡,重点是环式结构构象式的书写;葡萄糖的还原性、成脎反应;果糖、蔗糖、麦芽糖有无还原性。

2. 氨基酸的等电点;氨基酸的合成方法;氨基酸的特征检测方法。

3. 蛋白质的四级结构概念。

4. DNA 的双螺旋结构。

习 题

1. 鉴别下列化合物:葡萄糖、果糖、蔗糖、淀粉。

提示 淀粉用碘测试,其他糖考虑还原性。

2. 根据题意推测结构。

(1) 某戊醛糖 A 氧化生成二元酸 B,B 具有旋光性,A 经降解反应生成丁醛糖 C,C 氧化生成二元酸 D,D 无旋光性,设 A 为 D 构型,试写出 A~D 的结构式。

提示 无旋光说明是内消旋。

(2) 某氨基酸的衍生物 A($C_5H_{10}O_3N_2$)与氢氧化钠水溶液共热放出氨,并生成 $C_3H_5(NH_2)(COOH)$ 的钠盐,若把 A 进行 Hofmann 降级反应,则生成 α、β-二氨基丁酸。试推测 A 的结构。

提示 Hofmann 降级反应失去的是个 CO。

3. 完成下列反应

(1) $\xrightarrow{Ag^+(NH_3)_2}$ ( )

(2) $\xrightarrow{NaBH_4}$ ( )

(3) $\xrightarrow{3C_6H_5NHNH_2}$ ( )

(4) $\xrightarrow{CH_3OH,\ HCl}$ ( ) $\xrightarrow{Me_2SO_4}$ ( ) $\xrightarrow{H_3O^+}$ ( )

(5) $\text{COOH} \xrightarrow{NHO_2}$ ( )

(6) COOH $\xrightarrow{\text{HCHO}}$ ( )

4. 选择或填空。

(1) 下列糖中不与 Fehling 试剂反应的是( )。

A. D-核糖　　　　B. D-果糖　　　　C. 纤维二糖　　　　D. 蔗糖

(2) 下列叙述错误的是( )。

A. 葡萄糖在酸性水溶液中有变旋光现象

B. 麦芽糖、蔗糖都是还原糖

(3) 下面化合物有没有变旋光现象? ( )

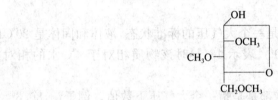

(4) D-葡萄糖与 D-甘露糖互为( )异构体。

A. 官能团　　　　B. 位置　　　　C. 碳架　　　　D. 差向

(5) 下列叙述错误的是( )

A. 蛋白质在高温作用下发生变性

B. 氨基酸具有两性,既具有酸性又具有碱性,但它们的等电点都不等于7,含一个氨基、一个羧基的氨基酸其等电点也不等于7

C. 可以利用等电点原理来分离甘氨酸（H_2NCH_2COOH）和赖氨酸（$H_2NCH_2CH_2CH_2CH_2CHNH_2COOH$）的混合物

D. 氨基酸在等电点时的溶解度最大

(6) 鉴定 α-氨基酸常用的试剂是( )。

A. Tollens 试剂　　　　B. 水合茚三酮　　　　C. Benedict's 试剂

(7) 蛋白质是( )物质。

A. 酸性　　　　B. 碱性　　　　C. 两性　　　　D. 中性

(8) 在合成多肽时,保护氨基的试剂是( )。

A. $CH_3\overset{O}{\overset{\|}{C}}Cl$　　　　　　　　B. $PhCH_2O\overset{O}{\overset{\|}{C}}—Cl$

C. PCl_5　　　　　　　　D. HCl

(9) 下列氨基酸在指定的 pH 介质中的主要存在形式是( )和( )。

A. 缬氨酸在 pH 值为 8 时　　　　B. 丝氨酸在 pH 值为 1 时

(10) 下列叙述错误的是( )。

A. 葡萄糖在酸性水溶液中有变旋光现象

B. 麦芽糖、蔗糖都是还原糖

C. 纤维素的结构单元是氨基酸

常见有机化合物的物化常数

说明

(1)密度:除非特殊标明,气体是一个大气压的标准状态,液体和固体是 20℃时相对 4℃水的相对密度;例子,779$^{18/4}$ 表示 18 ℃时该物质相对于 4℃水的相对密度值。

(2)熔点、沸点:除非特殊标明,都是是指一个大气压下数值。例子:-80.8^{892} 是指 892 毫米汞柱条件下的测量值。12^{α} 是指 α -晶型熔点。

一、烷 烃

中文名	英文名	分子式	CAS 号	物态	熔点 /℃	沸点 /℃	密度 /(kg/m³)
甲烷	methane	CH_4	74 - 82 - 8	气体	−182	−164	0.72
乙烷	ethane	C_2H_6	74 - 84 - 0	气体	−183.3	−88.6	1.34
丙烷	propane	C_3H_8	74 - 98 - 6	气体	−187.6	−42.1	1.91
丁烷	n - butane	C_4H_{10}	106 - 97 - 8	气体	−138.4	−0.5	2.45
戊烷	n - pentane	C_5H_{12}	109 - 66 - 0	液体	−129.8	36.1	630
己烷	n - hexane	C_6H_{14}	110 - 54 - 3	液体	−95.6	68.7	660
庚烷	n - heptane	C_7H_{16}	142 - 82 - 5	液体	−90.5	98.5	680
辛烷	1 - octane	C_8H_{18}	111 - 65 - 9	液体	−56.5	125.8	700
壬烷	nonane	C_9H_{20}	111 - 84 - 2	液体	−51	151	720
癸烷	decane	$C_{10}H_{22}$	124 - 18 - 5	液体	−30	174	730
环丙烷	cyclopropane	C_3H_6	75 - 19 - 4	气体	−126.6	−33	2.43
环丁烷	cyclobutane	C_4H_8	287 - 23 - 0	气体	−90.7	12.5	720$^{2.5/4}$
环戊烷	cyclopentane	C_5H_{10}	287 - 92 - 3	液体	−93.7	49.3	750
环己烷	cyclohexane	C_6H_{12}	110 - 82 - 7	液体	6.5	80.7	779$^{18/4}$
十氢萘	naphthane	$C_{10}H_{18}$	91 - 17 - 8	液体	−43.3	194.6	890

二、烯 烃

中文名	英文名	分子式	CAS 号	物态	熔点 /℃	沸点 /℃	密度 /(kg/m³)
乙烯	ethylene	C_2H_4	74 - 85 - 1	气体	−169.4	−103.7	1.26
丙烯	propene	C_3H_6	115 - 07 - 1	气体	−185.3	−47.4	1.91

续 表

中文名	英文名	分子式	CAS 号	物态	熔点/℃	沸点/℃	密度/(kg/m³)
1-丁烯	1-butylene	C_4H_8	106-98-9	气体	-185.3	-6.3	2.49
顺-丁烯	cis-butylene	C_4H_8	590-18-1	气体	-138.9	3.7	2.58
反-丁烯	trans-butene	C_4H_8	624-64-6	气体	-105.5	0.88	2.41
异丁烯	isobutene	C_4H_8	115-11-7	气体	-140	-6.9	2.58
1-己烯	1-hexene	C_6H_{12}	592-41-6	液体	-139.9	64.5	670
1-辛烯	1-octene	C_8H_{16}	111-66-0	液体	-101.9	121.3	715
1-癸烯	1-decene	$C_{10}H_{20}$	872-05-9	液体	-66.3	172	741
环己烯	cyclohexene	C_6H_{10}	110-83-8	液体	-103.5	83	$810^{18/4}$
丁二烯	1,3-butadiene	C_4H_6	106-99-0	气体	-108.9	-4.4	2.37
异戊二烯	isoprene	C_5H_8	78-79-5	液体	-120	34.7	681
苯乙烯	styrene	C_8H_8	100-42-5	液体	-30.6	145.2	906
降冰片烯	2-norbornene	C_7H_{10}	498-66-8	固体	43	96	880
双环戊二烯	dicyclo pentadiene	$C_{10}H_{12}$	77-73-6	固体	33	172	980
氯丁二烯	chloro butadiene	C_4H_5Cl	126-99-8	液体	-130	59	960

三、炔 烃

中文名	英文名	分子式	CAS 号	物态	熔点/℃	沸点/℃	密度/(kg/m³)
乙炔	acetylene	C_2H_2	74-86-2	气体	-80.8^{892}	-84	0.91
丙炔	propyne	C_3H_4	74-99-7	气体	-102.6	-23.3	4.0
2-丁炔	2-butyne	C_4H_6	503-17-3	液体	-32.2	27	690
苯乙炔	phenylacetylene	C_8H_6	536-74-3	液体	-43.8	143	928

四、芳 香 烃

中文名	英文名	分子式	CAS 号	物态	熔点/℃	沸点/℃	密度/(kg/m³)
苯	benzene	C_6H_6	71-43-2	液体	5.5	80.1	876
甲苯	toluene	C_7H_8	108-88-3	液体	-94.9	110.6	870
邻二甲苯	o-xylene	C_8H_{10}	95-47-6	液体	-25.2	144.4	880
对二甲苯	p-xylene	C_8H_{10}	106-42-3	液体	13.3	138.3	861
间二甲苯	m-xylene	C_8H_{10}	108-38-3	液体	-47.9	139.1	864
均三甲苯	mesitylene	C_9H_{12}	108-67-8	液体	-44.8	164.7	860
乙苯	phenylethane	C_8H_{10}	100-41-4	液体	-95	136	870
丙苯	propyl benzene	C_9H_{12}	103-65-7	液体	-95.5	159	860
异丙苯	isopropyl benzene	C_9H_{12}	98-82-8	液体	-96	152	860
丁苯	butylBenzene	$C_{10}H_{14}$	104-51-8	液体	-81	182	860
异丁苯	isobutylbenzene	$C_{10}H_{14}$	538-93-2	液体	-51.5	173	853
萘	naphthalene	$C_{10}H_8$	91-20-3	固体	80.5	217.9	1 154
四氢萘	tetrahydro naphthalene	$C_{10}H_{12}$	119-64-2	液体	-30	207	$981^{13/4}$

五、卤 代 烃

中文名	英文名	分子式	CAS 号	物态	熔点/℃	沸点/℃	密度/(kg/m³)
一氯甲烷	methyl chloride	CH_3Cl	74 - 87 - 3	气体	-97.7	-23.7	2.29
二氯甲烷	dichloromethane	H_2CCl_2	75 - 09 - 2	液体	-96.1	39.8	1 336
二溴甲烷	dibromomethane	H_2CBr_2	74 - 95 - 3	液体	-51	96	2 497
氯仿	chloroform	$HCCl_3$	67 - 66 - 3	液体	-63.5	61.7	1 480
四氯化碳	tetrachloro methane	CCl_4	56 - 23 - 5	液体	-22.8	76.5	$1\ 594^{18/4}$
氯乙烷	chloroethane	C_2H_5Cl	75 - 00 - 3	气体	-140.8	12.5	2.84
溴乙烷	ethyl bromide	C_2H_5Br	74 - 96 - 4	液体	-118.6	38.4	1 460
1-氯丁烷	1-chlorobutane	C_4H_9Cl	109 - 63 - 3	液体	-123	78	890
2-氯丁烷	2-chlorobutane	C_4H_9Cl	78 - 86 - 4	液体	-131.3	68.2	870
1-溴丁烷	*n*-butyl bromide	C_4H_9Br	109 - 65 - 9	液体	-112.4	101.6	1 276
碘甲烷	iodomethane	ICH_3	77 - 88 - 4	液体	-66.4	42.5	2 800
氯苯	chlorobenzene	C_6H_5Cl	108 - 90 - 7	液体	-45.2	132.2	1 100
溴苯	bromobenzene	C_6H_5Br	108 - 86 - 1	液体	-30.7	156	1 495
烯丙基氯	allyl chloride	C_3H_5Cl	107 - 05 - 1	液体	-134.5	45	938
烯丙基溴	allyl bromide	C_3H_5Br	106 - 95 - 6	液体	-119.4	71.3	1 400
叔丁基氯	tert-butyl chloride	C_4H_9Cl	507 - 20 - 0	液体	-25.4	51	842
叔丁基溴	tert-butyl bromide	C_4H_9Br	507 - 19 - 7	液体	-16.2	73.3	1 221
氯乙烯	vinyl chloride	C_2H_3Cl	75 - 01 - 4	气体	-153.5	-13.4	2.78
氯化苄	benzyl chloride	C_7H_7Cl	100 - 44 - 7	液体	-39.2	179.3	1 100
氟利昂-12	freon-12	CCl_2F_2	75 - 71 - 8	液体	-155	29.8	$1\ 486^{-29.8/4}$

六、醇、酚、醚

中文名	英文名	分子式	CAS 号	物态	熔点/℃	沸点/℃	密度/(kg/m³)
甲醇	methanol	CH_4O	67 - 56 - 1	液体	-93.9	64.8	791
乙醇	ethanol	C_2H_6O	64 - 17 - 5	液体	-117.3	78.5	789
丙醇	propanol	C_3H_8O	71 - 23 - 8	液体	-126.5	97.4	803
异丙醇	2 - propanol	C_3H_8O	67 - 63 - 0	液体	-89.5	82.4	786
正丁醇	1 - butanol	$C_4H_{10}O$	71 - 36 - 3	液体	-89.5	117.2	810
叔丁醇	*t* - butyl alcohol	$C_4H_{10}O$	75 - 65 - 0	固体	25.5	82	802
丙烯醇	allyl alcohol	C_3H_6O	107 - 18 - 6	液体	-129	97.1	854
乙二醇	ethylene glycol	$C_2H_6O_2$	107 - 21 - 1	液体	-13.2	198	1 109
苯酚	phenol	C_6H_6O	108 - 95 - 1	固体	43	182	1 058
乙醚	ethylether	$C_4H_{10}O$	60 - 29 - 7	液体	-116.2	34.5	714
苯甲醚	anisole	C_7H_8O	100 - 66 - 3	液体	-37.5	155	996
苯乙醚	phenyl ethyl ether	$C_8H_{10}O$	103 - 73 - 1	液体	-30	172	970
环氧乙烷	epoxy ethane	C_2H_4O	75 - 21 - 8	气体	-111	10.7	1.96
环氧丙烷	propylene oxide	C_3H_6O	75 - 56 - 9	液体	-112.1	34.2	$859^{20/20}$
四氢呋喃	THF	C_4H_8O	109 - 99 - 9	液体	-108	67	889

续　表

中文名	英文名	分子式	CAS 号	物态	熔点/℃	沸点/℃	密度/(kg/m^3)
甲硫醇	methanethiol	CH_4S	74 - 93 - 1	气体	-123.1	5.96	866$^{4/4}$
乙硫醇	ethanethiol	C_2H_6S	75 - 08 - 1	液体	-147.8	36.2	840
二甲硫醚	methyl sulfide	C_2H_6S	75 - 18 - 3	液体	-98	38	846
苯硫酚	thiophenol	C_6H_6S	108 - 98 - 5	液体	14.8	168.7	1 073

七、杂环化合物

中文名	英文名	分子式	CAS 号	物态	熔点/℃	沸点/℃	密度/(kg/m^3)
呋喃	furan	C_4H_4O	110 - 00 - 9	液体	-85.6	31.4	951
糠醛	furfural	$C_5H_4O_2$	98 - 01 - 1	液体	-36.5	161	1 160
噻吩	thiophene	C_4H_4S	110 - 02 - 1	液体	-38.2	84.2	1 064
吡咯	pyrrole	C_4H_5N	109 - 97 - 7	液体	-24	129	969
吡啶	pyridine	C_5H_5N	110 - 86 - 1	液体	-41.6	115	981
喹啉	quinoline	C_9H_7N	91 - 22 - 5	液体	-15.6	238	1 093
咪唑	imidazole	$C_3H_4N_2$	288 - 32 - 4	固体	90	257	1 030
噻唑	thiazole	C_3H_3NS	288 - 47 - 1	液体	-34	117	1 200

八、醛酮类化合物

中文名	英文名	分子式	CAS 号	物态	熔点/℃	沸点/℃	密度/(kg/m^3)
甲醛	formaldehyde	CH_2O	50 - 00 - 0	气体	-92	-21	1.08
乙醛	acetaldehyde	C_2H_4O	75 - 07 - 0	液体	-121	20.8	783$^{18/4}$
丙醛	propanal	C_3H_6O	123 - 38 - 6	液体	-81	48	783
丁醛	butanal	C_4H_8O	123 - 72 - 8	液体	-99.5	75.7	817$^{18/4}$
戊醛	pentanal	$C_5H_{10}O$	110 - 62 - 3	液体	-91	103	810
己醛	hexanal	$C_6H_{12}O$	66 - 25 - 1	液体	-56	129	830
糠醛	furaldehyde	$C_5H_4O_2$	98 - 01 - 1	液体	-36.5	161.7	1 159
苯甲醛	benz aldehyde	C_7H_6O	100 - 52 - 7	液体	-26	178	1 042$^{10/4}$
肉桂醛	cinnamic aldehyde	C_9H_8O	104 - 55 - 2	液体	-7.5	253	1 049$^{18/4}$
丙烯醛	acrolein	C_3H_4O	107 - 02 - 8	液体	-86.9	53	841
丙酮	acetone	C_3H_6O	67 - 64 - 1	液体	-95.4	56.2	790
丁酮	butanone	C_4H_8O	78 - 93 - 3	液体	-86.3	79.6	805
2-戊酮	2 - pentanone	$C_5H_{10}O$	107 - 87 - 9	液体	-77.5	102.3	810
环己酮	cyclohexanone	$C_6H_{10}O$	108 - 94 - 1	液体	-16.4	155.6	948$^{18/4}$
苯乙酮	acetophenone	C_8H_8O	98 - 86 - 2	固体	20.5	202.6	1 028
乙酰丙酮	acetylacetone	$C_5H_8O_2$	123 - 54 - 6	液体	-23	139^{746}	972$^{25/4}$

九、羧酸与衍生物

中文名	英文名	分子式	CAS 号	物态	熔点/℃	沸点/℃	密度/(kg/m³)
乙酸	acetic acid	$C_2H_4O_2$	64 - 19 - 7	液体	16.6	117.9	1 049
丙酸	propionic acid	$C_3H_6O_2$	79 - 09 - 4	液体	−22	140.7	990
丁酸	n - butyric acid	$C_4H_8O_2$	107 - 92 - 6	液体	−4.5	165.5	958[18/4]
己酸	hexanoic acid	$C_6H_{12}O_2$	142 - 62 - 1	液体	−3.9	205.4	930
丙烯酸	acrlic acid	$C_3H_4O_2$	79 - 10 - 7	液体	13	141.6	1 051
苯甲酸	benzoic acid	$C_7H_6O_2$	65 - 85 - 0	固体	122.1	249	1 266
水杨酸	salicylic acid	$C_7H_6O_3$	69 - 72 - 7	固体	159	211[20]	1 443
肉桂酸	cinnamic acid (trans)	$C_9H_8O_2$	140 - 10 - 3	固体	136	300	1 247[18/4]
草酸	oxalic acid	$C_2H_2O_4$	144 - 62 - 7	固体	189.5	157	1 900
己二酸	adipic acid	$C_6H_{10}O_4$	124 - 04 - 9	固体	153	265[100]	1 360
乙酐	acetic anhydride	$C_4H_6O_3$	108 - 24 - 7	液体	−73.1	139.6	1 082
乙酰氯	acetyl chloride	C_2H_3ClO	75 - 36 - 5	液体	−112	50.9	1 105
苯甲酰氯	benzoyl chloride	C_7H_5ClO	98 - 88 - 4	液体	−1.0	197.2	1 212
乙酸乙酯	ethyl acetate	$C_4H_8O_2$	141 - 78 - 6	液体	−83.6	77.1	900[18/4]
乙酸丁酯	n - butyl acetate	$C_6H_{12}O_2$	123 - 86 - 4	液体	−77.9	126.5	882
丙烯酸甲酯	methyl acrylate	$C_4H_6O_2$	96 - 33 - 3	液体	−75	80	950
醋酸乙烯酯	vinyl acetate	$C_4H_6O_2$	108 - 05 - 4	液体	−93.2	72.2	932
硫酸二甲酯	dimethyl sulfate	$C_2H_6SO_6$	77 - 78 - 1	液体	−31.7	188.5	1 332
N,N - 二甲基甲酰胺	formamide, N,N - dimethyl	C_3H_7ON	68 - 12 - 2	液体	−60.5	149	949
乙酰胺	acetamide	C_2H_5NO	60 - 35 - 5	固体	82.3	221.2	1 160
丙烯酰胺	acrylamide	C_3H_5NO	79 - 06 - 1	固体	84	125[25]	1 120
己内酰胺	caprolactam	$C_6H_{11}NO$	105 - 60 - 2	晶体	69	270	1 050

十、含氮有机化合物

中文名	英文名	分子式	CAS 号	物态	熔点/℃	沸点/℃	密度/(kg/m³)
硝基甲烷	nitromethane	CH_3NO_2	75 - 52 - 5	液体	−28.6	101.2	1 140
硝基乙烷	nitroethane	$C_2H_5NO_2$	79 - 24 - 3	液体	−90	114	1 050
硝基苯	nitrobenzene	$C_6H_5NO_2$	98 - 95 - 3	液体	5.7	210.9	1 205
三硝基甲苯	2,4,6 - trinitro toluene	$C_7H_5N_3O_6$	118 - 96 - 7	固体	81	240[爆]	1 654
苦味酸	picric acid	$C_6H_3N_3O_7$	88 - 89 - 1	固体	122.5	300[爆]	1 763
一甲胺	methanamine	CH_5N	74 - 89 - 5	气体	−93.5	−6.8	1.30
二甲胺	dimethylamine	C_2H_7N	124 - 40 - 3	气体	−92.2	6.9	1.99
三甲胺	trimethylamine	C_3H_9N	75 - 50 - 3	气体	−117.2	2.9	2.09
三乙胺	triethylamine	$C_6H_{15}N$	121 - 44 - 8	液体	−114.7	89.3	717
苯胺	aniline	C_6H_7N	62 - 53 - 3	液体	−6.3	184	1 022
苄胺	benzylamine	C_7H_9N	100 - 46 - 9	液体	10	184.5	981

续　表

中文名	英文名	分子式	CAS 号	物态	熔点/℃	沸点/℃	密度/(kg/m³)
α-萘胺	α-naphthyl amine	$C_{10}H_9N$	134-32-7	固体	50	300.8	1 123$^{25/25}$
β-萘胺	β-naphthyl amine	$C_{10}H_9N$	91-59-8	固体	113	306.1	1 061$^{98/4}$
苯肼	hydrazine,phenyl	$C_6H_8N_2$	100-63-0	液体	19.8	243	1 099
乙醛肟	aldoxime	C_2H_5NO	107-29-9	固体	12ᵃ	114.5	965
尿素	urea	CH_4N_2O	57-13-6	固体	132.7	160解	1 323
氨基脲	semicarbazide	CH_5N_3O	57-56-7	固体	96		
乙腈	acetonitrile	C_2H_3N	75-05-8	液体	−45.7	81.6	786
丙烯腈	acrylonitrile	C_3H_3N	107-13-1	液体	−83.5	77.5	806
偶氮苯	azobenzene(cis)	$C_{12}H_{10}N_2$	103-33-3	固体	69	293	1 203

附录二
常见可燃物质的爆炸极限

序号	物质名称		分子式	爆炸极限(体积百分比)	
	中文名	英文名		上限	下限
1	甲烷	methane	CH_4	5.0	15.0
2	乙烷	ethane	C_2H_6	3.0	15.5
3	丙烷	propane	C_3H_8	2.2	9.5
4	正丁烷	normal Butane	C_4H_{10}	1.9	8.5
5	异丁烷	isobutane	C_4H_{10}	1.8	8.4
6	正戊烷	pentane	C_5H_{12}	1.1	8.0
7	异戊烷	isopentane	C_5H_{12}	1.4	7.6
8	正己烷	normal Hexane	C_6H_{14}	1.2	7.4
9	正庚烷	normal Heptane	C_7H_{16}	1.1	6.7
10	正辛烷	normal Octane	C_8H_{18}	1.0	4.6
11	异辛烷	isooctane	C_8H_{18}	1.1	6.0
12	环丙烷	cyclopropane	C_3H_6	2.4	10.4
13	环丁烷	cyclobutane	C_4H_8	1.8	10.0
14	环戊烷	cyclopentane	C_5H_{10}	1.4	8.0
15	环己烷	cyclohexane	C_6H_{12}	1.2	8.3
16	溴甲烷	curafume	CH_3Br	10.0	16.0
17	溴乙烷	ethyl bromide	C_2H_5Br	6.7	11.3
18	氯乙烷	ethyl chloride	C_2H_5Cl	3.8	15.4
19	环氧乙烷	epoxy ethane	C_2H_4O	2.6	100
20	环氧丙烷	propylene oxide	C_3H_6O	1.9	22.5
21	一氯甲烷	monochloro methane	CH_3Cl	8.1	17.4
22	二氯甲烷	methylene dichloride	CH_2Cl_2	15.5	66.4
23	苯乙烯	styrene	C_8H_8	1.1	8.0
24	氯乙烯	chloroethylene	C_2H_3Cl	3.8	31.0
25	二氯乙烯	dichloroethylene	$C_2H_2Cl_2$	6.5	15.0
26	氯丁二烯	chloroprene	C_4H_5Cl	4.0	20.0
27	丁二烯	butadiene	C_4H_6	2.0	11.5

续　表

序号	物质名称		分子式	爆炸极限(体积百分比)	
	中文名	英文名		上限	下限
28	异丁烯	isobutene	C_4H_8	1.8	8.8
29	乙烯	ethene	C_2H_4	2.8	32.0
30	丙烯	propylene	C_3H_6	2.4	10.3
31	丁烯	butylene	C_4H_8	1.6	9.3
32	戊烯	pentene	C_5H_{10}	1.5	8.7
33	甲醇	methanol	CH_3OH	5.5	44.0
34	乙醇	ethanol	C_2H_5OH	3.4	19.0
35	正丙醇	normal Propyl Alcohol	C_3H_7OH	2.5	13.5
36	异丙醇	isopropanol	C_3H_7OH	2.3	12.7
37	正丁醇	normal Butanol	C_4H_9OH	1.8	11.3
38	仲丁醇	2 - butyl alcohol	C_4H_9OH	1.7	10.9
39	丙烯醇	prop - 2 - en - 1 - ol	C_3H_5OH	2.4	18
40	正戊醇	1 - pentanol	$C_5H_{11}OH$	1.2	10.5
41	异戊醇	isoamylol	$C_5H_{11}OH$	1.2	9.0
42	乙二醇	glycol	$C_2H_4(OH)_2$	3.2	53.0
43	二甲基硫	methyl sulfide	$(CH_3)_2S$	2.2	19.7
44	叔丁醇	tertiary butyl alcohol	$(CH_3)_3COH$	2.3	8.0
45	甲醛	formaldehyde	$HCHO$	7.0	73.0
46	乙醛	acetaldehyde	CH_3CHO	4.0	57.0
47	巴豆醛	crotonic aldehyde	C_2H_5CHO	2.1	15.5
48	丙酮	acetone	C_3H_6O	2.3	13.0
49	丁酮	butanone	C_4H_8O	1.8	9.5
50	2 - 戊酮	2 - pentanone	$C_5H_{10}O$	1.6	8.2
51	3 - 戊酮	3 - pentanone	$C_5H_{10}O$	1.6	
52	2 - 己酮	2 - hexanone	C_6H_{12}	1.2	8.0
53	乙酸	acetic acid	CH_3COOH	4.0	17.0
54	氢	hydrogen	H_2	4.0	75.0
55	氨	ammonia	NH_3	15.0	30.2
56	醋酸甲酯	methyl acetate	$C_3H_6O_2$	3.1	16.0
57	醋酸乙酯	ethyl acetate	$C_4H_8O_2$	2.1	11.5
58	醋酸丙酯	propyl acetate	$C_5H_{10}O_2$	2.0	8.0
59	醋酸丁酯	butyl acetate	$C_6H_{12}O_2$	1.4	7.6
60	醋酸戊酯	amyl acetate	$C_7H_{14}O_2$	1.0	7.5
61	二硫化碳	carbon bisulfide	CS_2	1.0	60.0
62	硫化氢	sulfureted hydrogen	H_2S	4.3	45.0
63	氧硫化碳	carbon oxysulfide	COS	12.0	29.0
64	乙炔	ethyne	C_2H_2	1.5	100

序号	物质名称		分子式	爆炸极限（体积百分比）	
	中文名	英文名		上限	下限
65	乙烯乙炔	vinylacetylene	C_4H_4	1.17	73.3
66	2-丁炔	2-butyne	C_4H_6	1.4	
67	苯	benzene	C_6H_6	1.2	8.0
68	甲苯	toluol	C_7H_8	1.2	7.0
69	二甲苯	xylene	C_8H_{10}	1.0	7.6
70	乙苯	phenylethane	C_8H_{10}	1.0	6.7
71	丙苯	propyl benzene	C_9H_{12}	0.8	6.0
72	异丙苯	isopropylbenzene	C_9H_{12}	0.8	6.0
73	正丁苯	butyl benzene	$C_{10}H_{14}$	0.8	5.8
74	异丁苯	isobutyl benzene	$C_{10}H_{14}$	0.8	3.0
75	呋喃	furan	C_4H_4O	2.3	14.3
76	四氢呋喃	tetrahydrofuran	C_4H_8O	2.0	12.4
77	尼古丁	nicotine	$C_{10}H_{14}N_2$	0.7	4.0
78	乙腈	acetonitrile	CH_3CN	4.4	16.0
79	甲胺	methylamine	CH_3NH_2	4.9	20.7
80	二乙胺	diethylamine	$C_4H_{10}NH$	1.7	10.1
81	二甲胺	trimethylamine	C_2H_6NH	2.8	14.4
82	三甲胺	trimethylamine	$C_4H_{10}NH$	2.0	11.6
83	乙胺	ethylamine	C_2H_5NH	3.5	14.0
84	苯胺	aniline	C_6H_5NH	1.3	11.0
85	联胺	hydrazine	H_2N-NH_2	4.7	100
86	一氧化碳	carbon monoxide	CO	12.5	74
87	石油醚	sherwood oil		1.3	7.5
88	液化气	liquid gas		2.0	12.0
89	水煤气	water gas		7.0	72.0
90	城市煤气	city gas		5.3	32.0
91	焦炉煤气	coke-oven gas		20.0	75.0
92	萘	naphthalin	$C_{10}H_8$	0.9	5.9
93	煤油	kerosene		0.7	5.0
94	柴油	diesel oil		0.8	6.5
95	汽油	gasoline		1.4	7.6
96	航空汽油	limited combat gasoline		1.3	7.1

爆炸极限是指与空气混合的体积百分比。

常见有机名词缩写

缩写	英文名称	中文名称
Ac	acetyl	乙酰基
acac	acetylacetonate	乙酰丙酮基
AIBN	azo-bis-isobutryonitrile	2，2′-二偶氮异丁腈
aq.	aqueous	水溶液
9-BBN	9-borabicyclo[3.3.1]nonane	9-硼二环[3.3.1]壬烷
BINAP	(2R,3S)-2,2′-bis (diphenylphosphino)-1,1′-binaphthyl	联二萘磷
Bn	benzyl	苄基
BOC	t-butoxycarbonyl	叔丁氧羰基
Bpy	(Bipy) 2,2′-bipyridyl	2,2′-联吡啶
Bu	n-butyl	正丁基
Bz	benzoyl	苯甲酰基
c-	cyclo	环-
CAN	ceric ammonium nitrate	硝酸铈铵
Cat.	catalytic	催化
CBz	carbobenzyloxy	苄氧羰基
COT	1,3,5-cyclooctatrienyl	1,3,5-环辛四烯
Cp	cyclopentadienyl	环戊二烯基
CSA	10-camphorsulfonic acid	樟脑磺酸
CTAB	cetyltrimethylammonium bromide	十六烷基三甲基溴化铵
Cy	cyclohexyl	环己基
dba	dibenzylidene acetone	苄叉丙酮
DBE	1,2-dibromoethane	1,2-二溴乙烷
DBN	1,8-diazabicyclo[5.4.0]undec-7-ene	二环[5.4.0]-1,8-二氮-7-壬烯
DBU	1,5-diazabicyclo[4.3.0]non-5-ene	二环[4.3.0]-1,5-二氮-5-十一烯
DCC	1,3-dicyclohexylcarbodiimide	1,3-二环己基碳化二亚胺
DCE	1,2-dichloroethane	1,2-二氯乙烷
DDQ	2,3-dichloro-5,6-dicyano-1,4-benzoquinone	2,3-二氯-5,6-二氰-1,4-苯醌
DEA	diethylamine	二乙胺

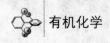

缩写	英文名称	中文名称
DEAD	diethyl azodicarboxylate	偶氮二甲酸二乙酯
%de	% diasteromeric excess	非对映体过量百分比
Dibal-H	diisobutylaluminum hydride	二异丁基氢化铝
DMAP	4-dimethylaminopyridine	4-二甲氨基吡啶
DME	dimethoxyethane	乙二醇
DMF	N, N'-dimethylformamide	二甲基甲酰胺
dppe	1,2-bis (diphenylphosphino)ethane	1,2-双(二苯基膦)乙烷
dppf	bis (diphenylphosphino)ferrocene	双(二苯基膦基)二茂铁
dppp	1,3-bis (diphenylphosphino)propane	1,3-双(二苯基膦基)丙烷
dvb	divinylbenzene	二乙烯苯
ě-	electrolysis	电解
EDTA	ethylenediaminetetraacetic acid	乙二胺四乙酸二钠
%ee	% enantiomeric excess	对映体过量百分比
EE	1-ethoxyethyl	乙氧基乙基
Et	ethyl	乙基
FMN	flavin mononucleotide	黄素单核苷酸
Fp	flash point	闪点
FVP	flash vacuum pyrolysis	闪式真实热解法
HMPA	hexamethylphosphoramide	六甲基磷酸三胺
1,5-HD	1,5-hexadienyl	1,5-己二烯
hν	irradiation with light	光照
iPr	isopropyl	异丙基
LAH	lithium aluminum hydride	氢化铝锂
LDA	lithium diisopropylamide	二异丙基氨基锂
mCPBA	meta-cholorperoxybenzoic acid	间氯过苯酸
Me	methyl	甲基
MEM	b-methoxyethoxymethyl	甲氧基乙氧基甲基—
MOM	methoxymethyl	甲氧甲基
Ms	methanesulfonyl	甲基磺酰基
MS	molecular sieves	分子筛
MTM	methylthiomethyl	二甲硫醚
NBD	norbornadiene	二环庚二烯(降冰片二烯)
NBS	N-bromosuccinimide	N-溴代丁二酰亚胺
NCS	N-chlorosuccinimide	N-氯代丁二酰亚胺
Ni(R)	raney nickel	雷尼镍
NMO	N-methyl morpholine-n-oxide	N-甲基氧化吗啉
PCC	pyridinium chlorochromate	吡啶氯铬酸盐

续 表

缩写	英文名称	中文名称
PEG	polyethylene glycol	聚乙二醇
Ph	phenyl	苯基
PhH	benzene	苯
PhMe	toluene	甲苯
Phth	phthaloyl	邻苯二甲酰
Pip	piperidyl	哌啶基
Py	pyridine	吡啶
quant	quantitative yield	定量产率
sBu	*sec*-butyl	仲丁基
s-BuLi	*sec*-butyllithium	仲丁基锂
TBAF	tetrabutylammonium fluoride	氟化四丁基铵
TBHP	*t*-butylhydroperoxide	过氧叔丁醇
TBS	*t*-butyldimethylsilyl	叔丁基二甲硅烷基
t-Bu	tert-butyl	叔丁基
TEBA	triethylbenzylammonium	三乙基苄基胺
TFA	trifluoroacetic acid	三氟乙酸
TFAA	trifluoroacetic anhydride	三氟乙酸酐
THF	tetrahydrofuran	四氢呋喃
THP	tetrahydropyranyl	四氢吡喃基
TMEDA	tetramethylethylenediamine	四甲基乙二胺
TMP	2,2,6,6-tetramethylpiperidine	2,2,6,6-四甲基哌啶
TMS	trimethylsilyl	三甲基硅烷基
Tol	tolyl	甲苯基
Tr	trityl	三苯基
Ts（Tos）	tosyl（*p*-toluenesulfonyl）	对甲苯磺酰基

习题参考答案

第1章 绪论

1.(1) 共价键，σ键和一个π键；(2)σ键和两个π键

2.(1)√；(2)√；(3)√；(4)√；(5)√；(6)√

第2章 有机化合物的命名

1. 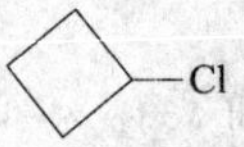 (2) 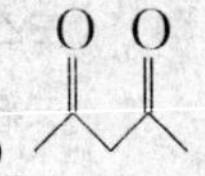 (3) 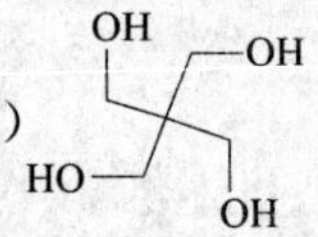 (4) 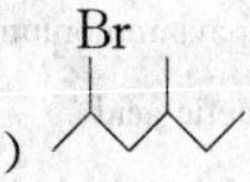

(5) 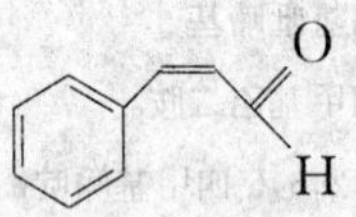 (6) 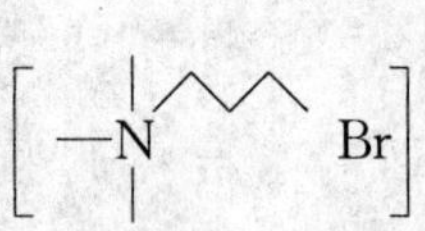 (7) 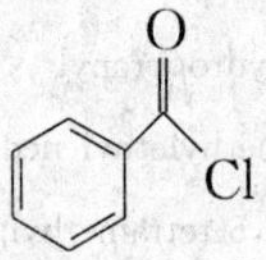

(8) 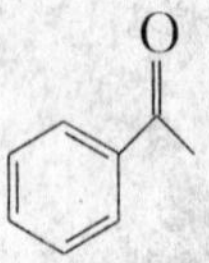 (9) 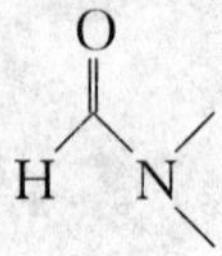 (10) 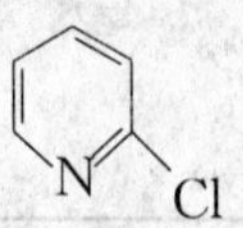 (11) 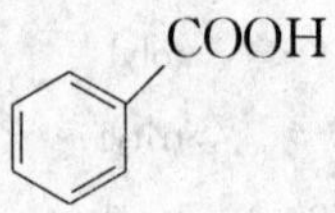

2.(1) 间硝基甲苯 (2)7-溴-1-萘磺酸 (3) 3-甲基-1-戊烯-4-炔 (4) 3-羟基戊酸 (5)γ-戊内酯 (6)β-萘酚 (7)*N*,*N*-二甲基苯胺 (8)8-羟基喹啉 (9)噻酚

3.(1)√；(2)B；(3)√；(4)√；(5)A；(6)√

第3章 立体化学

1. $C_5H_{11}Cl$ 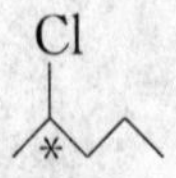 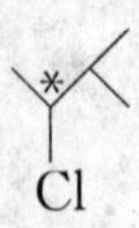

$C_6H_{14}O$ 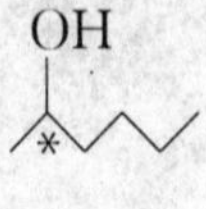 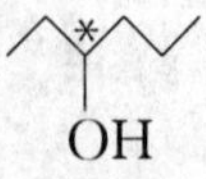 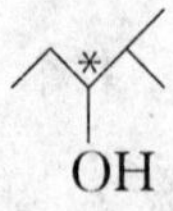

C_6H_{12}

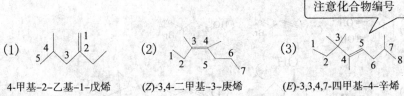

C_8H_{18}

2. (1) $H_2C=\overset{}{\underset{H}{C}}- \;>\; -C(CH_3)_3 \;>\; -CH(CH_3)_2 \;>\; -CH_2CH_3$

(2) $H_2C=\overset{}{\underset{}{C}}- \;>\;$ 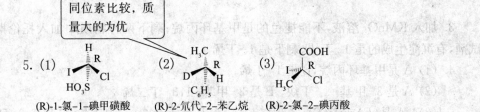 $\;>\; H_2C=\overset{}{\underset{H}{C}}- \;>\; -CH_2CH=CH_2$

(3) $-CO_2CH_3 \;>\; -COCH_3 \;>\; -CH_2OCH_3 \;>\; -CH_2CH_3$

(4) $-Br \;>\; -CH_2Br \;>\; -CN \;>\; -CH_2CH_2Br$

3.

> 注意化合物编号

(1) 4-甲基-2-乙基-1-戊烯

(2) (Z)-3,4-二甲基-3-庚烯

(3) (E)-3,3,4,7-四甲基-4-辛烯

4.

> 先画十字架，最小的摆好再摆其他原子

(1) $HO-\overset{CH_3}{\underset{C_2H_5}{C}}-H$

(2)

5.

> 同位素比较，质量大的为优

(1) (R)-1-氯-1-碘甲磺酸

(2) (R)-2-氘代-2-苯乙烷

(3) (R)-2-氯-2-碘丙酸

(4) (R)-2-氯丁烷

(5) (R)-1-苯基乙醇

6. (1)C；(2)B,C；(3)D；(4)A 与 C(或者 B 与 D)；(5)×；(6)×；(7)√；(8)×；

(9)D；(10) ；(11)B；(12)D；(13)A；(14)A

7. (1)三种

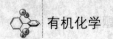
(2)四种

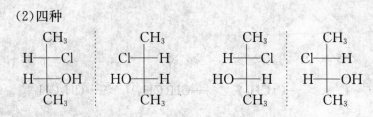

第4章 脂肪烃和脂环烃的性质

1.(1) ×;(2) A<C<B;(3) √;(4) ×;(5) ×;(6) D>C>B> A;(7) B;
(8) ×;(9)* A>B>C;(10) √;(11) ×;(12) √;(13)√;(14) √;(15) A;
(16) D;(17) B;(18) B;(19) √

2.

(1) 环己烷-1,2-二醇 OH OH   (2) (CH₃)₂C(Br)CH=CH₂

(3) CH₃CH=CHCH₂Br 、 OH/Br 结构

(4) 烯丙基氯 和 降冰片基氯甲基

(5) 环己烯甲醛 CHO

(6) C₂H₅ / H₃C—H / Cl—H / 苯基 和 对映体

3. 加入 KMnO₄ 溶液,不能褪色的是甲基环丙烷;剩下两种物质中加入托伦斯试剂,有沉淀生成的是 1-丁炔,剩下是 1-丁烯。

4. (1) A 是甲基环丙烷,B 是 1-丁烯;
   (2) A 是 3-甲基-1-丁炔,B 是 2-甲基-1,3-丁二烯
   (3)* A 是(R)或者(S)-3-溴-1-丁烯,B 是 1,2,3-三溴丁烷,C 是 1,3-丁二烯

5.

$$H_2C=CH_2 \xrightarrow{HBr} CH_3CH_2Br$$
$$HC≡CH \xrightarrow{NaNH_2} HC≡CNa$$
$$\longrightarrow CH_3CH_2-C≡CH$$

6.

链引发 $Br_2 \xrightarrow{h\nu} 2\dot{B}r$

链传递 环己烯 $\xrightarrow{\dot{B}r}$ 自由基 $+HBr$ 自由基 $\xrightarrow{Br_2}$ 产物 $+\dot{B}r$

链终止 $2\dot{B}r \longrightarrow Br_2$

7.

第5章　卤代烃的性质

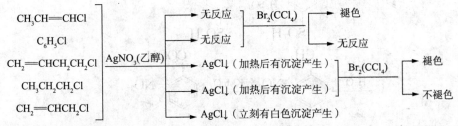

(1) HO⟨环⟩Br　⟨环⟩Br　(2) ⟨环⟩　(3) ⟨苯⟩CHClCH₃　⟨苯⟩CH=CH₂

2.(1) A>B>C>D;(2) √;(3) B;(4) √;(5) B;(6) C;(7) A;(8) A;(9) A 和 D;(10) A;(11)√;(12)×;(13)A

3.

$$
\begin{array}{l}
CH_3CH=CHCl \\
C_6H_5Cl \\
CH_2=CHCH_2CH_2Cl \\
CH_3CH_2CH_2Cl \\
CH_2=CHCH_2Cl
\end{array}
\xrightarrow{AgNO_3(乙醇)}
\begin{array}{l}
无反应 \\
无反应 \\
\end{array}
\xrightarrow{Br_2(CCl_4)}
\begin{array}{l}
褪色 \\
无反应
\end{array}
$$

AgCl↓（加热后有沉淀产生） $\xrightarrow{Br_2(CCl_4)}$ 褪色
AgCl↓（加热后有沉淀产生） 不褪色
AgCl↓（立刻有白色沉淀产生）

4. A. $CH_3\overset{|}{\underset{Cl}{C}}H-CH=CH_2$　B. $CH_2CH_2-CH=CH_2$ (Cl on first C)

5.

⟨环丁基CH₂Cl⟩ $\xrightarrow{AgNO_3}$ ⟨环丁基CH₂⁺⟩ → ⟨环戊基⁺⟩
↓ H_2O
⟨环戊基OH⟩ $\xleftarrow{-H^+}$ ⟨环戊基O⁺H₂⟩

6.

$$CH_3CH=CH_2 \xrightarrow{\underset{h\nu}{Cl_2}} ClCH_2CH=CH_2 \xrightarrow{Br_2} \underset{\underset{Cl}{|}}{H_2C}-\underset{\underset{Br}{|}}{CH}-\underset{\underset{Br}{|}}{CH_2}$$

$$\downarrow KOH/C_2H_5OH$$

$$HC\equiv CCH_2OH \xleftarrow[H_2O]{NaOH} HC\equiv CCH_2Cl$$

第6章　芳香烃的性质

1.(1) 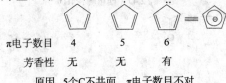　(2) ⟨萘四氢环⟩　⟨乙酰四氢萘⟩

2.A、D、E、F 具有芳香性。

环戊二烯、环戊二烯基、环戊二烯负离子的芳香性判据：

⟨环戊二烯结构图三个⟩

	环戊二烯	环戊二烯基	环戊二烯负离子
π电子数目	4	5	6
芳香性	无	无	有
原因		5个C不共面	π电子数目不对

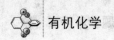

3. A. 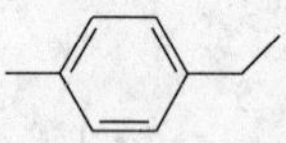 B. 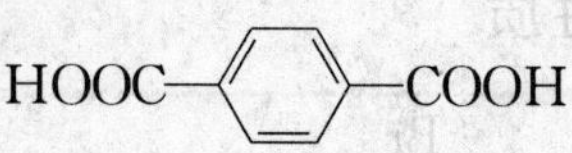

C. 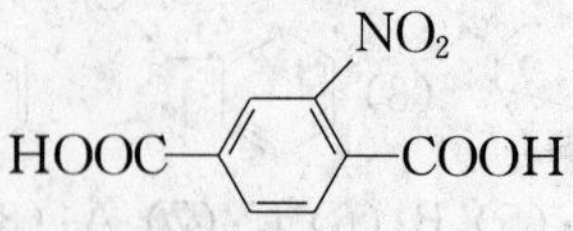

4. 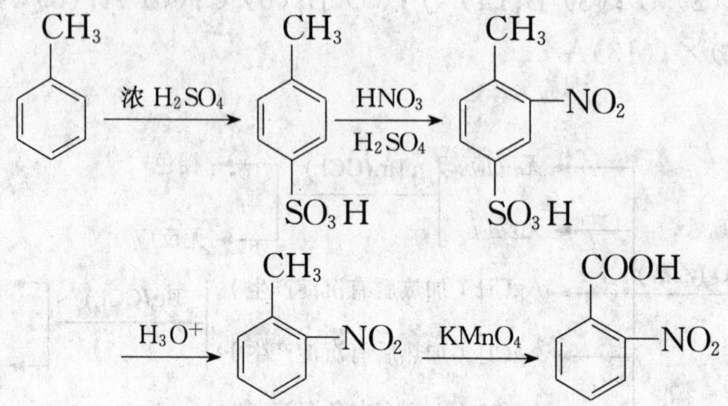
浓 H_2SO_4
HNO_3
H_2SO_4
H_3O^+
$KMnO_4$

第7章 含氧化合物的性质

1. (1) B；(2)B

2. (1) 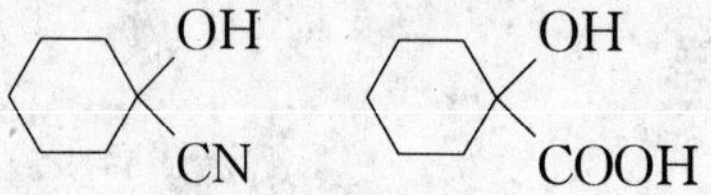

(2) 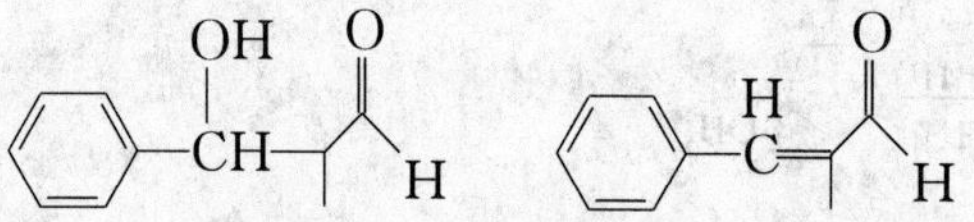

(3) 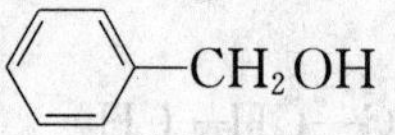 HCOONa (4) 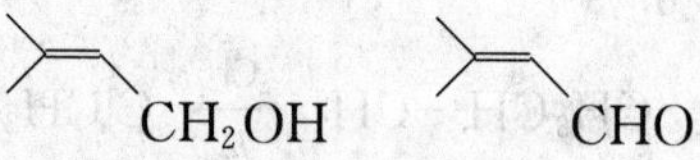

(5) 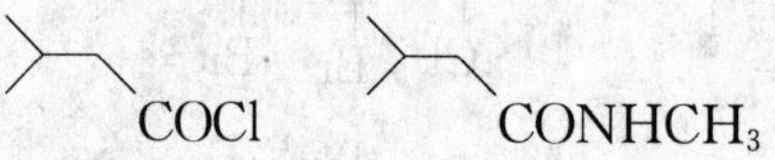 (6) 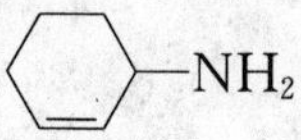

3. (1) A. 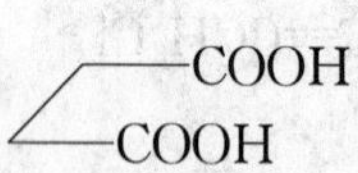 B. 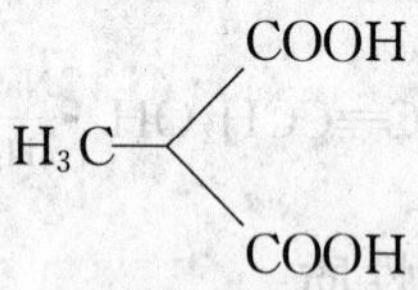

(2)

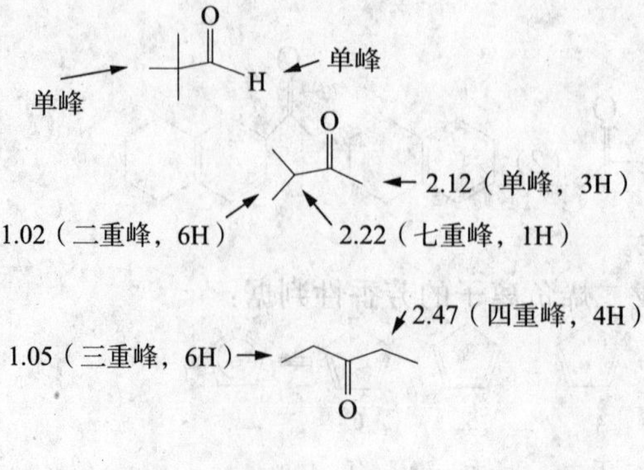
单峰
单峰
2.12（单峰，3H）
1.02（二重峰，6H）
2.22（七重峰，1H）
2.47（四重峰，4H）
1.05（三重峰，6H）

4.

（1）

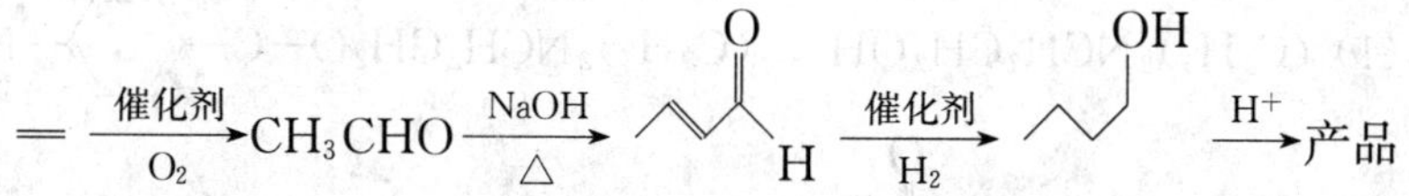

（2）

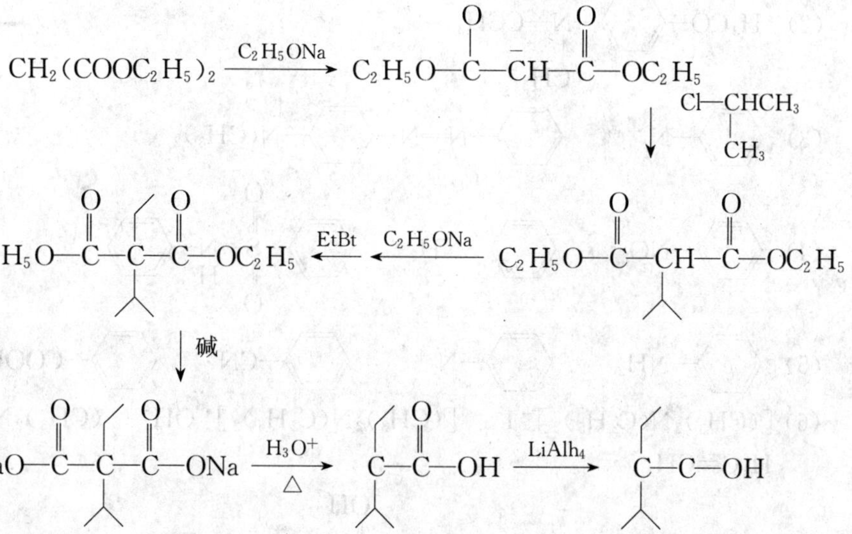

（3）

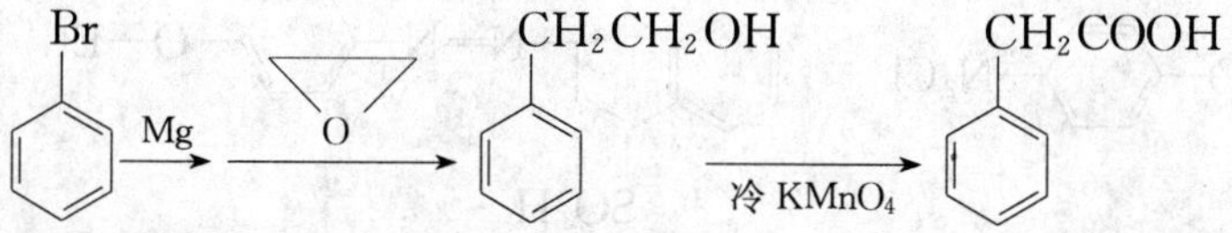

路线图答案：

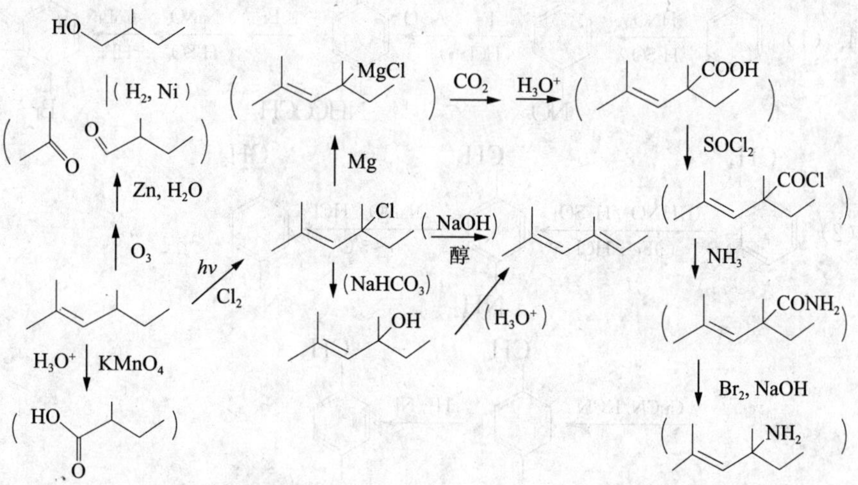

第 8 章　有机含氮化合物的性质

1.（1）A；（2）A；（3）D

2. 分别加入对甲基苯磺酰氯，不反应的为 C，反应生成的沉淀能够溶于 NaOH 溶液的为 A，沉淀不溶于 NaOH 溶液的为 B

3. (1) $(C_2H_5)_2NCH_2CH_2OH$ $(C_2H_5)_2NCH_2CH_2O-CO-\underset{}{\text{C}_6\text{H}_4}-NO_2$

(2) $H_3CO-\underset{}{\text{C}_6\text{H}_4}-\underset{CH_3}{\overset{}{N}}-CO-CH_3$

(3) $\underset{}{\text{C}_6\text{H}_5}-N_2^+$ $\underset{}{\text{C}_6\text{H}_5}-N=N-\underset{}{\text{C}_6\text{H}_4}-N(CH_3)_2$

(4) $\underset{}{\text{C}_6\text{H}_5}-NO_2$ $\underset{}{\text{C}_6\text{H}_5}-NH_2$ $\underset{}{\text{C}_6\text{H}_5}-SO_2-NH-\underset{}{\text{C}_6\text{H}_5}$

(5) $\underset{}{\text{C}_6\text{H}_5}-NH_2$ $\underset{}{\text{C}_6\text{H}_5}-N_2^+$ $\underset{}{\text{C}_6\text{H}_5}-CN$ $\underset{}{\text{C}_6\text{H}_5}-COOH$

(6) $[(CH_3)_2N(C_2H_5)_2]^+I^-$ $[(CH_3)_2N(C_2H_5)_2]^+OH^-$ $(CH_3)_2NC_2H_5$
$H_2C=CH_2$

(7) $Et-O-\underset{}{\text{C}_6\text{H}_4}-N_2Cl$ (naphthol-OH, SO₃H, $-N=N-\underset{}{\text{C}_6\text{H}_4}-O-Et$ 结构)

4. (1) (甲苯) $\xrightarrow[H_2SO_4]{HNO_3}$ (对硝基甲苯 NO₂) $\xrightarrow[HCl]{Fe}\xrightarrow{Ac_2O}$ (NHCOCH₃) $\xrightarrow{Br_2}\xrightarrow[H_2SO_4]{NaNO_2}\xrightarrow[HBr]{CuBr}$ (二溴甲苯 Br, Br)

(2) (甲苯 CH₃) $\xrightarrow[\text{②Fe+HCl}]{\text{①}HNO_3/H_2SO_4}$ (对氨基甲苯 CH₃, NH₂) $\xrightarrow[0\sim5℃]{NaNO_2/HCl}$ (CH₃, N₂⁺)

$\xrightarrow{CuCN/KCN}$ (CH₃, CN) $\xrightarrow{H_2/Ni}$ (CH₃, CH₂NH₂)

(3) (邻苯二甲酸酐) $\xrightarrow[\triangle]{NH_3}$ (邻苯二甲酰亚胺 NH) $\xrightarrow{KOH}$ (N K)

$\xrightarrow{(CH_3)_2CHCl}$ (NCH(CH₃)₂) $\xrightarrow{NaOH/H_2O}$ $(CH_3)_2CHNH_2$

(4)
反应式：甲苯 $\xrightarrow[\text{HNO}_3]{\text{H}_2\text{SO}_4}$ $\xrightarrow{\text{H}_3\text{O}^+}$ 邻硝基甲苯 $\xrightarrow{\text{KMnO}_4}$ 邻硝基苯甲酸

邻硝基苯甲酸 $\xrightarrow{\text{Fe}+\text{HCl}}$ $\xrightarrow[0-5\,^\circ\text{C}]{\text{HCl}+\text{NaNO}_2}$ 邻羧基重氮盐

苯 $\xrightarrow[\text{HNO}_3]{\text{H}_2\text{SO}_4}$ $\xrightarrow{\text{H}_3\text{O}^+}$ 苯酚

$\xrightarrow{\text{pH}:8\sim10}$ 偶氮染料产物

5.

(1) N-甲基哌啶

(2) 4-溴-5-氯-2-硝基（苯）

第 9 章　杂环化合物

1.(1) 哌啶 > 环己胺 > 吡啶 > 苯胺 > 吡咯

(2) 苯 > 吡啶 > 噻吩 > 吡咯 > 呋喃

(3) ①和③；(4) C

2.(1) 2-溴呋喃、2-呋喃基溴化镁、2-(1-环己烯基)呋喃

(2) 吡啶-2-甲酸、5-硝基吡啶-2-甲酸、5-硝基吡啶-2-甲酰氯

(3) 5-溴-2-氨基吡啶

(4) 2-羟基吡啶

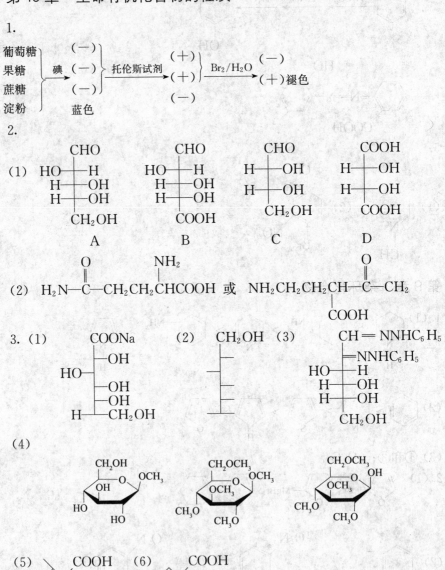

(5) 使用浓盐酸洗涤甲苯,因为吡啶易与盐酸成盐而溶于盐酸中,分液后水洗油相,干燥后即可得到纯净的甲苯。

(2) 方法同上。注意不能使用 NaOH 洗涤,否则会使产物水解。

第 10 章　生命有机化合物的性质

1.

2.

(2) $H_2N-\overset{O}{\underset{}{C}}-CH_2-CH_2-\overset{NH_2}{\underset{}{CH}}COOH$ 或 $NH_2CH_2CH_2CH-\overset{O}{\underset{}{C}}-CH_2$
　　　　　　　　　　　　　　　　　　　　　　　　　　　$COOH$

3. (1)　(2)　(3)

(4)

(5)　(6)

4.

(1) D; (2) B; (3) 有; (4) D; (5) D; (6) B; (7) C; (8) A;

(9) A. 缬氨酸 $(CH_3)_2CHCH(NH_2)COOH$, $PI=5.96$, $pH=8$ 时,

$(CH_3)_2CHCH(NH_2)COO^-$

　　B. 丝氨酸　$CH_2\!\!-\!\!CHCOOH$,PI=5.68,pH=1时，　　$C\!\!-\!\!CCOOH$
　　　　　　　　　|　　　|　　　　　　　　　　　　　　　　|　　|
　　　　　　　　 OH　 NH_2　　　　　　　　　　　　　　 HO　NH_3
　　　　　　　　　　　　　　　　　　　　　　　　　　　　　　　　+

　　(10) B

参考文献

[1] 钱旭红. 有机化学. 2 版. 北京:化学工业出版社,2006.

[2] 任玉杰. 有机化学习题精选与解答. 北京:化学工业出版社,2006.

[3] 任玉杰. 有机化学. 上海:华东理工大学出版社,2010.

[4] 徐寿昌. 有机化学. 2 版. 北京:高等教育出版社,1993.

[5] 高占先. 有机化学. 2 版. 北京:高等教育出版社,2007.

[6] 高鸿宾. 有机化学. 2 版. 北京:高等教育出版社,2005.

[7] 华东理工大学有机化学教研组. 有机化学. 北京:高等教育出版社,2006.

[8] 荣国斌. 大学有机化学基础(上、下). 2 版. 上海:华东理工大学出版社,2006.

[9] 胡宏纹. 有机化学. 3 版. 北京:高等教育出版社,2006.

[10] 曾昭琼. 有机化学(上、下). 4 版. 北京:高等教育出版社,2004.

内容提要

　　本书共有 10 章,包括绪论、有机化合物的命名、立体化学、脂肪烃和脂环烃的性质、卤代烃的性质、芳香烃的性质、有机含氧化合物的性质、有机含氮化合物的性质、杂环化合物的性质、生命有机化合物的性质等。

　　本书适合于化学、化工、食品、制药、材料、生物工程等相关专业的网院学员使用,也适用于高职高专的学生及其他自学者。